해저파이프라인

조철희 구권철 지음

청문각

서언

　인류의 발전과 번영을 위해 끊임없이 여러 자원이 개발될 것이고, 육상 자원의 고갈과 새로운 자원 개발을 위해 앞으로도 해양 개발이 증가할 것이다. 현재까지는 주로 해양의 원유와 가스 채취를 위해 해양구조물이 많이 설치되었다. 해양에서 채취한 원유/가스를 육상으로 전송하거나 주변의 플랫폼, FPSO, TLP 등 해양구조물에 전송하기 위해 해저파이프라인을 사용하게 된다. 또한 해양유전에 물을 투입할 때도 파이프라인이 사용되며 그 용도는 매우 광범위하다.

　해저파이프라인은 육상파이프라인과 달리 설치 해역의 해양환경을 고려하여 안전하고 원활한 기능을 수행하도록 설계되어야 하기 때문에 여러 가지 많은 특수한 사항들이 고려되어야 한다. 해저파이프라인 설치 공법 또한 설치 지역의 해양환경과 해저파이프라인 특성에 따라 선택되어야 하며 설치 방법에 따라 설치엔지니어링을 실시하여 안전한 부설이 가능하도록 해야 한다. 설치 공법에 따라 동원되는 장비나 선박이 다르고 그 비용도 차이가 많으므로 적합한 공법 선택이 매우 중요한다. 해저파이프라인 부설 시 또는 운용 시 손상이 발생하기도 하는데, 이 경우 고가의 수리 비용이 발생하고 이 기간 중 운용이 중단되어서 발생하는 손실뿐 아니라, 해양오염으로 심각한 환경오염과 피해복구까지 고려하면 엄청난 경제적 손실이 발생한다. 이에 해저파이프라인 설계는 단순히 기능적인 사항은 물론, 나아가 보호 설계와 유지 관리 지침 등이 제시되어야 한다. 해저파이프라인은 유지/관리 및 모니터링을 통해 안전하게 운용되어야 하고 이런 부분이 최근 더욱 강조되고 있다.

　국내에도 원유, 가스, 물 등을 수송하기 위해 해양은 물론 강, 하천에도 파이프라인 설치가 증가하고 있고, 수십 년 전부터 국내회사들이 해외에 진출하여 해저파이프라인 공사를 수행하고 있다. 그러나 이와 관련된 서적이나 교재가 매우 부족한 실정이다. 이런 배경에서 해저파이프라인을 정확히 이해하고, 설치, 수리, 유지 관리에 대해 포괄적으로 이해할 수 있는 교재를 집필하게 되었고, 기본적인 해저파이프라인의 이해뿐만 아니라 본 교재를 통해 설계에 필요한 기초 이론들을 소개하였고 관련 예제를 통하여 이 분야 전문가가 아니라도 간단한 설계가 가능하도록 노력하였다.

본 교재를 작성하는데 "해저파이프라인 개론 (2001)"과 DNV 규정을 참고하였고, 현재 사용되는 기술과 각종 해저파이프라인 설계 및 설치 경험을 참고하여 집필하였다.

집필 및 자료 검색에 도움을 준 황수진. 조봉근, 박성주, 허상환 대학원생들에게 감사를 전한다. 본 교재가 비록 미흡하나마 해저파이프라인을 이해하는 데 조금이나마 도움이 되길 바라며, 특히 해양공학을 전공하는 학생들에게 좋은 참고서가 될 수 있기를 기대한다.

2017년 8월 15일
저자 일동

차례

1장

유전 개발과 해양구조물 종류

매년 증가하는 에너지 요구로 현재 주 에너지원으로 사용되는 원유 및 천연가스의 수요도 증가하고 있다. 상대적으로 개발이 용이한 육상의 유전은 대부분 개발이 되었고, 해양의 유전을 개발하는 각종 프로젝트가 늘어나고 있는 추세이다. 해양유전 개발은 육상에 비해 비용이 많이 요구되기에 거래되는 원유값 변동에 많은 영향을 받는다. 즉 원유값이 올라가면 해양 개발의 경제성도 확보되어 해양유전 개발이 탄력을 받는다. 해양유전 개발은 육상유전과 달리 그 지역 환경에 적합하게 설계되어야 하며, 해양외력인 파랑, 해류, 빙하, 바람 등에 대해서 안정성을 갖아야 하며, 염분에 의한 부식과 부력에 대한 고려와 고비용의 유지 및 보수가 요구된다.

국내의 울산 앞바다에서 1999년 가스층이 발견되어 천연가스전 개발 사업이 진행되었고, 2004년부터 최초로 천연가스가 생산되었으며, 이에 이어 두 번째 천연가스전 개발 사업 '동해-2 가스전'이 2016년 10월부터 상업생산을 시작하였다. 그러나 아직까지 대규모 유전이 발견되지 않고 있어서 추가적인 해양 개발이 되고 있지는 않다. 미국 및 북해뿐만 아니라 동남아시아 국가들은 많은 해양유전을 갖고 있다. 특히 중국, 인도, 부르나이, 인도네시아, 베트남 등 여러 나라에서 매장량이 큰 해양 원유 및 가스 유전을 이미 개발하여 생산하고 있다. 비록 국내에는 이런 대규모의 해양유전은 없으나 국내 대기업 및 중소기업들이 동남아시아의 해양유전 개발에 참여하고 있고 턴키프로젝트를 수행하여 많은 경험을 보유하고 있다.

초창기 해양 개발은 우선 개발이 쉽고 비용이 상대적으로 저렴한 육지와 가까운 해안이나 근해에 있는 유전들을 개발하였다. 그러나 오랫동안 개발해 온 근해 자원의 고갈과 에너지 수요의 증가로 이제는 심해 유전의 개발이 활발히 전개되고 있다. 예를 들어 미국은 걸프만이나 호주 등에서 이미 수심 수천 미터의 유전을 개발하였고 인도네시아에서도 심해 유전 개발을 확대하고 있다. 수심이 낮은 근해 유전 개발은 해양구조물의 규모가 작고 설치장비 또한 비교적 저렴하고 수급이 용이하고, 유지 보수도 비교적 쉽게 이루어질 수 있으나, 수심이 깊어질수록 고가의 특수 장비 및 고도의 기술이 요구된다.

해저파이프라인은 해양에서 개발된 원유, 가스를 수송하고 물, 공기 등 각종 유체를 이송 및 전송하기 때문에 해양 개발에 필수적인 요소이고, 수심에 따라 해저파이프라인의 설계, 설치 기술은 많은 영향을 받는다. 해저파이프라인을 설치하는 공법은 여러 가지가 있고, 설치 공법에 따라 동원되는 설치장비 선정, 장비의 확보, 설치시간, 이와 관련된 비용 등 많은 영향을 미친다. 수심이 깊은 심해에 부설되는 해저파이프라인은 해안에서 거리가 떨어져 있고, 작업하는 해상상태가 근해보다 거칠어 작업의 위험성이 높으며, 긴급 상황에 대해 신속하게 대처하기가 쉽지 않다. 심해 해저파이프라인은 수심에 따른 수압이 크며 이를 고려한 설계가 요구되고, 또한 해양환경의 거침으로 설치, 유지, 보수에 필요한 많은 기술적 사항들이 고려되어야 한다. 해저파이프라인 설치 시 해상 조건과 부설선 운동에 의해 여러 가지 하중이 해저파이프라인에 가해지므로 이런 조건에 충분히 견딜 수 있도록 해저파이프라인을 설계하고 또한 안전하게 설치할 수 있는 적합한 부설 방법이 결정되어야 한다. 해저파이프라인이 해저에 부설된 후에도 여러 가지 위험 요소로부터 안전하게 보호되어야 하는데, 이는 외력 즉 파도나 해류 등에 의한 안정성은 물론, 해저 지반 운동, 지진을 포함하여 사고에 의한 안정성, 즉 선박의 앵커 주묘 및 투묘와 어선의 그물 등에도 안전할 수 있도록 보호공법 설계가 적용되어야 한다.

해저파이프라인의 직경은 유량과 속도, 유체의 관내 조건 등을 고려하여 결정되고, 이후 내부압력, 외부압력 및 좌굴 전위에 안전하게 두께가 결정된다. 그 후 외력에 안정되게 해저파이프라인 외부의 콘크리트 피복 두께를 결정하는데 이를 통해 수평 및 수직 안정성을 확보해야 한다. 해저파이프라인 노선은 대상 지역의 해저측량 및 조사를 통해 결정되는데 가능한 한 직선으로 가장 짧게 결정되어야 한다. 이때 해저지형도, 지질도, 해양 조사 보고서 등의 기초 자료를 사용하며, 요철이 심한 곳이나 암초지역이나, 해저설비나 방해물이 없도록 노선을 설계해야 한다. 그 후 선정 노선 지역의 환경 자료를 통해 해저파이프라인의 안정성을 검토하여 해저파이프라인의 콘크리트 피복 두께, 부식방지 피복 방법, 부설 공법 선정, 트렌치 깊이, 보호 방법 등을 결정한다.

국내는 아직까지 해양 개발이 활발하지 못한 것이 현실이고, 해양 개발은 주로 유전을 확보한 나라에서 이루어지고 있어 국내의 기업들의 해저파이프라인 설계의 참여는 제한적이고, 주로 설치에 참여를 하고 있다. 해외의 턴키프로젝트를 수주하여 해저파이프라인 설계가 포함되나, 주로 외국 전문 엔지니어링 업체에 업무를 주고 있다. 즉 해저파이프라인 시공기술은 국내 일부 업체들이 해외에서 그 기술을 인정받고 있으나, 심해 해저파이프라인 설계·설치 기술은 아직 미미한 실정이다.

심해 유전 개발과 함께 해저파이프라인의 설치 기술은 많이 발전하여 잠수부 없이 수중로봇을 이용하여 설치, 조사, 수리 등을 하고 있으며 유지 및 보수 시스템도 그 수준이 많이 향상되었다.

본 교재에서는 해저파이프라인 설계에 요구되는 해양 조사, 국제 설계 기준, 설계 방법, 설치 방법 및 시공 장비, 보호 방법, 검사 장비, 수리 방법 등 관련 기술을 개괄적으로 소개하였고 각종 사진 및 예제를 통하여 쉽게 관련 지식을 이해하도록 구성하였다.

1.2 해양유전 개발 절차

해양유전을 개발하기 위한 절차를 그림 1.1에 요약하였다. 해양유전 개발은 우선 유전 개발권과 각종 허가를 취득한 후 정밀 조사를 통해서 유전 개발을 할 것인지 결정을 해야 한다. 정밀 조사를 통해 타당성 있는 유전이면 생산 개발을 수립하고 생산 장비 설계를 하며 이때 해저파이프라인 설계가 이루어진다. 해양유전 개발은 크게 4단계로 나누어질 수 있다.

1) 탐사 후보 지역 선정
2) 개발 허가권 취득
3) 탐사 시추
4) 설계, 개발, 생산 및 운송

1.2.1 탐사 후보 지역 선정

탐사 후보 지역 선정은 지질학적 자료를 분석하여 유전 존재 가능성이 있는 후보 지역을 찾아내는 절차이다. 대상 지역의 기초적인 지질학 자료, 즉 단층 특성, 토질 성분, 지형 형상, 고고학적인 자료 등을 분석하여 원유나 가스가 있을 가능성이 있는 지역을 찾아낸다. 이런 과정을 통해 탐사 후보 지역을 결정하지만 유전일 가능성이 있다고 다 개발하는 것은 아니며, 그 지역이 갖고 있는 해양생태학적 중요성이 높아 개발이 금지되는 경우도 있고, 심해나 극한 지역에 존재하여 개발비가 높거나, 매장양이 너무 적거나, 유전의 품질이 불량하여 가공 및 처리비가 높아 경제성이 없을 경우 개발이 보류되거나 취소되는 경우도 발생한다. 최근에는 기술의 발전으로 이전에 경제성이 낮은 유전도 개발 타당성이 확보되어 새롭게 개발이 추진되는 경우도 있다. 해양 개발을 위한 기술의 발전은 사업의 경제성을 높이고 기술적으로 개발이 힘들었던 유전 개발도 가능하게 하고 있다.

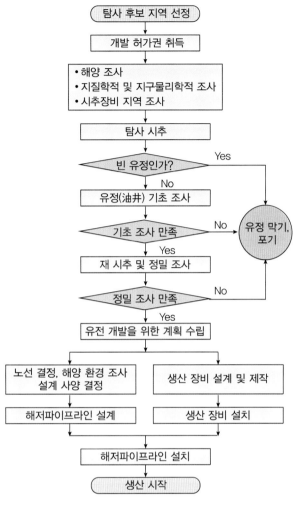

그림 1.1 해양유전 개발 절차(조철희, 2001)

1.2.2 개발 허가권 취득

개발 허가는 우선 기초적인 지질학적 자료 검토 후 1차적으로 유전 존재 가능성이 있는 후보 지역을 선정한 후 그 지역을 관할하는 정부, 관청 또는 소유자로부터 탐사에 필요한 허가를 취득해야 한다. 국가마다 해양 개발을 관할하는 정부부서가 있으며, 경쟁 입찰을 통해 지역 점유 및 개발 허가권을 발급한다. 허가권은 그 기간이 명시되어 있고, 생산이 시작되면 생산량의 일정부분을 소유자와 분할하는 것이 일반적이다. 이때 정부산하 관련 기업이 공동 투자하여 그 생산량을 분할하는 경우도 있다. 해양 탐사 및 해양 개발에 필요한 초기비용이 높음으로 경제적 부담 및 리스크를 줄이기 위해 주로 여러 회사가 컨소시엄 형식으로 공동 탐사 및 개발을 하고 있다. 동남아시아와 중국의 경우 미국 및 유럽 석유회사가 개발에 필요한 자금 및 기술을 가져오고, 대상 국가는 탐사 및 개발을 일정기간 할 수 있는 허가를 신청회사에 내준 후 유전이 개발되어 원유 및 가스가 생산되면 일정부분을 소유하는 형식을 취하기도 한다.

1.2.3 탐사 시추

탐사 시추는 우선 탐사 후보 지역을 지질학적 및 지질공학적 방법을 동원하여 자세히 조사한 후 좀 더 구체적인 확증을 가질 수 있는 유전 지역이 발견되면 시추를 결정한다. 해양에 시추를 통한 유전 조사는 유정의 특성과 경제성을 확증할 수 있는 방법이지만 비용과 시간이 많이 소요되기 때문에 신중히 검토된다. 시추 장비는 탐사 지역의 수심 및 환경에 따라 달라지며 낮은 수심에는 드릴 바지, 잠수식 리그, 플랫폼 리그, 잭업 리그 등이 사용되며 수심이 깊은 곳에서는 굴착 선박, 반잠수식 리그 등이 동원된다. 일반적으로 작업선박을 고정하기 위해 앵커를 사용하여 해저에 고정시키지만, 수심이 깊거나 기존 해저시설물이 있는 지역에서 시추 작업은 앵커링보다는 자체 동력으로 위치고정 및 제어가 가능한 DP(dynamic positioning) 시스템이 있는 장비를 사용하기도 한다.

시추 선박 또는 시추 플랫폼이 시추 위치를 정한 후 캐이싱 파이프(casing pipe)가 해저면을 뚫고 관입된다. 시추 과정에서 기름이나 가스 등의 압력으로 블로우 아웃(blow out) 되는 것을 막기 위해 블로우 아웃 방지 장치가 장착된다. 시추를 통해 유전에 대한 각종 자료를 얻을 수 있고, 유전의 매장량뿐 아니라 유전의 압력, 온도, 성분, 깊이 등 구체적인 정보를 갖게 된다. 탐사 시추에서 확보된 자료들의 신뢰성을 확보하기 위해 후보지 지역 주변에 추가로 시추하여 그 자료를 비교한다.

그림 1.2 드릴 바지(Flexifloat)

그림 1.3 잠수식 리그(ASME)

수심이 낮은 해역에는 소형 시추 선박(그림 1.2)을 사용하기도 하는데 상부구조 둘레에 고정파일이 해저면까지 연결되어 안정하게 시추 작업이 가능하다. 또 다른 장비는 수심 약 15 m 깊이에서 시추가 가능한 잠수식 리그(그림 1.3)가 사용되기도 한다.

수심이 120 m 이하의 지역에서 시추할 경우 갑판 승강식 시추 장비가 동원되기도 한다. 그림 1.4는 예인선을 이용하여 자체 부유해 있는 갑판 승강식 시추 장비를 이동하고 있는 사진이다. 갑판 승강식 구조물은 부유식 갑판과 승강식 다리로 구성되어 있으며, 이동 시에는 다리를 올려, 갑판부의 부력으로 부양된 상태에서 예인되던가, 대형 데크 바지에 탑재하여 목적지까지 이동된다. 목적지에 도착하면

그림 1.4 갑판 승강식 구조물(삼우중공업)

그림 1.5 반잠수식 굴착 리그(삼성중공업 India)

승강 장치를 조작하여 다리를 내려 해저면에 착지시키고, 선체를 파도가 미치지 않는 해면 위 높이까지 올려 고정한다. 갑판 승강식 구조물은 석유개발 외에도 토목공사용, 해상작업대로도 많이 사용된다.

수심이 비교적 깊은 장소에서는 반잠수식 굴착 리그(그림 1.5)를 사용한다. 반잠수식 리그는 수심 약 150~2,000 m까지 다양한 해역에 적용이 가능하다. 반잠수식 해양구조물의 형상은 하부선체의 부력체 상부에 칼럼(column)이라 불리는 수직 기둥을 세워, 그 위에 갑판부를 설치하고, 이들을 적당한 경사부재(brace)로 결합함으로써 전체구조물을 지지하고 있다. 일반적으로 반잠수식 해양구조물은 하부선체의 자체 추진 장치에 의해서 이동하고, 자체추진 장치가 없는 경우에는 예인선

그림 1.6 굴착 선박(Seatrade Maritime News)

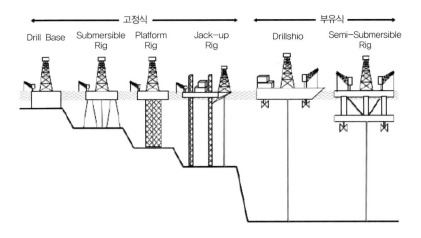

그림 1.7 해양 시추 및 생산설비의 분류(시추선 및 쇄빙선 관련 유럽 기술 동향, 2016)

을 이용하여 이동된다.

그림 1.6은 일반적인 굴착 선박이고 일반 선박과 같은 형상을 하고 있으며 해양 유전 개발을 위하여 선박의 운동이 가장 적게 발생하는 중앙부에 굴삭장치를 탑재한 것으로 1953년경부터 사용되기 시작했다. 시추 작업 시 위치 유지는 다점계류 또는 동적위치제어 시스템(DPS)으로 확보된다. 그림 1.7은 해양 시추 및 생산설비의 분류를 보여준다.

1.2.4 해양구조물 종류

유전 개발에 앞서 탐사 시추에서 얻은 유전의 지형적, 지질학적 자료를 분석하여 개발 및 원유·가스 생산을 위한 기술적, 경제적인 분석을 수행한다. 이 과정을 통하여 유전 개발을 확정하고 유전 개발에 대한 계획을 수립하게 된다. 이후 유전 개발에 가장 적합한 해양구조물 종류를 결정하게 된다. 유전 개발에 앞서 여러 가지 구조물 형태가 검토되며 지역 특성을 고려하고 공사기간과 비용에 가장 적합한 형태의 개발 계획이 구체적으로 수립된다. 이때 고려되는 항목들은 시추 및 생산 플랫폼 개수, 적합한 생산 시설, 원유 및 가스 가공 방법, 생산에 필요한 전기 생산, 운반 방법에 따른 시설 등이다. 시간과 비용을 절감하기 위해 시추와 생산을 같이 하는 시설을 선택하기도 하지만, 시추와 생산을 동시에 할 경우 안전상 문제가 더 발생하기 때문에 대부분 시추와 생산을 하는 시설이 별도로 갖춘 형태를 취한다. 해양구조물 형태는 대상 지역의 특성을 고려하여 일반적인 파일 고정 플랫폼을 선택할 수 있고, 복합적인 형태를 가진 굴착 플랫폼과 프로세스 플랫폼(process platform)도 고려할 수 있다. 혹은 FPSO(Floating Production Storage and Off-loading) 시스템을 비롯한 여러 종류의 해양 터미널 등을 결정할 수도 있다.

낮은 수심에 적용되는 대표적인 해양구조물은 그림 1.8과 같은 자켓 구조물로 해저면에 관입되어 있는 파일에 의해서 고정된다. 자켓의 주 다리가 파일을 감싸고 있는 형태로 지지되고 있어 자켓이라 불려지고, 자켓은 주로 원형 강재 실린더 부재로 구성된다. 자켓의 상부에 갑판을 설치하고, 그곳에 처리설비, 거주설비 등을 탑재한다. 그림 1.9는 여러 개의 자켓 구조물들이 복합적인 필드를 이루어 해양에서 생산하는 사진이다.

그림 1.8 자켓 구조물(KMA webzine)

그림 1.9 복합적인 해양구조물(Westfield subsea)

그림 1.10 FPSO(Bluewater)

　심해 생산 플랫폼 가운데 주목을 많이 받는 구조물은 FPSO인 부유식 생산 저장 하역 시스템으로 주로 대수심 유전의 조기개발 및 중소규모 유전의 개발에 이용되고 있다. 최근에는 원유 FPSO뿐만 아니라 LNG FPSO에 대한 연구가 활발히 진행되고 있다(그림 1.10). FPSO는 산유국에서 많이 선호하고 있는데 이는 마치 해상에 떠있는 정유공장으로 해상에서 원유를 채취하고 정제하고 저장하며 유조선에 원유를 하역할 수 있는 복합적인 기능이 가능하기 때문이다.

　FPSO는 생산된 원유를 정제하고 보관하며 탱커가 접안할 수 있는 시설까지 갖추어 1차로 정제되어 보관된 원유를 탱커에 하역할 수 있음으로 육상에 따로 원유를 저장하거나 처리하는 시설없이 해상의 FPSO가 대신할 수 있다. 유전이 해안에 비교적 가까우면 해양 생산 설비로부터 생산된 원유가 해저파이프라인을 통해 해안이나 육상 처리시설로 운반되고, 해안에 멀리 떨어져 있거나 가까운 곳에 정유시설이 없으면 해저파이프라인을 통해 가까운 해양 터미널이나 FPSO로 수송한 후 다시 원유 탱커 선박을 통해 해안으로 운반한다.

　생산 설비들은 여러 형태가 있으며 크게 해상과 해저 생산 시스템으로 이루어져 있다. 해상 생산 설비는 고정된 굴착과 생산에 필요한 각종 장치를 갖춘 플랫폼이 대표적인 형태이다. 수심이 깊은 해역에서의 석유 시추 및 생산용 구조물로서는 인장각식 구조물(TLP, tension leg platform)이 경제적으로 사용될 수 있다. TLP는 플랫폼을 이루고 있는 부체, 해저면에 파일로서 고정되어 있는 앵커 템플레이트, 그리고 이들을 연결시켜주는 인장식 다리 부분으로 나누어진다. 일반적인 TLP

그림 1.11 TLP(Engineerlive)

그림 1.12 생산 작업 중인 TLP(Marineinsight)

의 부체 부분은 반잠수식 구조물과 유사한 형상을 가진다. 그림 1.11은 북해의 대표적인 TLP를 보여주고 그림 1.12는 해저원유 생산 작업을 하고 있는 TLP의 전경을 보여주고 있다.

또 다른 해양구조물은 SPAR로 GOM(Gulf of Mexico)의 심해에서 주로 적용되고 있는 계류식 구조물로서 거대한 원통을 수직으로 부유시킨 부이 형태이다. 구조물 전체를 콘크리트와 강제로 제작하는 concrete spar, steel spar 그리고 상부에 원통형 부이를 사용하고 하부에는 트러스 구조물을 사용하는 다양한 형태의 spar가 존재한다. 그림 1.13은 수심에 따른 여러 형태의 해양구조물을 보여준다. 낮은

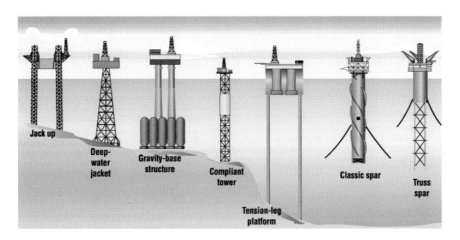

그림 1.13 다양한 형태의 해양구조물(Oil & gas journal)

수심에는 재킷 플랫트폼이, 수심이 깊어지면 계류식 해양구조물인 FPSO, TLP, SPAR 등이 적용된다.

또 다른 형태의 해양구조물은 콘크리트 구조물로 주로 빙하가 있는 극지방에 적용되며, 빙하의 작용 하중을 줄이기 위해 해수면의 면적을 작게 하고, 빙하의 파괴 모드를 증가시켜 충격을 분산시키기 위해 수면형상을 웨지(wedge)로 설계하기도 한다. 상부와 달리 하부에는 거대한 규모의 공간을 가진 하부구조물이 있고 이 공간에 원유나 해수를 채워 해양 외력에 대한 안정성을 유지한다(그림 1.14).

해저 생산시스템은 해저에 유전까지 여러 개의 굴착을 한 후 이것들을 해저파이

그림 1.14 콘크리트 플랫폼(드림워크 엔지니어링)

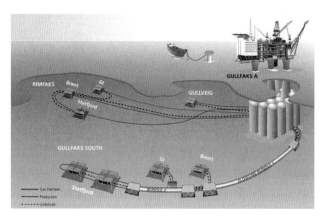

그림 1.15 GBS와 해저파이프라인 매니폴드(Offshore technology)

프라인을 통해 해저 템플랫(template)이나 매니폴드(manifold)로 이송시킨 후 원유를 모아 트렁크(trunk line) 해저파이프라인을 통해 육상의 저장소나 처리시설로 운송한다. 그림 1.15는 콘크리트 자중고정식(GBS: Gravity Base Structure) 해양 구조물과 해저파이프라인 매니폴드를 보여준다. 콘크리트 자중고정식 구조물 하부에 원유를 저장할 수 있는 시설이 갖추어져 있어 항상 원유나 해수를 채워 넣어 외력에 안정성을 갖도록 설계된 구조물이다.

1.3 해저파이프라인의 종류

해저파이프라인은 그 용도에 따라 4가지로 분류될 수 있고, 또한 직경이나 압력에 따라 분류될 수도 있다.

용도에 따른 4가지 종류의 해저파이프라인은 플로우라인(flowlines), 게더링라인(gathering lines), 트렁크라인(trunk lines) 그리고 로딩라인(loading lines)으로 구분된다.

플로우라인은 유전과 플랫폼을 연결하거나 해저 매니폴드를 연결하는 해저파이프라인이고 일반적으로 직경이 작으며 여러 개의 관으로 묶어져 있다. 플로우라인은 유전의 압력이 충분하여 펌프나 컴프레서(compressor)로 압력을 높이지 않고도 자체 압력으로 유체가 흐를 수 있는 경우에 사용된다.

게더링라인은 플랫폼과 플랫폼을 연결하는데 사용되며 관의 크기는 작은 것부터 큰 것까지 여러 종류이다. 게더링라인은 2가지 이상의 유체가 혼합되어 흐르는 경우가 많고, 원유, 가스, 응축유체(condensate) 등이 포함된다. 게더링라인의 압력은 1,000~1,400 psi가 일반적이고 해상 플랫폼에 설치된 증압 펌프나 컴프레서를 통해 압력을 유지한다. 게더링라인은 원유를 굴착 플랫폼에서 조금 떨어진 해상 생산 플랫폼까지 운반하는데 쓰이기도 한다.

트렁크라인은 여러 개의 플랫폼으로부터 모아진 원유를 해안까지 운반하는데 쓰인다. 주로 직경이 대형인 해저파이프가 사용되고, 그 길이가 길 경우 원유의 원활한 운송을 위하여, 노선 중간에 증압 펌프나 컴프레서가 설치된 플랫폼이 요구된다. 이런 시설을 통해 관내의 압력을 증가시키며 운송에 적합한 일정한 압력을 유지시킨다.

로딩라인은 플랫폼과 하역설비를 연결하거나 해저 매니폴드와 하역설비를 연결하는 해저파이프라인이다. 로딩라인의 크기는 하역 및 선적하는 양과 시설에 따라 달라질 수 있다. 길이는 주로 1~3 km 정도로 비교적 짧은 것이 일반적이다. 로딩라인은 초기생산을 할 경우 게더링라인이나 트렁크라인이 설치되기 전 원유를 선적하는데 쓰이기도 한다.

해저파이프라인의 크기는 일반 육상파이프와 비슷한 과정을 거쳐 결정된다. 해저파이프라인의 내경은 운송할 유체의 양과 속도 압력을 포함한 유체학적 해석을 통해 결정된다. 유체와 관 내부의 마찰에 의한 영향을 고려하여 원하는 곳까지 유체를 운송할 수 있는 크기를 만족해야 한다. 이 외에도 내부 및 외부 압력에 따른 해저관의 두께, 외력에 의한 안정성, 해저관의 보호, 수리 등에 대해서도 고려되어야 한다.

2장

해양 조사 및 보호 방법

해저파이프라인은 여러 가지 요인에 의해 손상될 수 있고, 설계사나 시공사 그리고 운용사 모두 해저파이프라인이 손상되지 않도록 노력해야 한다. 해저파이프라인이 손상되면 그 피해가 엄청날 뿐만 아니라 복구하는 데에도 많은 시간과 비용이 발생한다. 해저파이프라인 손상 시 단순히 내부에 흐르는 원유나 가스의 공급을 중단하는 것뿐만 아니라, 유체가 유출되어 그 주변 환경을 심하게 오염시킬 수 있고 이로 인해 큰 재해를 불러일으킬 수도 있다. 해저파이프라인 손상을 수리하는 방법은 여러 가지가 있으나 일반적으로 그 비용은 육상시설에 비해 수십에서 수백 배까지 발생한다. 이는 수리에 필요한 해양작업 장비, 각종 지원 선박, 작업선, 잠수선, 수중로봇을 비롯한 여러 고가의 특수 선박 및 장비들이 동원되어야 하고, 작업을 보조하고 지원해야 하는 인원 및 육상 연락사무소 등 여러 시설이 요구된다.

해저파이프라인 손상은 자연환경에 의한 것도 있으나 사람에 기인하여 발생되는 경우도 있다. 해저파이프라인 손상발생을 기간별로 나눈다면, 1) 해저파이프라인 설치 시, 2) 해저파이프라인이 해저면에 설치된 후, 3) 해저파이프라인 운전 중으로 요약할 수 있다. 자연에 의해 손상되는 경우는 파도나 해류로부터 기인한 외력에 의해 해저파이프라인이 불안정해지는 경우이고, 해저파이프라인 밑의 해저면에 쇄굴이 발생하여 자유경간에 의해 손상이 발생하거나 지진이나 지각변동에 의한 손상 등이다. 사람에 기인한 손상은 해저파이프라인이 선박의 앵커 투묘 또는 주묘에 의해 파손되거나, 그물에 걸려 손상되거나, 해양작업 중 버려지는 폐자재 및 각종 폐기물, 혹은 선박의 침몰에 의해 손상되는 경우이다.

어떠한 경우든 해저파이프라인은 그 목적과 기능을 달성하기 위해 손상이 되지 않도록 보호되어야 한다. 그 지역의 자연환경과 발생 가능한 손상의 종류를 조사하여 이런 손상들로부터 안전할 수 있도록 설계되어야 한다. 주위의 자연환경으로부터 안정성을 확보하기 위해 주로 외력을 계산하여 이 외력을 견딜 수 있도록 무게를 무겁게 한다. 이를 위해 파이프라인 외부에 콘크리트로 피복해 줌으로서 수중 무게를 증가시킨다. 다른 방법은 앵커링하여 해저에 해저파이프라인을 고정시키거나, 굴착(trench)을 통해 형성된 해저면에 해저파이프라인을 설치하는 방법이 쓰인다. 선박의 앵커에 의한 손상을 막기 위해 해저파이프라인을 굴착단면 안이나 해저면 밑으로 설치하여 앵커의 주묘 괘적을 피하게 설계한다. 해저파이프라인 상단은 백필링(back filling)이나 자연 필링을 통하여 앵커 투묘의 충격으로 부터 보호한다. 백필링은 주로 해저파이프라인 위에 자갈이나 사석으로 덮는다. 해저파이프라인이 해저면에 설치될 경우에는 콘크리트 담요를 씌어 물체의 충격이나 앵커링으로부터 보호하는 방법도 사용된다. 또한 락범(rock berm)을 설계하여 선박 앵커의 투묘와 주묘에 의한 손상으로 부터 보호하기도 한다.

특정 지역에 설치될 해저파이프라인은 노선상에 존재하는 각종 손상의 원인을 사전에 찾아내어 분석하는 것이 중요하다. 해저파이프라인의 안정에 영향을 미치는 자연환경 요소는 주로 파도와 해류이다. 물론 그 지역의 토질 상태, 토질 운동 등의 자료도 해저파이프라인 안정성 분석에 필요하다. 선박 앵커의 투묘 및 주묘에 의한 손상에 대비하여 적정 매설 깊이를 설계하기 위해선, 그 지역의 위해요소를 파악해야 하며 앵커의 종류 및 무게와 노선상의 토질정보가 요구된다. 이는 토질상태에 따라 앵커의 투묘 및 주묘 깊이가 달라지기 때문이다.

2.2 해양 조사

해저파이프라인 설계에 해양 조사는 필수적이고 이를 통해 얻은 자료를 통해 안전한 해저파이프라인 설계, 노선 선정, 보호 방법, 설치 방법 등을 결정할 수 있다.

해양 조사를 통해 다음과 같은 자료를 수집한다.
• 해당 지역의 지오텍 자료, 최근 지역의 퇴적 및 침식량
• 해저파이프라인 노선상의 방해물, 기 설치된 시설, 암반
• 해저면 균열, 화산 활동, 가스, 지반 변동
• 지형의 요철 부분과 형상
• 노선상의 수심과 해저면 지형 자료
• 퇴적 및 침식 현상
• 파도의 높이, 주기, 방향
• 수심에 따른 해류의 속도, 방향

해양 조사는 크게 연속적인 조사와 비연속적인 조사로 나누어질 수 있다. 연속적인 조사는 계속적으로 관련 자료를 조사하는 것으로 주로 피시(fish)라는 기구를 해저에서 예인하면서 자료를 취득한다. 피시에서 측정한 자료는 피시를 예인하는 선박으로 전달되어 기록 및 분석이 된다. 비연속적인 조사는 해저파이프라인 노선을 따라 일정 지점에서 자료를 취득하는 방법이다. 예를 들어 어느 일정 지점에서

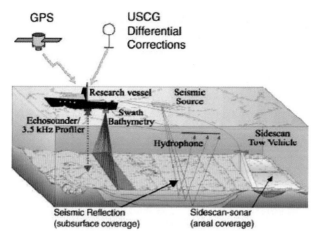

그림 2.1 해양 조사 장비(U.S. Geological Survey, 2011)

해류 속도를 조사하거나, 보링을 하여 지질 상태를 조사하거나, 파고계를 설치하여 파고를 조사하는 것 등이 이에 해당된다고 할 수 있다. 그림 2.1과 같이 연속적, 비연속적 해양 조사를 하기 위해서는 다양한 장비가 사용된다.

해양학적인 조사는 해저파이프라인 노선을 따라 이루어지며 풍속, 풍향, 파고, 파향, 파주기, 해류 속도 및 방향이 이에 해당된다. 물론 필요에 따라 염분도 및 온도도 조사한다. 해저파이프라인의 안정성 해석을 위해서는 외력의 추정이 필수적인데 파고, 파향, 파주기, 해류 속도 및 방향에 대한 자료가 매우 중요하다. 해저파이프라인은 설치가 완료된 후 운용기간이 만료될 때까지 안정성이 확보되어야 될 뿐 아니라 설치기간에도 외력에 대한 충분한 안정성을 갖고 있어야 한다. 같은 해저파이프라인이라 할지라도 그 지역의 환경에 따라 부설 장비 및 설치 방법 등이 달라진다. 해저파이프라인 부설 방법에 대해서는 추후에 소개된다. 예를 들어 기술적으로 해저파이프라인을 수면에 띄어 설치가 가능하다 할지라도 그 지역의 해류가 강하다면 해수면 이하로 설치하는 공법이 적용되어야 하며 이에 따라 부설 장비 및 방법이 선택된다. 설치 지역에 바람과 파도가 높아 일반 바지 형태의 부설 장비가 문제될 경우 안정성이 우수한 반잠수식 장비가 동원되어야 할 경우도 있다. 그러므로 해저파이프라인 노선에 따른 각종 해양 환경 자료는 설계 및 설치 엔지니어링에 매우 중요하게 사용된다.

2.2.1 파고계 및 해류계

해양구조물에 작용하는 파력을 계산할 때 유의파고(significant wave height)를

그림 2.2 파고계(Edinburgh design)

사용한다. 이는 파고의 상위 1/3의 평균값을 의미한다. 이를 이용하여 100년 빈도에 발생할 수 있는 유의파고 및 해류를 기준으로 외력을 계산하게 된다. 해당 지역의 100년 동안의 해양 자료를 얻을 수 있으면 좋으나 그렇지 않다면 기존의 자료를 이용하여 예측을 해야 한다. 만약 가지고 있는 해양 자료가 없다면 이용할 수 있는 자료를 기준 삼아 스펙트럼(spectrum) 기법을 사용하여 100년 빈도의 값들을 예측한다.

파고는 주로 파고계를 이용하여 바다의 한 점의 파형을 측정한다. 수면 아래 위치한 압력 센서를 이용하여 수압의 변화를 감지하여 파고를 측정하는 방식, 2개의 평행한 적극판을 수중에 세워서 수위차를 이용한 전기용량의 변화 측정 방식과 초음파를 방출하여 반사파가 수면에서 돌아오는 시간을 수집하여 측정하는 방식, 위성사진 등을 사용하는 방법이 있다. 그림 2.2는 실험수조에서 파고계를 이용하여 파고를 측정하는 모습을 보여주고 있다.

해류는 주로 해수면, 수중, 해저면에 해류계(Current meter)를 설치하여 해류의 속도와 방향을 측정한다. 최소 1.5개월은 기본이고 1년 자료를 사용하는 것이 원칙이다. 그 지역이 이미 개발된 지역이라면 이런 자연환경 자료는 관련 정부부처나 시공사 또는 그 지역 시설 운용사로부터 얻을 수 있겠으나, 만약 그렇지 않다면 직접 측정하여 구하거나 수학적인 모델로 근사치를 얻거나 주변 지역 자료를 갖고 가정하여 사용한다.

일반적으로 해류는 실측으로 자료를 얻으나 그렇지 못할 경우에는 기존의 데이터를 이용하거나 수치적으로 산출할 수도 있다. 필자가 1995년도에 중국 해남도

야쳉(Yacheng)의 류하(Liuhau) 가스 유전 지역에서 경험한 바로는 이 지역의 해류의 방향과 속도가 수심에 따라 상당히 달라지기 때문에 일반적인 수치 예측 방법으로 산출하기가 불가능하였다. 이 지역은 솔리탄(Solitan)이라 불리는 해류가 있어 중간 수심 및 해저면 근처에서 수면보다도 더 큰 속도의 해류가 존재하고 그 방향도 예측과 상당히 다르기 때문에 FPSO의 유연한 라이저(flexible riser)나 계류삭의 운동 간섭 해석 및 설계에 어려움이 있었다. 일반적으로 해류의 속도는 수면 속도를 취한 후 해저면까지 동일하거나 선형으로 줄어든 수치를 설계에 사용할 수 있으나 가능하면 실측을 권유하고 싶다.

재미있었던 경험을 소개하자면, 1994년 태국의 페츄부리(Petchburi) 해저파이프라인 공사에서는 유속계가 도난당하는 사고가 발생하였다. 그 지역의 어부들이 고기를 잡는 것보다 유속계를 잡아서 시장에 파는 것이 손쉽고 더 값을 쳐주니까 발생한 사건으로 추정한다. 심증이 있으나 증거가 없어 할 수 없이 어부들을 감시원으로 고용하여 성공적으로 해류 측정을 완료한 경우도 있었다.

그림 2.3은 해수의 유향, 유속 등의 계측을 위해 사용되는 표류부이(Lagrangian Drifter)들로서 배에서는 물론 비행기에서도 해수면에 부이를 투하할 수 있도록 제작되었다. 현재는 개발이 많이 되어 다양한 해양 데이터를 얻어낼 수 있고 연구용, 어업용 등 여러 가지 용도로 사용되고 있다.

그림 2.4는 유속계 앞쪽에 위치해 있는 임펠러의 회전 속도를 통해 유속을 계측하는 임펠러형 유속계이다.

그림 2.3 표류 부이(ERI)

그림 2.4 임펠러형 유속계(Valeport)

그림 2.5 ADCP(Sontek)

ADCP(Acoustic Doppler Current Profiler)는 정확한 3차원 유속 데이터를 얻을 수 있기 때문에 현장은 물론 실험에서도 많이 사용되고 있다. ADCP는 Sonar와 흡사한 원리로 수중에 고정된 주파수위 음파를 송신하고 음파 산란체로부터 되돌아오는 반향음에 대한 도플러 효과를 이용하여 한 지점에서의 3차원 유속 벡터를 계측한다. 그림 2.5는 Sontek사의 ADCP를 보여주고 있다. 일반적으로 3개 이상의 송수파기로부터 서로 달리 경사진 방향으로 펄스 음파를 동시에 송수신하여 상하방향, 동서방향, 남북방향의 유속을 구할 수 있다.

2.2.2 음향 측심기

음향 측심기(echo sounder)는 주로 수심을 계측하는데 사용된다. 현재 여러 종류의 음향 측심기가 사용되고 있으며 그 정확도가 상당히 개선되었다. 음향 발신기는 고주파를 발생시켜 해저면에 쏘아주고 해저면으로부터 반사되는 신호를 변환기에서 받아 발생시간과 반사시간을 분석하여 수심을 측정한다. 이런 단순한 수심 계측뿐만 아니라 해저 영상을 3차원 지형도를 얻는데 응용되기도 한다. 해저파이프라인 설치에 있어서 준설 전 해저 지형을 파악하기 위해 사용되고 준설 및 설치 후 그리고 유지 및 보수 등 다양한 용도로 유용하게 사용되고 있다.

음향 측심기의 개수에 따라서 단빔 음향 측심기(Single beam echo sounder)와 멀티빔 음향 측심기(Multi beam echo sounder) 두 가지로 나뉘게 된다. 단빔 음향 측심기는 해양 관측에서 가장 광범위하게 사용되는 장비로, 특정 주파수를 방사하

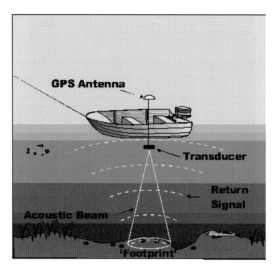

그림 2.6 단빔 음향 측심기(ozcoasts)

여 해저면에 반사되어 수신기로 되돌아오는데 걸린 시간을 측정하여 해저면까지의 거리를 측정하는 시스템이다. 낮은 주파수를 사용하게 되면 수심이 깊은 곳까지 측정할 수 있는 반면 정밀도가 낮아지고, 주파수가 높으면 수심이 얕은 곳만 측정할 수 있는 반면 정밀도는 높아진다. 따라서 수심 200 m 미만의 천해에서는 200 kHz 정도의 높은 주파수를 사용하고, 주행거리에 대한 음향에너지의 감쇄가 주파수가 높을수록 급속하게 증가하기 때문에 심해역에서는 일반적으로 12~34 kHz 정도의 낮은 주파수를 사용한다. 그림 2.6은 단빔 음향 측심기로 수심을 계측하는 그림이다. 계측에 사용하는 음파는 원추형으로 방사되며 그 각도는 3°에서 15°까지 다양하고 각이 작을수록 측정 분해 성능이 증가하나 선박의 운동에 의한 영향이 크다.

조석과 파랑에 의해 지속적으로 변화하는 수면에서 해저면까지의 거리는 동일지점에서도 시간에 따라 계속 변화한다. 조수간만의 차가 6 m 이상 되는 서해상에서는 어느 시점에서 측량하느냐에 따라 수심의 차이가 많이 발생한다. 국가에서 발행하는 해도상의 수심은 기준점에서 가장 낮았던 수심(약최저저조면)을 기준으로 그 지역의 수심을 재계산한다. 이를 조석보정이라고 하는데, 수심측량에서 가장 많은 오차가 발생하는 과정이므로 신중하게 처리되어야 한다. 또한 음속도 보정, squat(선속에 따라 선박이 수면에 잠기는 깊이), draft(부하에 따라 선박이 수면에 잠기는 깊이) 등을 보정해 주어야 정확한 값을 얻을 수 있다. 그림 2.7은 음향 측심기를 통해 얻어진 데이터를 모니터링하는 디스플레이 장치를 보여주고 있다.

멀티빔 음향 측심기는 한 번의 송수신으로 현방향으로 약 90개에서 150개 사이

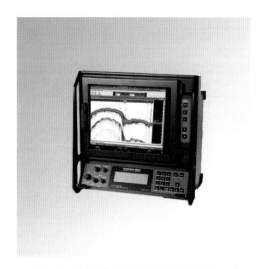

그림 2.7 음향 측심기 모니터링 장치(Odom)

의 빔을 동시에 취득할 수 있는 음향 측심기이다. 기본적인 측심 원리는 단빔 음향 측심기와 같으나, 그림 2.8과 같이 현방향으로 좁고, 선박의 수직방향으로는 부채 꼴 모양의 여러 빔을 형성하며 넓은 지역을 동시에 측심하는 장치이다. 이런 특성 때문에 단빔 음향 측심기에 비하여 보다 정밀도 높은 방위센서와 선박의 운동을 보정하기 위한 운동센서가 필수적으로 요구된다. 그림 2.9는 수심에 따른 주사폭 의 차이와 주사폭 확장에 따른 수평거리의 증가를 도시한 그림이다.

그림 2.8 멀티빔 음향 측심기(Eurofleets)

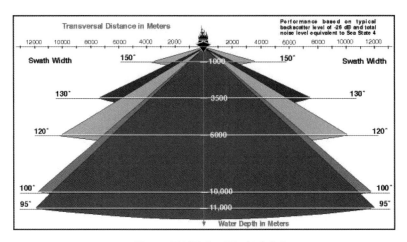

그림 2.9 주사폭에 따른 수평거리

  적용하는 측심에 따라 사용되는 주파수와 주사폭이 변화하며 한 번에 수심의 3배 정도를 측량하기 때문에, 대상해역에 대한 전수조사가 가능하다. 국제수로기구(IHO)에서는 수로와 항만내측 및 항해위험물이 예상되는 지역에 대하여 멀티빔 측량을 실시하도록 권장하고 있다.

  멀티빔 음향 측심기는 트랜스듀서, 방위센서, 모션센서, GPS, SVP 등의 각종 부가장치가 많이 요구되며 모든 장비들이 컴퓨터에 의해 연동되고 있다. 특별히 고안된 멀티빔의 경우, 넓은 해역을 짧은 시간 내에 조사할 수 있을 뿐만 아니라 방대한 자료를 토대로 3차원적 해저지형을 나타낼 수 있다. 하지만, 단빔 음향 측심기보다 훨씬 고가이고 자료처리에 시간과 기술이 필요하다. 그림 2.10은 대표적인 멀티빔 음향 측심기 트랜스듀서이다. 그림 2.11은 단빔 음향 측심기와 멀티빔 음향 측심기의 차이를 보여준다. 단일빔은 국부적으로 보는데 유리한 반면, 다중빔은 넓은 지역을 탐사하는데 유리하다.

그림 2.10 멀티빔 음향 측심기(Kongsberg)

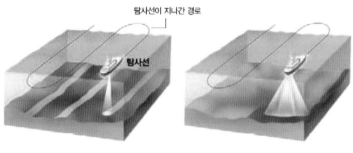

단일빔으로 탐사하는 경우　　　　다중빔으로 탐사하는 경우

그림 2.11 단일빔 / 다중빔(디라이브러리)

　　그림 2.12와 같이 멀티빔 음향 측심기는 다양한 수심에 따라 천해부터 심해에서 사용할 수 있다. 그림 2.13은 멀티빔 음향 측심기를 이용하여 수집한 자료를 분석하여 준설구역의 가시화한 결과를 보여주고 있다.

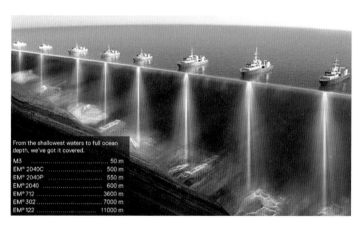

그림 2.12 용도에 따른 다양한 멀티빔 음향 측심기(Kongsberg)

그림 2.13 준설구역 평가(UST21)

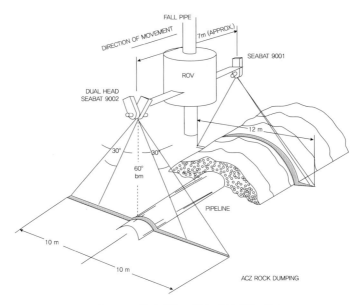

그림 2.14 해저파이프라인 매설검사 개념

멀티빔 음향 측심기는 해저파이프라인의 매설상태를 검사할 수 있고 그 개념을 그림 2.14에 나타내었다.

2.2.3 사이드 스캔 소나

사이드 스캔 소나(side scan sonar)는 해저 표층에 대한 광역사진을 제공하는 음향 영상 기기로서 넓은 해저 표면을 영상화하기에 매우 효과적이고, 수중에서의 목표물을 찾고자 할 때 광범위하게 사용되는 장비이다. 많은 선박들이 전방시야 확보를 위해 사용되고 있다. 초음파 특성을 이용하여 각기 다른 음향반응을 나타내는 해저지형물의 물리적 특성을 규명하고 해저지형물의 분포상태를 짧은 시간 내에 세밀하게 파악할 수 있으며, 수면 아래 놓여 있는 물체에 대한 영상정보를 얻을 수 있다. 사이드 스캔 소나 시스템은 제어 컴퓨터, 수중 예인체(tow fish), 송수파기(transducer), GPS, 예인케이블, 자료취득 분석 소프트웨어로 구성되어 있다. 수중 예인체는 응용분야에 따라, ROV에 장착되어 사용되기도 하나 그림 2.15와 같이 일반적으로 모선과 연결된 예인케이블에 의해 수중에서 예인되어 탐사된다. 메인 컴퓨터에서는 음파의 송수신 주기와 주사거리 조절, 전달거리에 따른 시간이득보정(time varying gain), 후방산란 음압신호의 디지털 샘플링, 후방산란 음압신호 기록 등의 역할을 수행한다. 수중 예인체 양 측면에 부착된 송수신기에서는 메인 컴퓨터의 송수신 발생신호에 따라 선박의 진행방향으로는 0.5° 정도의 빔폭과

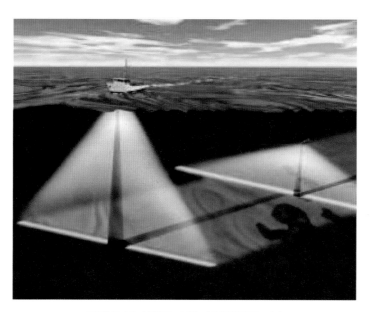

그림 2.15 사이드 스캔 소나(GPSCharts)

측면으로 약 55° 정도의 넓은 빔을 형성하여 음파를 발사하고, 해저면으로부터 후방산란 되거나 반사되어 되돌아오는 음파를 시간 순으로 메인 컴퓨터로 전송하는 역할을 한다. 또한, 송수신 주기를 조절하여 한 번에 50 m에서 1 km까지 주사폭을 제어하는 역할도 수행한다. 사이드 스캔 소나는 특정한 주파수의 음파를 수중에서 발사시켜 되돌아오는 음파의 음압강도를 디지털 샘플링하여 수치값으로 전환한 후, 연속된 송수신에 의하여 영상을 구성하도록 설계되었다.

사이드 스캔 소나는 광역의 해저면 영상을 제공하므로 침선 탐색, 해저파이프라인 매설경로 측량, 수로 유지준설 공사감리, 해양구조물 측량, 해저지질분포도 작

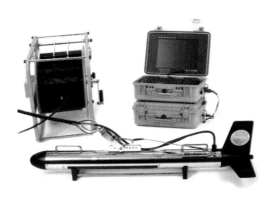

그림 2.16 사이드 스캔 소나 시스템(DSME E&R)

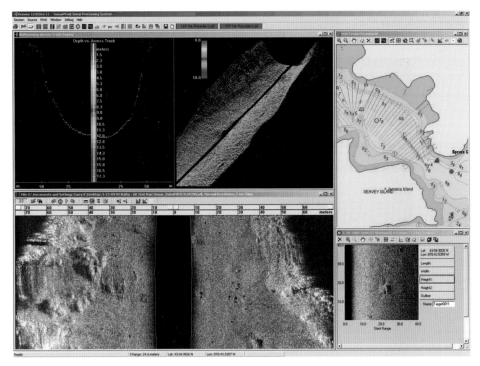

그림 2.17 사이드 스캔 소나를 이용한 해저 지형 가시화(Klein Marine Systems)

성 등 다양한 해양측량 분야에서 이용되고 있다. 그림 2.16은 수중 예인체, 예인전선, 영상표시 장치 등으로 구성된 사이드 스캔 소나 시스템을 보여주고, 그림 2.17은 이 시스템에 의해 영상화된 해저 지형을 보여준다. 수중검사는 특히 해저면에 반사된 음압의 특성을 정밀 분석하여 해저면 구성 물질에 따라 분류할 수 있으며, 수중 구조물의 위치와 상태를 정확하게 묘사한다.

2.2.4 자기 변화 탐지기

자기 변화 탐지(magnetic anomaly detection) 방법은 자력계(magnetometer)를 사용하여 해저파이프라인 주변의 자기장 변화를 측정하는데 사용된다. 이 방법은 해저면에 놓인 금속물체로 인한 자기장의 변화를 탐지할 수 있으므로 해저파이프라인 근처에 존재하는 다른 파이프라인들이나 파손된 배들 또는 기타 금속 물체를 탐지하기 위해 사용될 수 있다. 자기 센서가 해저바닥에 가깝게 예인되고 탐지기에는 그 지역의 기본 자기값이 입력되어 있다. 센서를 예인하면서 그 탐사 지역의 자기장을 연속적으로 차트에 기록한다. 이 기록을 통하여 주변 자기장의 변화와 자기장의 세기를 알 수 있다. 그림 2.18은 자력계 탐사장치로 자성 물체의 유무에

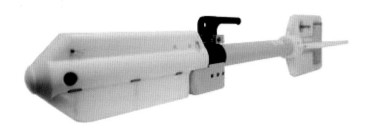

그림 2.18 자력계 장비(Geo metrics)

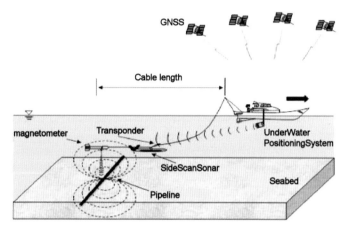

그림 2.19 자력계를 이용한 모식도(Ocean Engineering Corporation)

따라 나타나는 자장의 세기를 조사할 수 있다.

그림 2.19는 자력계를 이용해서 해저지층을 탐사하는 모습을 나타낸 모식도이다.

2.2.5 표층 탐사기

표층 탐사기(sub-bottom profiler)는 해저면 아래의 지질학적인 구조와 조직에 대한 정보를 제공하며 연속적인 조사가 가능하다. 음향에너지에 의한 펄스가 소스로 부터 발산되고 발산된 시그널이 음향 간섭 물체와 부딪쳐 반사되어 수중 청음기에 의해 탐지된다. 여러 가지 간섭 신호들은 퇴적물들의 지질학적인 성질을 알려준다. 이런 탐지된 신호들은 예인선 위의 설치된 장비에 의해 기록이 된다. 다양한 지질학적 특성을 가진 퇴적물들로부터 반사된 음향 시그널의 속도를 측정하여 반사된 시간을 측정함으로써 해저면 아래의 지질학적 경계면의 깊이가 결정되어진다. 이렇게 조사된 각 경계층에 따른 퇴적물의 종류는 현장에서 채취한 토양 샘플

그림 2.20 표층탐사 장치(EdgeTech)

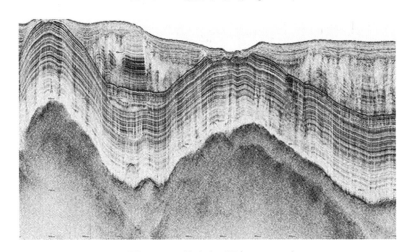

그림 2.21 표층탐사 기록(EdgeTech)

과 함께 해저 지층형상에 대한 연구에 사용된다. 그림 2.20의 표층탐사 장치는 배의 밑바닥에 설치하거나 수심 3~15 m 또는 해저면에 근접하여 조사할 경우에는 해저면으로부터 20~100 m 위에서 0.5~12노트로 예인하면서 탐사한다. 송파기로부터 초음파를 쏘아 해저지층에서 반사된 파를 수신함으로써 해저면 아래의 약 30~50 m의 지층형상을 정밀하게 탐사한다.

그림 2.21은 표층탐사 장치에 의해 계측된 자료를 이용해 해저지층의 형태 등을 도식, 영상화한 그림이다.

2.2.6 ROV/AUV

바다 속을 환경의 시각적인 정보를 얻기 위해 여러 장치들이 개발되어 해양작업에 응용되고 있다. 해저에 카메라를 내려 보내 영상을 전달하거나 녹화할 수 있는

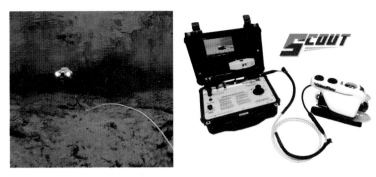

그림 2.22 해저 카메라(Inuktun Services)

해저 카메라가 개발되었고 이를 이용하여 해저파이프라인 노선에 퇴적물이나 암반 점토층, 지형의 변화 등을 알 수 있다. 그림 2.22는 수중이나 해저면을 탐사하기 위해 제작된 ROV(remotely operated vehicle) 형식의 수중 비디오 카메라이다.

사람이 직접 탑승하여 해저환경을 조사할 수 있는 유인잠수정도 해저구조물 조사에 사용되고 있다. 그림 2.23의 유인잠수정은 중국이 자체개발한 자오룽호로 2012년 6월 자체 동력 유인잠수정 최초로 해저 7015 m 지점 도달에 성공했다. 이는 전 세계 바다의 99.8%를 탐사할 수 있다는 의미를 가지고 있다. 길이 8.3 m, 높이 3.4 m, 폭 3 m, 최대중량 22 t으로 3명이 탑승해 최장 9시간까지 잠수할 수

그림 2.23 유인잠수정(선원성 중국선박중공그룹)

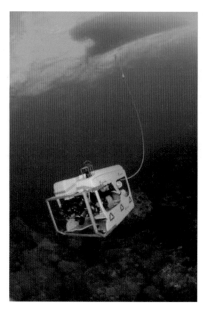

그림 2.24 ROV(The Mohawk)

있다. 최근 들어 무선 로봇, 드론과 같은 기술의 개발로 해양분야에도 ROV(원격 조정 무인잠수정)와 AUV(autonomous underwater vehicle, 자율 무인잠수정) 등 이 개발되어 현장에서 적용되고 있다.

ROV는 원격으로 조종 가능한 무인잠수정이고 모선에 연결된 컨트롤러를 통해 원격으로 제어가 가능하여 사람이 직접 작업하기 힘든 해저 환경에서 작업이 가능 하다(그림 2.24). ROV는 일반적으로 소나, 자력계, 스틸 카메라(still camera), 로 봇 암(cutting arm), 채수기(water sampler) 등이 탑재되어 있다. 모선으로 연결되 어 이동에 제약이 있다는 단점이 있고 수심이 깊어지면 ROV에 연결된 엄빌리컬 라인(Umbilical line)의 무게가 증가하여 적용 수심에 제한이 발생한다.

AUV는 ROV와는 다르게 자율적으로 수중에서의 정찰 및 감시, 해양 환경 자료 수집 등을 수행하기 위해 개발된 수중 무인 시스템이다. 수중은 GPS가 동작하지 않고 가시거리가 제한적이고 수중 환경 조건에 따라 가시거리의 변동이 매우 크 다. 따라서 초음파를 이용하여 영상 정보를 얻고 이를 이용하여 항법 알고리즘을 이용하여 자세를 제어하는 기술이 사용된다. 하지만 배터리의 제약 때문에 저속 운전만 가능한 상황이다. 많은 전문가들은 이 문제를 해결하기 위해 심해에서 좋 은 내압성을 가지고 에너지를 오래 사용할 수 있는 배터리를 개발하는데 많은 노 력을 하고 있다. 이 배터리가 개발된다면 AUV는 해양 조사에 있어서 큰 도약이 될 것으로 예상된다. 그림 2.25는 해저면을 검사하는 AUV의 모습이다. 현재 아프

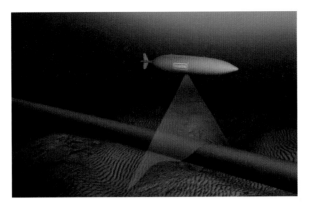

그림 2.25 AUV(Oceaneering)

리카는 큰 해저파이프라인 시장으로 떠오르고 있다. 전문가들은 ROV와 AUV를 이용하여 효과적인 해저 조사를 할 수 있다고 예상하고 있다.

2.3 토질 조사

해저파이프라인이 직접 닿아있는 토질에 대한 조사도 필수적이다. 해저퇴적물은 주위의 환경에 의하여 침식, 운반, 퇴적 등의 작용을 하므로 토질 환경을 분석하기 위해서 반드시 필요하다. 토질 조사를 통해 해저파이프라인과 해저면과의 마찰력, 주기파에 대한 토질의 강도 특성, 굴착 깊이, 쇄굴해석, 토질의 하중 베어링 (load-bearing capacity) 능력 등의 예측에 사용된다. 토질 조사 자료를 통해 다음 과 같은 정보를 얻을 수 있다.

- 일반적인 토질의 종류, 입자 크기
- 토질의 밀도(s.g.)
- 토질의 수분량
- 일치성(consistency)
- 토질의 전단력
- 토질의 민감도(sensitivity)
- 토질의 투과성(permeability)

토질 조사를 위해서는 해저퇴적물을 채취할 수 있는 다양한 기구들이 있다.

그림 2.26 그랩 샘플러(세명 ENG)

그림 2.27 그랩 샘플러 모식도(Geophile)

- 그랩 샘플러(grab sampler) : 채취기가 하강하는 동안 주걱이 열려 있다가 해저면에 닿는 순간 삽날이 순간적으로 닫혀 시료를 채취하는 방법이다. 그랩의 종류로는 Orange peel buckets, Petersen 그랩, Campbell 그랩, Van veen 그랩 등이 있다. 대부분이 손으로 하강시키고 회수할 수 있을 정도로 작은 크기로 이루어져 있다. 그림 2.26은 그랩 샘플러의 모습을 보여주고 있다. 그림 2.27은 그랩 샘플러를 이용하여 퇴적물을 채취하는 과정을 보여주는 모식도이다.

- 중력 코어(gravity corer) : 이 방법은 중력으로 무거운 추를 매달아 튜브관을 해저면에 투입하여 자료를 얻는다. 그러나 암반지역이나 자갈지역에서는 관입 깊이가 적기 때문에 이런 방법은 비효율적이다. 그림 2.28은 중력식 코어 채취

그림 2.28 중력식 코어 채취기(세명ENG)

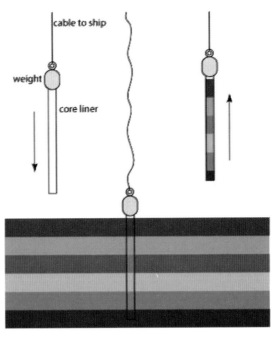

그림 2.29 중력식 코어 모식도(Creative Commons)

기(free fall gravity corer)의 모습을 보여주고 있다. 그림 2.29는 중력식 코어
채취기를 이용해 해저퇴적물을 채취하는 과정을 보여주는 모식도이다.

■ 피스톤 중력 코어(piston gravity corer) : 피스톤 중력 코어의 바깥은 쇠관으로
안쪽은 플라스틱 관으로 이루어져 있고 맨 끝은 커터가 장착되어 있어 해저면
에 관입할 수 있다. 보통 400~500 lb 되는 관입장치가 사용된다. 보통 연약 점
토에서는 10', 모래에서는 8' 그리고 강한 점토에서는 1' 정도 깊이의 샘플을
얻을 수 있다. 자갈이나 암반 토질에서는 거의 사용하기 힘들다. 그림 2.30은
피스톤식 코어 채취기(piston corer)의 모습을 보여주고 있다. 그림 2.31은 피
스톤식 코어 채취기를 이용해 해저퇴적물을 채취하는 과정을 보여준다.

그림 2.30 피스톤식 코어 채취기(세명ENG)

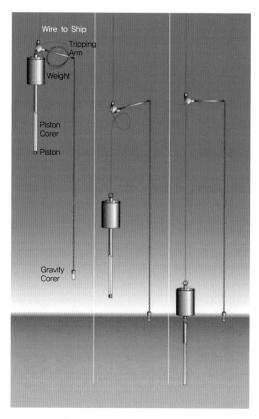

그림 2.31 피스톤식 코어 모식도(Fritz Heide, WHOI)

- 드릴 코어(drilled corer) : 굴착을 하여 토질 샘플을 얻는 방법으로 드릴비트의 종류 및 장비사양에 따라 암반층도 조사가 가능하고 조사 깊이도 조절할 수 있다.

- 진동 코어(vibrocorer) : 진동 모터에 의해 관을 진동시켜 해저면을 관입하는 방법으로 보통 4" 외경으로 20' 깊이 정도의 샘플을 얻을 수 있다. 그림 2.32는 진동 코어의 모습을 보여주고 있다.

- 다중 코어(Multi-corer) : 음향적인 특성, 퇴적물의 밀도 측정 및 자기감화율의 측정을 컴퓨터 프로그램을 이용하여 실시간으로 동시에 측정할 수 있다. 그림 2.33은 다중 코어의 모습을 보여주고 있다.

그림 2.32 진동 코어 채취기(OSIL)

그림 2.33 다중 코어 채취기(OSIL)

2.4 노선 설정

해저파이프라인은 설치된 지역의 다양한 특성과 운용과정에서 여러 종류의 위험에 노출될 수 있다. 특정 지역에 설치되는 해저파이프라인의 위험 요소는 일반적인 지역과 다르다. 예를 들어 미국 멕시코만의 미시시피 델타 지역의 해저파이프라인은 심한 폭풍과 바닥의 불안정으로 활동적인 진흙층에 의한 위험에 노출되어 있고, 육지와 만나는 해안 지역의 해저파이프라인은 파도와 해류에 의한 유체역학적인 외력으로 대기중으로 노출될 수도 있다. 캘리포니아 및 일본과 같이 지진이 많은 곳에서는 지진이 해저파이프라인에 대한 위험 요소일 수가 있다. 베트남 남쪽 유전지역은 모래파도(sand wave)가 존재하여 계절에 따른 해저지형의 변화로 해저파이프라인이 불안정할 수 있는 위험이 존재한다. 그러므로 해저파이프라인의 노선을 선정하기 위해서는 가능한 위험 요소를 줄이고 안전하게 운용되며 경제적인 노선이 될 수 있도록 여러 가지 사항들을 검토해야 한다.

해저파이프라인의 노선 선정에 고려되어야 할 사항을 열거하면 다음과 같다.
- 가장 짧은 거리로 가능하면 직선 노선을 선정할 것
- 해저의 장애물이나 자유견강을 피할 것
- 다른 해저파이프라인과 교차를 피할 것
- 선박의 투묘지역을 피할 것
- 불안정한 해저면 통과를 피하고 가능하다면 최소화할 것
- 굴곡이 심한 지역을 피할 것
- 활발한 진흙 운동이 있는 지역을 피하며, 만약 그렇지 못할 경우 그 운동 방향과 같은 방향으로 노선을 정할 것
- 앞으로 계획된 그 지역의 해상, 해저 개발 계획을 참고하여 선정할 것
- 지진, 돌출부, 어로 지역, 빙산, 환경보호 지역 등 그 지역 특성에 따른 사항도 고려할 것

해양 및 토질 조사 자료를 이용하여 그 지역에 대한 상세한 자료를 얻을 수 있고, 이런 자료를 근거로 하여 가장 적합한 노선을 선정해야 한다. 이 외에도 고려해야 될 특수 상황이 있다. 예를 들어 해저파이프라인이 여러 국가 경계선을 통과하게 된다면 해당 국가의 특수성도 고려되는 경우도 있다. 군사 지역이라든지 주요 시설물 지역, 환경적으로 보호되어야 하는 지역 등이 국가마다 다르기 때문이다.

2.5 보호 방법

해저파이프라인은 해양환경에 의한 외력에 안전해야 한다. 이를 위해서 파력, 해류력에서 발생하는 외력을 계산하여 이 외력을 견딜 수 있도록 콘크리트 피복을 하여 무게를 증가시켜 수평 및 수직 안정성을 확보한다. 또는 앵커링을 이용하여 해저에 해저파이프라인을 고정시키거나 굴착(trench) 안이나 해저면 밑으로 해저파이프라인을 설치하는 방법을 사용한다. 선박의 앵커나 기타 사람에 기인한 손상에 대해서는 일반적으로 해저파이프라인을 굴착 단면 안이나 해저면 밑으로 설치하여 앵커의 투묘나 주묘를 포함하여 기타 원인으로 발생하는 충격으로부터 보호한다. 이런 방법이 어려울 경우 해저파이프라인 위에 자갈이나 사석으로 덮거나, 락범(Rockberm)을 만들거나, 콘크리트 담요를 씌어 물체의 충격이나 선박의 앵커링으로부터 보호하는 방법도 사용된다.

다음은 해저파이프라인을 보호하는 방법들이다.
- 해저파이프라인의 무게 증가
- 각종 앵커(중력앵커, 나사형앵커, 파일앵커 등)를 사용하여 해저파이프라인 고정
- 해저파이프라인의 강도 증가
- 해저면 이하로 매설(앵커의 주묘 궤적 이하)
- 락범 설치
- 자갈, 모래주머니, 사석, 콘크리트 매트 등을 적용

그림 2.34는 콘크리트 매트를 적용하여 해저파이프라인 위에 덮어줌으로써 외부 충격에 의한 손상을 방지하고 무게 증가로 외력에 의한 안정성을 높여준다. 또한

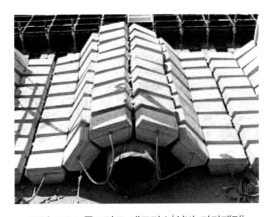

그림 2.34 콘크리트 매트리스(선비 마카페리)

그림 2.35 매트리스의 응용(Submar West Africa)

그림 2.36 Sarmac 매트리스(Maccaferri)

매트리스를 이용하게 되면 그림 2.35와 같이 파이프라인 크로싱에 적용하여 중첩된 파이프라인 설치가 가능하다. 그림 2.36은 Sarmac 매트리스로 콘크리트 매트리스와 같이 외부 충격에 의한 손상을 방지하며, Steel wire mesh로 구성되어 있고 해양에 친환경적이다.

그림 2.37은 GRP(Glass Reinforced Plastic) 보호커버라고 불리는 돔형식의 해

그림 2.37 GRP Protection Cover(Neil-Brown's Journal)

저파이프라인 보호 장비이다. 돔형의 형태로 인해 압력과 힘이 분배되어 안전하다. 매트리스 매트의 국부 안정성이 취약하다는 점을 보완하였다.

일반적으로 해저파이프라인은 해저면 이하로 매설되는 경우가 많다. 특히 항로를 횡단하는 해저파이프라인일 경우 그 지역을 운항하는 선박의 앵커가 관입할 수 있는 깊이 이하로 매설한다. 그 지역의 해류나 풍랑이 높을 경우도 외력에 의한 안정성을 높이기 위해 해저파이프라인을 굴착 단면 안에 설치하는 경우가 많다. 또한 육상과 만나는 해안지역(surf zone)은 활발한 파랑 운동과 해류로 인해 파이프라인을 일정 깊이 이하로 매설하는 것이 일반적이다. 물론 사람들 눈에 띔으로써 위험 및 혐오시설로 취급받지 않기 위해서 매설하는 경우도 있다. 그러나 매설을 하기 위해서는 많은 경비와 시간이 소요된다. 해저에서 준설이나 굴착하는 비용은 육상의 몇 십 배가 되는 경우가 일반적이다. 특수 선박과 장비가 동원되어야 하고 준설토를 운반하는 각종 지원선박이 동원되어야 하기 때문이다. 또한 육상과 달리 해상 상태에 따라 작업시간도 제한적이다.

그러나 해저파이프라인을 해저면 이하로 매설한다고 모든 안정성을 확보하는 것은 아니다. 어떤 지역에서는 해저파이프라인 매설을 못하는 곳도 있다. 예를 들어 토사 운동이 활발히 발생하는 지역일 경우 매설은 해저파이프라인의 안정성을 오히려 저하시킬 수 있고 지진 활동이 있는 지역이나 단층 운동이 심한 지역에서는 매설을 하지 않는다. 또한 심해일 경우 외력이나 외부 환경에 의한 위험이 적기 때문에 해저파이프라인을 매설하지 않는 경우가 대부분이다.

해저가 강한 토질일 경우 해저파이프라인 매설이 쉽지 않고 이 경우 선박의 앵커에 의한 손상에 대해 보호하기 위해 락범이 사용되고 이 경우 앵커의 주묘 궤적 깊이를 줄임으로써 앵커의 끝단이 해저파이프라인에 접촉이 안 되게 하여 손상을 방지할 수 있다.

일반적으로 매설은 해저파이프라인을 파도나 해류에 의한 외력으로부터 보호하고 양력이나 항력 그리고 쇄굴에 대해서도 안정성을 높일 수 있다. 해저파이프라인의 콘크리트 피복 두께를 증가시킴으로 외력에 의한 안정성을 높일 수 있고 소용돌이 진동에 대해서도 더 안전하다. 그러나 콘크리트 피복 두께를 증가시킴으로써 콘크리트 재료비뿐만 아니라 가공비, 운송비, 설치에 어려움 등이 발생하므로 이에 대한 비교와 적당한 선택이 중요하다.

3장

해저파이프라인 설계

해저파이프라인은 국제규정을 따라 설계해야 하며, 대표적인 규정은 DNV GL, ABS, API, ASME 등이다. 이중 가장 많이 적용되는 설계기준인 DNV 코드는 LRFD(Load and Resistance Factor Design)를 사용하여 해저파이프라인을 설계한다. LRFD는 확률론을 기반으로 설계하중(design load effect, L_{Sd})과 설계저항 (design resistance, R_{Rd})을 계산하고 이를 비교하여 식 (3.1)과 같이 설계하중이 설계저항을 초과하지 않도록 제한하는 설계지침이다. 여기에서 설계하중은 발생확률이 허용한도를 초과하지 않는 하중이며 재현주기를 기준으로 산정한다.

$$f\left(\left(\frac{L_{Sd}}{R_{Rd}}\right)_i\right) \leq 1 \qquad (3.1)$$

한계상태(limit state)는 설계하중과 설계저항이 같은 상태이며, 해저파이프라인의 안정성을 평가하는 기준으로 사용한다. 한계상태는 사용한계상태(SLS, Serviceability Limit State)와 극한한계상태(ULS, Ultimate Limit State)로 구분할 수 있다. 사용한계상태는 국부적인 손상이나 침하, 변형, 균열 등이 발생하면서 해저파이프라인의 성능이 저하되어 정상적으로 운전되지 않는 한계상태이다. 극한한계상태는 해저파이프라인에 붕괴나 파단이 발생하여 구조적으로 안전하지 않은 상태이다.

3.1.1 설계저항(R_{Rd})

설계저항은 일반적으로 식 (3.2)와 같이 산정할 수 있다.

$$R_{Rd} = \frac{R_c(f_c, t_c, f_0)}{\gamma_m \cdot \gamma_{SC}} \qquad (3.2)$$

여기에서 R_c는 특성저항(characteristic resistance), f_c는 특성재료강도(characteristic material strength), t_c는 특성파이프두께(characteristic thickness), f_0는 진원도(out of roughness), γ_m은 재료저항계수(material resistance factor), γ_{SC}는 안전등급 저항계수(safety class resistance factor)이다.

특성재료강도는 항복강도(f_y)와 인장강도(f_u)로 구분되며, SMYS(Specified Minimum Yield Strength)와 SMTS(Specified Minimum Tensile Strength)에 온

도에 의한 강도저하 및 재료강도계수(material strength factor, α_U)를 반영하여 식 (3.3) 및 (3.4)와 같이 산정한다.

$$f_y = (SMYS - f_{y,temp}) \cdot \alpha_U \tag{3.3}$$

$$f_u = (SMTS - f_{u,temp}) \cdot \alpha_U \tag{3.4}$$

여기에서 온도에 따른 항복응력의 강도저하는 그림 3.1과 같으며, 인장강도에 대한 다른 자료가 없는 경우 인장강도 산정에도 보수적으로 사용할 수 있다. 재료 강도계수는 일반적으로 0.96을 사용한다.

특성파이프두께는 공칭두께(nominal wall thickness, t)를 기준으로 산정하며, 표 3.1과 같이 사용되는 설계지침에 따라 두 가지로 구분한다. 해저파이프라인에 국부적으로 손상이 발생하는 경우에는 파이프두께의 제작공차(fabrication thickness tolerance, t_{fab})로 인해 해저파이프라인에서 나타날 수 있는 최소 두께(t_1)를 기준으로 설계한다. 극한하중에 의해 해저파이프라인에 파괴가 발생하는 경우에는 평균

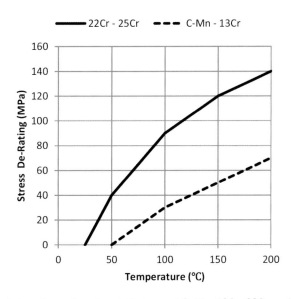

그림 3.1 Proposed de-rating values for yield stress of C-Mn, 13Cr, 22Cr and 25Cr(DNV, 2013)

표 3.1   Characteristic wall thickness(DNV, 2013)

	Prior to operation	Operation
t_1	$t - t_{fab}$	$t - t_{fab} - t_{corr}$
t_2	t	$t - t_{corr}$

두께(t_2)를 기준으로 설계한다. 제품시험압력, 시공, 시스템시험압력과 같이 해저파이프라인의 부식이 미미한 상황에서는 부식여유(corrosion allowance, t_{corr})를 고려하지 않는다.

재료저항계수는 표 3.2와 같이 한계상태에 따라 달라진다.

표 3.2　Material resistance factor(DNV, 2013)

Limit state category	SLS/ULS/ALS	FLS
γ_m	1.15	1.00

안전등급 저항계수는 표 3.3과 같이 안전등급에 따라 달라진다.

표 3.3　Safety class resistance factor(DNV, 2013)

Safety class	Low	Medium	High
Pressure containment	1.046	1.138	1.308
Other	1.04	1.14	1.26

3.1.2 안전등급

해저파이프라인 안전등급은 해저파이프라인이 붕괴되면 발생할 수 있는 예상 피해의 정도에 따라 그 중요성을 분류한 체계이다. 안전등급은 해저파이프라인으로 이송되는 유체의 잠재적인 위험성과 해저파이프라인의 입지에 따른 중요성을 기준으로 분류된다. 이송되는 유체의 위험성은 표 3.4와 같이 5가지로 분류되며, 해저파이프라인의 입지에 따른 등급은 표 3.5와 같다.

해저파이프라인의 안전등급은 표 3.6과 같이 low, medium, high의 3단계로 분류된다. 각 단계의 정의는 표 3.7과 같다.

표 3.4   Classification of fluids(DNV, 2013)

Category	Description
A	Typical non-flammable water-based fluids.
B	Flammable and/or toxic fluids which are liquids at ambient temperature and atmospheric pressure conditions. Typical examples are oil and petroleum products. Methanol is an example of a flammable and toxic fluid.
C	Non-flammable fluids which are non-toxic gases at ambient temperature and atmospheric pressure conditions. Typical examples are nitrogen, carbon dioxide, argon and air.
D	Non-toxic, single-phase natural gas.
E	Flammable and/or toxic fluids which are gases at ambient temperature and atmospheric pressure conditions and which are conveyed as gases and/or liquids. Typical examples would be hydrogen, natural gas (not butane), natural gas liquids, ammonia and chlorine.

표 3.5   Classification of location(DNV, 2013)

Category	Description
1	The area where no frequent human activity is anticipated along the pipeline route.
2	The part of the pipeline/riser in the near platform(manned) area or in areas with frequent human activity. The extent of location class 2 should be based on appropriate risk analyses. If no such analyses are performed a minimum horizontal distance of 500 m shall be adopted.

표 3.6   Normal classification of safety classes(DNV, 2013)

Phase	Fluid Category A, C		Fluid Category B, D and E	
	Location Class		Location Class	
	1	2	1	2
Temporary	Low	Low	—	—
Operational	Low	Medium	Medium	High

표 3.7	Classification of safety classes(DNV, 2013)
Category	Description
Low	Where failure implies insignificant risk of human injury and minor environmental and economic consequences.
Medium	Where failure implies low risk of human injury, minor environmental pollution or high economic or political consequences.
High	Classification for operating conditions where failure implies risk of human injury, significant environmental pollution or very high economic or political consequences.

3.2 설계하중

해저파이프라인에 작용하는 하중은 기능하중(functional load)과 환경하중 (environmental load)으로 구분한다. 기능하중은 해저파이프라인이 해저에 설치되 고 운영되면서 발생하는 하중으로 자중, 부력, 정수압, 내압 등이 있다. 환경하중은 파랑, 해류 등 주변 환경에 의해 해저파이프라인에 작용하는 하중이며, 물입자의 속도에 의해 발생하는 항력 및 양력, 물입자의 가속도에 의해 발생하는 관성력, 와 류 방출(vortex shedding)에 의한 반복하중 등이 있다.

3.2.1 내압

해저파이프라인에 작용하는 내압은 산정 환경과 기준에 따라 다양하게 정의된 다. 그림 3.2는 해저파이프라인의 설계에 사용하는 내압의 6가지 정의를 나타낸 것이다. 제품시험압력(mill test pressure)과 시스템시험압력(system test pressure)은 해저파이프라인의 시험압력이고, 부가압력(incidental pressure)과 설계압력(design pressure)은 해저파이프라인 설계를 위한 압력기준이다. MAIP(Maximum Allowable Incidental Pressure)와 MAOP(Maximum allowable operating pressure)는 PSS(Pipeline Safety System)와 PCS(Pipeline Control System)의 허용오차 (operating tolerance)를 고려하여 산정된 내압으로 해저파이프라인을 운전할 때 적 용되는 허용압력이다. 여기에서 PCS는 정상운전 상태에서 운전변수가 운전한계를 넘지 않도록 유지하는 시스템이며, PSS는 PCS가 작동하지 않는 부가운영

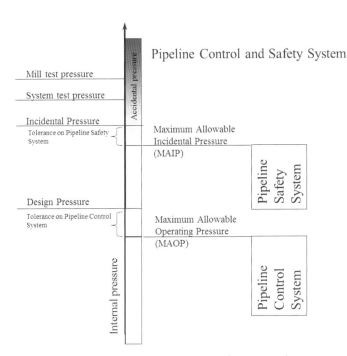

그림 3.2 Pressure definition(DNV, 2013)

(incidental operation)에서 운전변수가 안전한계를 넘지 않도록 제한하여 해저파이 프라인을 보호하는 시스템이다.

제품시험압력(p_h)은 공장에서 파이프의 품질검사를 위해 시험을 수행하는 압력 이다(식 (3.5)).

$$p_h = \frac{\alpha_{mpt} \cdot (p_{li} - p_e)}{\alpha_U} = \frac{2 \cdot t_{\min}}{D - t_{\min}} \cdot \min[SMYS \cdot 0.96; SMTS \cdot 0.84] \qquad (3.5)$$

여기에서 $t_{\min}$은 파이프의 최소두께이며, t_1과 같다.

시스템시험압력(p_t)은 설치된 해저파이프라인을 시운전하기 전에 수행하는 시스 템시험에서의 압력이며, 부가압력(p_{inc})으로부터 식 (3.6)과 같이 산정한다.

$$p_t = \alpha_{spt} \cdot p_{inc} \qquad (3.6)$$

여기에서 α_{spt}는 시스템시험압력계수(system test pressure factor)이며, 표 3.8과 같이 운전 시의 안전등급에 따라 결정된다.

부가압력은 해저파이프라인이 견딜 수 있는 최고 압력이며, 연간 초과확률이 10^{-2}인 100년 재현주기 압력이다. 그림 3.3은 정점이 2개인 압력 확률밀도함수이

표 3.8 Pressure test factors(DNV, 2013)			
Safety class during operation	Low	Medium	High
α_{mpt}	1.000	1.088	1.251
α_{spt}	1.03	1.05	1.05

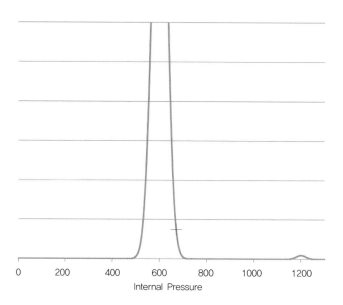

그림 3.3 Pressure probability density function(DNV, 2013)

며, 표시된 바와 같이 초과확률이 10^{-2}인 압력을 부가압력으로 정의한다.

MAIP는 부가압력에서 PSS의 허용오차를 뺀 압력으로 PSS의 최대 허용압력이다. 설계압력(p_d)은 정상운전 시 PCS가 견딜 수 있는 최대압력이다.

설계압력은 부가압력으로부터 식 (3.7)과 같이 산정한다.

$$p_{inc} = p_d \cdot \gamma_{inc} \tag{3.7}$$

여기에서 γ_{inc}는 부가압력과 설계압력의 비(incidental to design pressure ratio)이며 표 3.9와 같다.

MAOP는 설계압력에서 PCS의 허용오차를 뺀 압력이며, 해저파이프라인이 정상적으로 운전되고 있을 때 허용되는 최대압력이다.

이상에서 시스템시험압력, 운전압력, 설계압력, 부가압력은 기준수심에서의 값으로 정의한다. 특정수심에서의 압력은 국부압력(local pressure)이라고 하며, 기준수

표 3.9 Incidental to design pressure ratio(DNV, 2013)

Condition or pipeline system	γ_{inc}
Typical pipeline system	1.10
Minimum, except for below	1.05
When design pressure is equal to full shut-in pressure including dynamic effects	1.00

심에서의 내압에 내부유체의 수두차를 반영하여 식 (3.8), (3.9)와 같이 산정한다.

$$p_{li} = p_{inc} + p_{cont} \cdot g \cdot \left(h_{ref} - h_l \right) \tag{3.8}$$

$$p_{lt} = p_t + p_t \cdot g \cdot \left(h_{ref} - h_l \right) \tag{3.9}$$

3.2.2 해류

해저파이프에 작용하는 해류는 발생 원인에 따라 아래와 같이 크게 4가지 종류로 구분할 수 있다.

- Tidal current
- Wind induced current
- Storm surge induced current
- Density driven current

해류의 유속(V(z))은 해저 경계층(bottom boundary layer)의 영향으로 식 (3.10)과 같이 깊이에 따라 대수적으로 감소한다.

$$V(z) = \frac{u^*}{k_0} \cdot \ln\left(\frac{z + z_0}{z_0} \right) \tag{3.10}$$

여기에서 u^*는 마찰속도(friction velocity)이고, k_0는 von Karman 상수로 0.4이며, z는 해저로부터의 높이이다. 또한 z_0는 해저거칠기계수(bottom roughness parameter)이며, 표 3.10과 같이 해저지반의 평균입도(mean grain size, d_{50})에 따라 정해진다.

식 (3.10)의 수심별 유속분포를 활용하면 특정 수심에서의 유속으로부터 임의 수심에서의 유속을 예측할 수 있다. 기준 수심(z_r)에서 측정한 해류의 기준 유속이

표 3.10 Seabed roughness(DNV GL(b), 2017)

Seabed	Grain size d_{50}[mm]	Roughness z_0[m]
Silt and clay	0.0625	$\approx 5 \cdot 10^{-6}$
Fine sand	0.25	$\approx 1 \cdot 10^{-5}$
Medium sand	0.5	$\approx 4 \cdot 10^{-5}$
Coarse sand	1.0	$\approx 1 \cdot 10^{-4}$
Gravel	4.0	$\approx 3 \cdot 10^{-4}$
Pebble	25	$\approx 2 \cdot 10^{-3}$
Cobble	125	$\approx 1 \cdot 10^{-2}$
Boulder	500	$\approx 4 \cdot 10^{-2}$

V_r일 때, 임의 수심에서의 유속은 식 (3.11)과 같이 산정할 수 있다. 이때 기준 유속은 깊이에 따른 평균 유속의 변화가 충분히 작은 지점에서 측정되어야 한다. 해저가 평탄한 경우에 해저로부터 기준 수심까지의 높이는 해저의 거칠기에 의해 결정되며, 최소 1 m 이상이어야 한다.

$$V(z) = V_r \cdot \frac{\ln(z + z_0) - \ln(z_0)}{\ln(z_r + z_0) - \ln(z_0)} \tag{3.11}$$

해저파이프라인에 작용하는 해류의 평균 유속은 식 (3.12)와 같이 구할 수 있으며, 기준 유속과의 비는 식 (3.13)과 같다.

$$V_D = \frac{1}{D} \int_0^D V(z) dz \tag{3.12}$$

$$\frac{V_D}{V_r} = \frac{\left(1 + \dfrac{z_0}{D}\right) \cdot \left(\ln\left(\dfrac{D}{z_0} + 1\right) - 1\right)}{\ln\left(\dfrac{z_r + z_0}{z_0}\right)} \tag{3.13}$$

3.2.3 해양파이론(wave theory)

X방향으로 진행하는 2차원 파랑은 그림 3.4와 같이 파장(L), 파고(H), 주기(T)로 나타낼 수 있다. 파랑의 특성은 수심과 첨도(steepness)에 따라 달라지기 때문

에 적합한 해양파이론을 사용해야 한다.

해양파이론의 적용범위는 그림 3.5와 같다. 선형파이론(linear wave theory)은

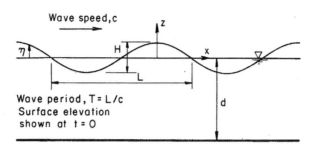

그림 3.4 Regular travelling wave properties(DNV, 2014)

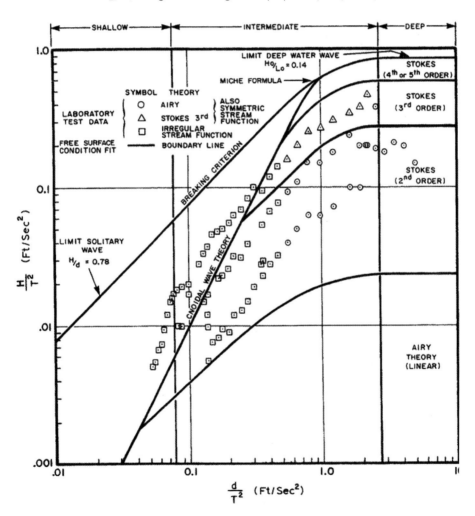

그림 3.5 Range of validity for various wave theories; the horizontal axis is a measure of shallowness while the vertical axis is a measure of 첨도(DNV, 2014)

가장 간단한 해양파이론으로 파랑의 진폭이 파장과 수심에 비해 매우 작은 경우 사용된다. 스톡스 파이론(Stokes' wave theory)은 파면을 선형파 파고의 거듭제곱으로 나타낸 해양파이론으로 진폭이 큰 비선형 파랑을 예측하기 위해 사용된다. 크노이달 파이론(Cnoidal wave theory)은 수심에 비해 파장이 매우 긴 유한진폭파를 예측하기 위해 사용된다. 솔리타리 파이론(Solitary wave theory)은 주기와 파장이 무한대인 고립파를 설명하기 위해 사용된다.

파랑의 파고가 파장과 수심에 비해 매우 작다고 가정하면 가장 간단한 해양파이론인 선형파이론을 적용할 수 있다. 선형파의 대표적인 특징은 마루에서의 진폭과 골에서의 진폭이 같다는 것이다. 선형파의 주요 특성은 표 3.11과 같다.

표 3.11　선형파 특성

Relative depth	Shallow ($d/L < 1/25$)	Transient ($1/25 < d/L < 1/2$)	Deep ($d/L > 1/2$)
Surface elevation	same ===⟩	$\eta = \dfrac{H}{2}cos[\dfrac{2\pi x}{L} - \dfrac{2\pi t}{T}] = \dfrac{H}{2}cos\theta$	⟨=== same
Phase velocity	$C = \dfrac{L}{T} = \sqrt{gd}$	$C = \dfrac{L}{T} = \dfrac{gT}{2\pi}tanh(\dfrac{2\pi d}{L})$	$C = C_0 = \dfrac{L}{T} = \dfrac{gT}{2\pi}$
Wave length	$L = T\sqrt{gd} = CT$	$L = \dfrac{gT^2}{2\pi}tanh(\dfrac{2\pi d}{L})$	$L = L_0 = \dfrac{gT^2}{2\pi} = C_0 T$
Group velocity	$C_g = C = \sqrt{gd}$	$C_g = nC = \dfrac{1}{2}[1 + \dfrac{4\pi d/L}{\sinh(4\pi d/L)}]C$	$C_g = \dfrac{1}{2}C = \dfrac{gT}{4\pi}$
Horizontal particle velocity	$u = \dfrac{H}{2}\sqrt{\dfrac{g}{d}}cos\theta$	$u = \dfrac{H}{2}\dfrac{gT}{L}\dfrac{\cosh[2\pi(z+d)/L]}{\cosh(2\pi d/L)}cos\theta$	$u = \dfrac{\pi H}{T}e^{\frac{2\pi z}{L}}cos\theta$
Vertical particle velocity	$w = \dfrac{H\pi}{T}(1 + \dfrac{z}{d})sin\theta$	$w = \dfrac{H}{2}\dfrac{gT}{L}\dfrac{\sinh[2\pi(z+d)/L]}{\cosh(2\pi d/L)}sin\theta$	$w = \dfrac{\pi H}{T}e^{\frac{2\pi z}{L}}sin\theta$
Horizontal particle acceleration	$a_x = \dfrac{H\pi}{T}\sqrt{\dfrac{g}{d}}sin\theta$	$a_x = \dfrac{g\pi H}{L}\dfrac{\cosh[2\pi(z+d)/L]}{\cosh(2\pi d/L)}sin\theta$	$a_x = 2H(\dfrac{\pi}{T})^2 e^{\frac{2\pi z}{L}}sin\theta$
Vertical particle acceleration	$a_z = -2H(\dfrac{\pi}{T})^2(1 + \dfrac{z}{d})cos\theta$	$a_z = -\dfrac{g\pi H}{L}\dfrac{\sinh[2\pi(z+d)/L]}{\cosh(2\pi d/L)}cos\theta$	$a_z = -2H(\dfrac{\pi}{T})^2 e^{\frac{2\pi z}{L}}cos\theta$
Horizontal particle displacement	$\xi = -\dfrac{HT}{4\pi}\sqrt{\dfrac{g}{d}}sin\theta$	$\xi = -\dfrac{H}{2}\dfrac{\cosh[2\pi(z+d)/L]}{\sinh(2\pi d/L)}sin\theta$	$\xi = -\dfrac{H}{2}e^{\frac{2\pi z}{L}}sin\theta$
Vertical particle displacement	$\zeta = \dfrac{H}{2}(1 + \dfrac{z}{d})cos\theta$	$\zeta = \dfrac{H}{2}\dfrac{\sinh[2\pi(z+d)/L]}{\sinh(2\pi d/L)}cos\theta$	$\zeta = \dfrac{H}{2}e^{\frac{2\pi z}{L}}cos\theta$
surface pressure	$p = \rho g(\eta - z)$	$p = \rho gn\dfrac{\cosh[2\pi(z+d)/L]}{\cosh(2\pi d/L)} - \rho gn$	$p = \rho g\eta e^{\frac{2\pi z}{L}} - \rho g\eta$

3.2.4 단기 파랑(short-term wave)

일반적으로 20분에서 3~6시간까지 지속되는 단기 해상상태(short-term sea state)는 정상상태(stationary condition)를 유지한다고 가정할 수 있다. 정상상태인 해상상태는 유의파고(significant wave height, H_s)와 첨두주기(peak period, T_p)로 나타낼 수 있다. 유의파고는 가장 높은 1/3 파고의 평균이며, 첨두주기는 파랑에너지스펙트럼의 극대점에 해당하는 진동수의 역수이다.

정상(stationary)이고 불규칙(irregular)한 단기 해상상태는 파랑스펙트럼(wave spectrum)을 사용하여 나타낼 수 있다. 파랑스펙트럼은 수직 해면 변위의 파워스펙트럴밀도함수(power spectral density function)이다. Pierson-Moskowitz(PM) 스펙트럼과 JONSWAP 스펙트럼은 주로 사용되는 대표적인 파랑스펙트럼이다. PM 스펙트럼은 완전히 발달한 해상 조건에 적용되며, JONSWAP 스펙트럼은 영역(fetch)이 제한된 해양상태(developing sea state)를 설명하기 위해 PM 스펙트럼으로부터 확장된 스펙트럼이다. JONSWAP 스펙트럼($S_{\eta\eta}$)은 식 (3.14)와 같다.

$$S_{\eta\eta}(\omega) = \alpha \cdot g^2 \cdot \omega^{-5} \cdot \exp\left(-\frac{5}{4}\left(\frac{\omega}{\omega_p}\right)^{-4}\right) \cdot \gamma^{\exp\left(-0.5\left(\frac{\omega-\omega_p}{\sigma \cdot \omega_p}\right)^2\right)} \qquad (3.14)$$

여기에서 α는 일반화된 Phillips' constant로 식 (3.15)와 같고, σ는 spectral width parameter로 식 (3.16)과 같으며, γ는 peak-enhancement factor로 식 (3.17)과 같다. JONSWAP 스펙트럼에서 γ가 1이면 PM 스펙트럼이 된다.

$$\alpha = \frac{5}{16}\frac{H_s^2 \cdot \omega_p^4}{g^2} \cdot (1 - 0.287 \cdot \ln\gamma) \qquad (3.15)$$

$$\sigma = \begin{cases} 0.07 & if \ \omega \leq \omega_p \\ 0.09 & else \end{cases} \qquad (3.16)$$

$$\gamma = \begin{cases} 5.0 & \phi \leq 3.6 \\ \exp(5.75 - 1.15\phi) & 3.6 \leq \phi \leq 5.0; \ \ \phi = \dfrac{T_p}{\sqrt{H_s}} \\ 1.0 & \phi \geq 5.0 \end{cases} \qquad (3.17)$$

파랑에 의한 속도 스펙트럼(wave induced velocity spectrum, S_{UU})은 전달함수(transfer function, G)를 사용하여 식 (3.18)과 같이 나타낼 수 있다.

$$S_{UU}(\omega) = G^2(\omega) \cdot S_{\eta\eta}(\omega) \qquad (3.18)$$

$$G(\omega) = \frac{\omega}{\sinh(k \cdot d)} \qquad (3.19)$$

여기에서 d는 수심이고, k는 파수(wave number)로 식 (3.20)의 분산관계식 (dispersion relation)에서 구할 수 있다.

$$\omega^2 = g \cdot k \cdot \tanh(k \cdot d) \tag{3.20}$$

n차 스펙트럼 모멘트(M_n)는 식 (3.21)과 같이 정의한다.

$$M_n = \int_0^\infty \omega^n S_{UU}(\omega) d\omega \tag{3.21}$$

해저파이프에 작용하는 유의유속(significant flow velocity amplitude, U_s)은 식 (3.22)와 같으며, 이때의 평균주기(mean zero up-crossing period, T_u)는 식 (3.23) 과 같다.

$$U_s = 2\sqrt{M_0} \tag{3.22}$$

$$T_u = 2\pi \sqrt{\frac{M_0}{M_2}} \tag{3.23}$$

선형파이론을 적용하면 그림 3.6과 3.7에서 유의유속과 평균주기를 추정할 수 있다. 여기에서 T_n은 기준주기(reference period)이며 식 (3.24)와 같이 산정한다.

$$T_n = \sqrt{\frac{d}{g}} \tag{3.24}$$

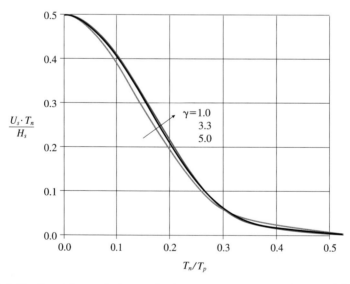

그림 3.6 Significant flow velocity amplitude Us at sea bed level(DNV GL(b), 2017)

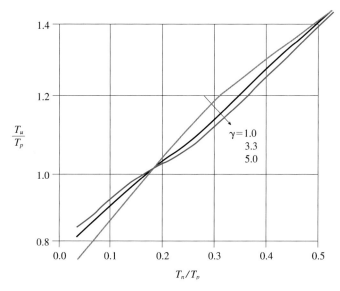

그림 3.7 Mean zero up-crossing period of oscillating flow Tu at sea bed level(DNV GL(b), 2017)

τ개의 진동(oscillation)에 대한 설계진동속도(design single oscillation velocity amplitude, U^*)와 유의유속의 비는 식 (3.25)와 같다.

$$k_U = \frac{U^*}{U_s} = \frac{1}{2} \cdot \left(\sqrt{2 \cdot \ln\tau} + \frac{0.5772}{\sqrt{2 \cdot \ln\tau}} \right) \tag{3.25}$$

여기에서 τ는 설계해저속도스펙트럼(design bottom velocity spectrum)에서의 진동 횟수이며, 식 (3.26)과 같이 해상상태 지속시간(sea state duration, T)을 평균 주기로 나누어 산정한다.

$$\tau = \frac{T}{T_u} \tag{3.26}$$

설계진동속도주기(design single oscillation velocity period, T^*)와 평균주기의 비(k_T)는 지역에 따른 고유한 특성이며, 다른 자료가 없는 경우 식 (3.27)의 값을 사용할 수 있다.

$$k_T = \frac{T^*}{T_u} = \begin{cases} k_t - 5 \cdot (k_t - 1) \cdot T_n/T_u & \text{for } T_n/T_u \le 0.2 \\ 1 & \text{for } T_n/T_u > 0.2 \end{cases} \tag{3.27}$$

$$k_t = \begin{cases} 1.25 & \text{for } \gamma = 1.0 \\ 1.21 & \text{for } \gamma = 3.3 \\ 1.17 & \text{for } \gamma = 5.0 \end{cases}$$

주 파향(main wave directionality)과 파의 분산(wave spreading)에 의한 영향을 반영하기 위해 식 (3.28)과 같이 유의유속에 감소계수(reduction factor, R_D)를 적용한다.

$$U_w = R_D \cdot U_{w\theta} \tag{3.28}$$

여기에서 감소계수는 식 (3.29)와 같이 산정한다.

$$R_D = \sqrt{\int_{-\pi/2}^{\pi/2} D_w(\theta) d\theta} \tag{3.29}$$

여기에서 D_w는 파에너지 분산 방향성 함수(wave energy spreading directionality function)이며 식 (3.30)과 같다.

$$D_w = \begin{cases} \dfrac{1}{\sqrt{\pi}} \cdot \dfrac{\Gamma(1+s/2)}{\Gamma(0.5+s/2)} \cdot \cos^s\theta \cdot \sin^2(\theta_{rel}-\theta) & |\theta| < \dfrac{\pi}{2} \\ 0 & else \end{cases} \tag{3.30}$$

여기에서 θ_{rel}는 주 파향과 해저파이프라인의 각도이고, Γ는 감마함수(gamma function)이다. s는 지역의 고유한 특성인 분산계수(spreading parameter)이며, 일반적으로 2~8의 값을 사용한다. 분산계수에 대한 다른 자료가 없는 경우에는 2~8 중 가장 보수적인 값을 적용해야 하며, 북해서는 보통 6~8의 값이 사용된다.

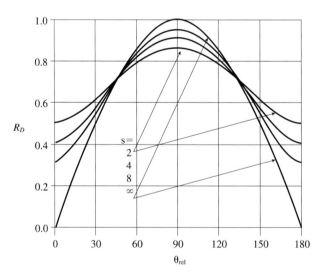

그림 3.8 Reduction factor due to wave spreading and directionality(DNV GL(b), 2017)

3.3 해저파이프라인 두께 산정

해저파이프라인의 두께는 내압에 의한 파열(bursting)과 외압에 의한 국부좌굴 (local buckling)을 고려하여 산정된다. 해저파이프라인의 파열을 방지하기 위한 파이프 두께와 국부좌굴의 발생을 방지하기 위한 파이프 두께를 각각의 설계기준에 따라 산정하고 이 중 보수적인 값을 해저파이프라인의 두께로 선정한다. 해저파이프라인에서 두께가 가장 얇은 부분이 파열과 국부좌굴에 취약하기 때문에 제작공차를 고려한 최소두께(t_1)를 기준으로 설계한다.

3.3.1 파열

해저파이프라인의 두께는 내압에 의해 파이프가 파열되지 않도록 산정해야 하며, 이에 대한 설계기준은 식 (3.31)과 같다.

$$p_{li} - p_e \leq \frac{p_b(t_1)}{\gamma_m \cdot \gamma_{SC}} \tag{3.31}$$

여기에서 p_b는 저항압력(pressure containment resistance)이며, 식 (3.32)와 같이 파이프의 두께와 강도로부터 산정한다.

$$p_b(t) = \frac{2 \cdot t}{D - t} \cdot f_{cb} \cdot \frac{2}{\sqrt{3}} \tag{3.32}$$

$$f_{cb} = Min\left(f_y; \frac{f_u}{1.15}\right) \tag{3.33}$$

3.3.2 외압에 의한 국부좌굴

외압에 의한 국부좌굴이 발생하지 않기 위해서는 해저파이프라인의 모든 지점에서 식 (3.34)를 만족해야 한다.

$$p_e - p_{min} \leq \frac{p_c(t_1)}{\gamma_m \cdot \gamma_{SC}} \tag{3.34}$$

여기에서 p_{min}은 해저파이프에 지속적으로 유지되는 최소한의 내압이며 일반적으로 설치된 파이프라인에서는 무시한다. p_c는 붕괴압력(collapse pressure)이며, 식 (3.35)를 통해 산정할 수 있다.

$$\left(p_c(t) - p_{el}(t)\right) \cdot \left(p_c(t)^2 - p_p(t)^2\right) = p_c(t) \cdot p_{el}(t) \cdot p_p(t) \cdot f_0 \cdot \frac{D}{t} \qquad (3.35)$$

여기에서 p_{el}은 탄성붕괴압력(elastic collapse pressure), p_p는 소성붕괴압력(plastic collapse pressure), f_0는 진원도(ovality)이며 아래와 같이 산정한다.

$$p_{el}(t) = \frac{2 \cdot E \cdot \left(\dfrac{t}{D}\right)^3}{1 - \nu^2} \qquad (3.36)$$

$$p_p(t) = f_y \cdot \alpha_{fab} \cdot \frac{2 \cdot t}{D} \qquad (3.37)$$

$$f_0 = \frac{D_{\max} - D_{\min}}{D} \qquad (3.38)$$

표 3.12   Maximum fabrization factor, α_{fab}

pipe	Seamless	UO&TRB&ERW	UOE
α_{fab}	1.00	0.93	0.85

3.3.3 좌굴전파(propagation buckling)

해저파이프라인에 국부좌굴이 발생하면 좌굴전파가 시작되며, 식 (3.39)에 의해 안정성이 만족될 때까지 진행된다.

$$p_e - p_{\min} \leq \frac{p_{pr}}{\gamma_m \cdot \gamma_{SC}} \qquad (3.39)$$

여기에서 p_{pr}는 전파압력(propagating pressure)이며, 식 (3.40)과 같이 산정한다.

$$p_{pr} = 35 \cdot f_y \cdot \alpha_{fab} \left(\frac{t_2}{D}\right)^{2.5} \qquad (3.40)$$
$$15 < D/t_2 < 45$$

붕괴압력은 국부좌굴이 발생하는 압력이며, 외압이 붕괴압력 이상이면 국부좌굴이 발생한다. 이때 국부좌굴의 크기에 따라 초기압력(initial pressure)이 결정된다. 초기압력은 국부좌굴이 발생했을 때 좌굴전파가 시작되는 압력이다. 전파압력은 좌굴전파가 지속되기 위한 압력이며, 외압이 전파압력보다 낮아지면 좌굴전파가 멈춘다. 국부좌굴과 관련된 압력들 간의 상관관계는 식 (3.41)과 같다.

$$p_c > p_{init} > p_{pr} \tag{3.41}$$

좌굴 구속장치(buckle arrestor)는 좌굴전파를 억제하기 위해 사용되며, 식 (3.42)와 같이 설계한다.

$$p_e \leq \frac{p_X}{1.1 \cdot \gamma_m \cdot \gamma_{SC}} \tag{3.42}$$

여기에서 p_X는 교차압력(crossover pressure)이며, 식 (3.43)과 같이 산정한다. $p_{pr,BA}$는 영구구속(infinite arrestor)에 의한 전파압력이며 식 (3.40)에 좌굴 구속장치의 제원을 적용하여 산정한다. L_{BA}는 좌굴 구속장치의 길이이다.

$$p_X = p_{pr} + (p_{pr,BA} - p_{pr}) \cdot \left[1 - \mathrm{EXP}\left(-20\frac{t_2 \cdot L_{BA}}{D^2}\right)\right] \tag{3.43}$$

3.4 해저면 안정성(on bottom stability)

해저파이프라인은 설계수명 동안 부력과 외력에 의해 설치된 위치에서 벗어나지 않도록 설계해야하며, 이때 외력은 해저파이프라인의 설계수명 동안 발생 가능성 있는 극한응답(extreme response)을 반영한 하중 조건을 사용한다. 영구 운용 조건 (permanent operational condition)이나 12개월 이상의 임시단계(temporary phase) 에서는 100년 재현주기 환경하중을 적용한다. 이때 근사적으로 아래의 두 하중 조건 중에서 더 극한인 조합을 사용할 수 있다.

- 100년 주기파와 10년 재현주기 해류의 조합
- 10년 주기파와 100년 재현주기 해류의 조합

3일 이상, 12개월 미만의 임시단계에서는 10년 재현주기 환경하중을 적용한다. 근사적으로 아래의 두 하중 조건 중에서 더 극한인 조합을 사용할 수 있다. 단, 공사지연 등으로 인해 계절이 바뀔 가능성이 있는 경우 이를 환경자료에 반영해야 한다.

- 10년 주기파와 1년 재현주기 해류의 조합

• 1년 주기파와 10년 재현주기 해류의 조합

3일 미만의 임시단계에서 극한 환경은 정확한 일기예보를 기반으로 정의할 수 있다.

해저파이프라인의 자중은 두께를 기준으로 산정한 파이프의 무게와 피복의 무게를 더해 산정한다. 해저파이프라인에 부식이나 침식, 마모가 발생하는 경우에는 예상되는 평균 자중 손실을 고려해야 한다.

3.4.1 수직 안정성(vertical stability)

해저파이프라인이 부력에 의해 부상하지 않기 위해서는 식 (3.44)와 같이 무게가 부력보다 충분히 커야 한다.

$$\gamma_W \cdot \frac{b}{w_s + b} = \frac{\gamma_W}{s_g} \leq 1.00 \tag{3.44}$$

여기에서 γ_W는 수직 안정성에 대한 안전계수이며 1.1을 적용한다. b는 해저파이프라인의 단위길이당 부력이고, w_s는 단위길이당 수중 무게, s_g는 비중이다.

3.4.2 해저지반에 대한 수직 안정성

해저에 매설된 해저파이프라인은 침하되거나 융기되지 않도록 설계되어야 한다. 해저파이프라인의 무게가 무거울수록 침하에 취약하며, 가벼울수록 융기에 취약하다. 따라서 침하는 내부 유체의 밀도가 최대인 경우에 대해 발생여부를 검토하며, 융기는 내부 유체의 밀도가 최소인 경우에 대해 발생여부를 확인한다. 해저파이프라인의 비중이 해저지반보다 작은 경우에는 침하의 발생 가능성이 없다고 판단하며 침하 안정성 검토를 위한 추가적인 분석이 필요하지 않다.

해저파이프라인이 설치된 해저지반의 전단강도가 낮은 경우에는 토양응력을 검토해야 한다. 특히 해저파이프라인의 비중이 해저지반보다 작은 경우에는 융기에 취약하기 때문에 해저지반의 전단강도가 충분히 커야 한다.

해저지반이 융해될 가능성이 있는 경우에는 해저파이프라인의 비중이 해저지반보다 커야 한다. 또한 해저지반이 융해될 가능성이 있는 경우에는 융해 깊이와 침하 시에 증가하는 저항을 고려하여 침하 깊이를 산정한다. 해저지반 위에 설치된 해저파이프라인에 대해서도 매설되는 경우와 마찬가지로 침하에 대해 안전하게 설계되어야 한다.

3.4.3 수평 안정성(lateral stability)

정적 수평 안정성 설계(absolute lateral static stability method)는 해저파이프라인에 작용하는 힘의 정적 평형(static equilibrium of force)을 기반으로 해저파이프라인의 수평저항이 해상상태에서 발생하는 최대 동유체력(hydrodynamic load)을 견딜 수 있도록 크게 설계하는 방법이다. 수평 안정성에 대한 기준은 식 (3.45) 및 (3.46)과 같다.

$$\gamma_{SC} \cdot \frac{F_Y^* + \mu \cdot F_Z^*}{\mu \cdot w_s + F_R} \leq 1.0 \tag{3.45}$$

$$\gamma_{SC} \cdot \frac{F_Z^*}{w_s} \leq 1.0 \tag{3.46}$$

여기에서 γ_{SC}는 수평 안정성에 대한 안전계수이며 해저지반과 안전등급에 따라 결정된다. 일반적으로 수평 안정성에 대한 안전계수는 겨울태풍의 경우 표 3.13 및 3.14와 같고, 태풍이 수평 안정성에 지배적으로 영향을 미치는 경우에는 표 3.15 및 3.16을 적용한다. 명시되지 않은 다른 지역의 경우 보수적으로 안전계수를 추정하여 사용할 수 있다.

표 3.13　Safety factors, winter storms in North Sea(DNV GL(b), 2017)

Soil type	Low	Normal	High
Sand and rock	0.98	1.32	1.67
Clay	1.00	1.40	1.83

표 3.14　Safety factors, winter storms in Gulf of Mexico and Southern Ocean(DNV GL(b), 2017)

Soil type	Low	Normal	High
Sand and rock	0.95	1.41	1.99
Clay	0.97	1.50	2.16

표 3.15　Safety factors, cyclonic conditions in North West Shelf(DNV GL(b), 2017)

Soil type	Low	Normal	High
Sand and rock	0.95	1.50	2.16
Clay	0.95	1.56	2.31

표 3.16 Safety factors, cyclonic conditions Gulf of Mexico(DNV GL(b), 2017)

Soil type	Low	Normal	High
Sand and rock	0.95	1.64	2.46
Clay	0.93	1.64	2.54

외력의 수평성분(F_Y^*) 및 수직성분(F_Z^*)은 각각 식 (3.47)과 (3.48)을 사용하여 산정한다.

$$F_Y^* = r_{tot,y} \cdot \frac{1}{2} \cdot \rho_w \cdot D \cdot C_Y^* \cdot (U^* + V^*)^2 \tag{3.47}$$

$$F_Z^* = r_{tot,z} \cdot \frac{1}{2} \cdot \rho_w \cdot D \cdot C_Z^* \cdot (U^* + V^*)^2 \tag{3.48}$$

여기에서 $r_{tot,y}$와 $r_{tot,z}$는 하중감소계수(load reduction factor)이고 D는 피복을 포함한 해저파이프라인의 외경이다. C_Y^*와 C_Z^*는 피크하중계수(peak load coefficient)이며, 단진동(single design oscillation)에 대한 크리건-카펜터수(Keulegan-Carpenter number, K^*)와 정적진동속도비(steady to oscillatory velocity ratio, M^*)에 따라 표 3.17과 3.18에서 구할 수 있다. Keulegan-Carpenter number는 식 (3.49)와 같이 산정하며, 정적진동속도비는 식 (3.50)과 같이 산정한다. K^*가 2.5보다 작은 경우에 수평력계수(horizontal load coefficient)는 K^*가 2.5일 때의 값을 기준으로 식 (3.51)을 사용하여 산정할 수 있다.

$$K^* = \frac{U^* \cdot T^*}{D} \tag{3.49}$$

$$M^* = \frac{V^*}{U^*} \tag{3.50}$$

$$C_Y^* = C_{Y,\,K=2.5}^* \cdot \frac{2.5}{K^*} \tag{3.51}$$

U^*는 파랑에 의한 인한 물입자의 최대 속도이며 주 파향과 파의 분산으로 인한 유속감소를 반영하여 식 (3.52)와 같이 산정한다.

$$U^* = U_s \cdot \frac{1}{2} \cdot \left(\sqrt{2 \cdot \ln\tau} + \frac{0.5772}{\sqrt{2 \cdot \ln\tau}} \right) \tag{3.52}$$

표 3.17 Peak horizontal load coefficients(DNV GL(b), 2017)

C_Y^*		K*										
		2.5	5	10	20	30	40	50	60	70	100	≥140
	0.0	13.0	6.80	4.55	3.33	2.72	2.40	2.15	1.95	1.80	1.52	1.30
	0.1	10.7	5.76	3.72	2.72	2.20	1.90	1.71	1.58	1.49	1.33	1.22
	0.2	9.02	5.00	3.15	2.30	1.85	1.58	1.42	1.33	1.27	1.18	1.14
	0.3	7.64	4.32	2.79	2.01	1.63	1.44	1.33	1.26	1.21	1.14	1.09
	0.4	6.63	3.80	2.51	1.78	1.46	1.32	1.25	1.19	1.16	1.10	1.05
M*	0.6	5.07	3.30	2.27	1.71	1.43	1.34	1.29	1.24	1.18	1.08	1.00
	0.8	4.01	2.70	2.01	1.57	1.44	1.37	1.31	1.24	1.17	1.05	1.00
	1.0	3.25	2.30	1.75	1.49	1.40	1.34	1.27	1.20	1.13	1.01	1.00
	2.0	1.52	1.50	1.45	1.39	1.34	1.20	1.08	1.03	1.00	1.00	1.00
	5.0	1.11	1.10	1.07	1.06	1.04	1.01	1.00	1.00	1.00	1.00	1.00
	10	1.00	1.00	1.00	1.00	1.00	1.00	1.00	1.00	1.00	1.00	1.00

표 3.18 Peak vertical load coefficients(DNV GL(b), 2017)

C_Y^*		K*										
		2.5	5	10	20	30	40	50	60	70	100	≥140
	0.0	5.00	5.00	4.85	3.21	2.55	2.26	2.01	1.81	1.63	1.26	1.05
	0.1	3.87	4.08	4.23	2.87	2.15	1.77	1.55	1.41	1.31	1.11	0.97
	0.2	3.16	3.45	3.74	2.60	1.86	1.45	1.26	1.16	1.09	1.00	0.90
	0.3	3.01	3.25	3.53	2.14	1.52	1.26	1.10	1.01	0.99	0.95	0.90
	0.4	2.87	3.08	3.35	1.82	1.29	1.11	0.98	0.90	0.90	0.90	0.90
M*	0.6	2.21	2.36	2.59	1.59	1.20	1.03	0.92	0.90	0.90	0.90	0.90
	0.8	1.53	1.61	1.80	1.18	1.05	0.97	0.92	0.90	0.90	0.90	0.90
	1.0	1.05	1.13	1.28	1.12	0.99	0.91	0.90	0.90	0.90	0.90	0.90
	2.0	0.96	1.03	1.05	1.00	0.90	0.90	0.90	0.90	0.90	0.90	0.90
	5.0	0.91	0.92	0.93	0.91	0.90	0.90	0.90	0.90	0.90	0.90	0.90
	10	0.90	0.90	0.90	0.90	0.90	0.90	0.90	0.90	0.90	0.90	0.90

V^*는 방향성과 해저 경계층에 의한 유속감소를 반영하여 산정한 해류의 속도이며 식 (3.53)과 같다.

$$V^* = V_r \cdot \left(\frac{\left(1 + \frac{z_0}{D}\right) \cdot \ln\left(\frac{D}{z_0} + 1\right) - 1}{\ln\left(\frac{z_r}{z_0} + 1\right)} \right) \cdot \sin\theta_c \tag{3.53}$$

여기에서 θ_c는 해류의 유향과 해저파이프라인과의 각으로 해류의 방향성을 나타내며, 이에 대한 정보가 없는 경우 유향과 해저파이프의 축은 직각이라고 가정한다.

3.4.4 하중감소

하중감소계수는 식 (3.54)와 같이 해저파이프라인과 해저지반의 상호작용에 의한 3가지 요인에 의해 결정된다.

$$r_{tot,i} = r_{perm,i} \cdot r_{pen,i} \cdot r_{tr,i} \tag{3.54}$$

- $r_{perm,i}$: permeable seabed
- $r_{pen,i}$: pipe penetrating the seabed
- $r_{tr,i}$: trenching

여기에서 i는 하중의 방향을 나타내며 horizontal load인 경우 y이고 vertical load인 경우 z이다.

(1) 투수성 해저지반(permeable seabed)

해저파이프라인이 투수성 해저지반에 설치된 경우 해저파이프라인 밑으로 해수가 흐르면서 수직하중이 감소된다. 따라서 해저지반이 투수성인 경우에는 불투수성 지반에서의 하중계수에 식 (3.55)와 같이 투수성에 의한 하중감소계수를 적용한다.

$$r_{perm,z} = 0.7 \tag{3.55}$$

(2) 침하(penetration)

그림 3.9와 같이 해저에 설치된 해저파이프라인이 침하되면 식 (3.56) 및 (3.57)

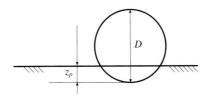

그림 3.9 Definition of penetration(DNV GL(b), 2017)

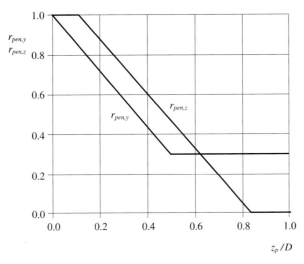

그림 3.10 Peak load reduction due to penetration(DNV GL(b), 2017)

과 같이 침하에 의한 하중감소계수를 적용할 수 있다.

$$r_{pen,y} = 1.0 - 1.4 \cdot \frac{z_p}{D} \qquad however \geq 0.3 \tag{3.56}$$

$$r_{pen,z} = 1.0 - 1.3 \cdot \left(\frac{z_p}{D} - 0.1 \right) \qquad however \geq 0.0 \tag{3.57}$$

여기에서 z_p는 총 침하깊이(total penetration depth)이다.

총 침하깊이는 식 (3.58)과 같이 초기침하(initial penetration, z_{pi})와 해저파이프라인의 움직임으로 형성된 침하(penetration, z_{pm})로 구성된다.

$$z_p = z_{pi} + z_{pm} \tag{3.58}$$

그러나 정적 수평 안정성 설계에서는 해저파이프라인의 변위가 없으므로 해저파이프가 움직이면서 추가적으로 형성되는 침하는 고려하지 않는다. 초기침하는 해저지반의 특성에 따라 산정할 수 있다. 모래(sand)에서의 초기침하는 식 (3.59)와 같이 산정하며, 점토(clay)에서는 식 (3.60)과 같다.

$$\frac{z_{pi}}{D} = 0.037 \cdot \kappa_s^{-0.67} \tag{3.59}$$

$$\frac{z_{pi}}{D} = 0.0071 \cdot \left(\frac{G_c^{0.3}}{\kappa_c}\right)^{3.2} + 0.062 \cdot \left(\frac{G_c^{0.3}}{\kappa_c}\right)^{0.7} \tag{3.60}$$

(3) 파이핑(piping)

해저파이프라인 아래의 모래층에 해저파이프라인 양 측면의 유체동적 압력차에 의해 파이핑이 발생한다. 이로 인해 해저파이프라인이 침하되면서 저항이 증가한다. 따라서 파이핑으로 인한 침하를 총 침하깊이에 반영해야 한다.

해저파이프라인 양 측면의 압력차는 해저파이프라인에 작용하는 수평하중을 노출된 면적으로 나누어 보수적으로 산정하며, 저항압력(resisting pressure)은 모래의 무게와 마찰각, 침하깊이에 의해 결정된다. 파이핑은 식 (3.61)과 같이 작용하는 압력 구배가 저항압력보다 큰 경우 발생한다.

$$\frac{F_Y}{D - z_\pi - z_{pp}} \geq \gamma_s \cdot \frac{\alpha \cdot D \cdot \tan\phi_s}{\cos\alpha + \sin\alpha \cdot \tan\phi_s} \tag{3.61}$$

$$\cos\alpha = 1 - \frac{2 \cdot z_p}{D} \quad , \quad \frac{z_p}{D} \leq 0.20$$

여기에서 ϕ_s는 마찰각이며 모래의 상태에 따라 매우 느슨한 모래의 마찰각인 30°부터 매우 조밀하여 경화된 모래의 마찰각인 43°까지 달라진다. 또한 파이핑이 발생한 침하 아래에 모래 제원이 유효한지 명시해야 한다. 식 (3.61)에서 설계환경의 재현주기의 1/10 이하인 값을 수평하중의 재현주기로 사용하여 설계 해상상태

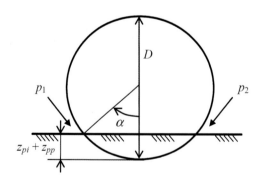

그림 3.11 Piping parameters(DNV GL(b), 2017)

가 나타나기 이전에 산정된 파이핑으로 인한 침하깊이가 형성될 수 있도록 한다.

(4) 굴착(trench)

해저파이프라인에 작용하는 외력의 영향을 줄이기 위해 그림 3.12와 같이 해저파이프라인을 굴착된 단면에 설치할 수 있다. 굴착면 내의 유체의 속도와 가속도는 해저면보다 현저히 감소되기 때문에 해저파이프라인에 작용하는 외력이 작아진다. 굴착으로 인한 해저파이프라인의 안정성은 굴착깊이와 굴착각이 클수록 높아진다. Jo et al.(2000(a); 2000(b); 2001), Jang et al.(2000), Lee et al.(2001)은 굴착단면에서 해저파이프라인의 안정성 연구를 수행하였다. 굴착으로 인한 하중감소계수는 식 (3.62) 및 (3.63)과 같다.

$$r_{tr,y} = 1.0 - 0.18 \cdot (\theta - 5)^{0.25} \cdot \left(\frac{z_t}{D}\right)^{0.42} \quad , \quad 5 \leq \theta \leq 45 \qquad (3.62)$$

$$r_{tr,z} = 1.0 - 0.14 \cdot (\theta - 5)^{0.43} \cdot \left(\frac{z_t}{D}\right)^{0.46} \quad , \quad 5 \leq \theta \leq 45 \qquad (3.63)$$

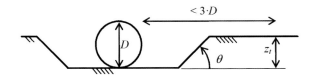

그림 3.12 Definition of trench parameters(DNV GL(b), 2017)

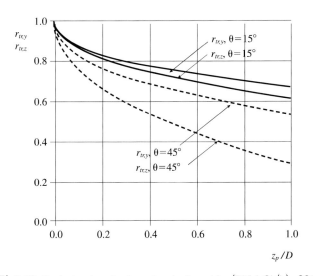

그림 3.13 Peak load reduction due to trenching(DNV GL(b), 2017)

3.4.5 토질저항(soil resistance)

일반적으로 해저지반에 의한 저항은 쿨롱 마찰(Coulomb friction)과 토질침하 (soil penetration)에 의한 수동저항(passive resistance, F_R)으로 구성된다.

모래는 점성이 없는 투수성 지반으로 정의되며, 마찰계수와 모래의 수중 무게가 해저파이프와 모래의 상호작용을 결정하는 가장 중요한 요인이다. 점토는 불투수성이며 점성이 강한 지반으로 정의하며, 자갈(rock)은 입자 절반의 직경이 50 mm 보다 큰 암석 조각으로 정의한다. 일반적으로 콘크리트 피복된 해저파이프의 마찰계수는 모래와 자갈의 경우 0.6을 사용하고, 점토는 0.2를 적용한다.

수동저항은 모래와 점토에서 적용하며, 암석에서는 무시한다. 대표적인 수동토질저항모델(passive soil resistance model)은 그림 3.14와 같이 4개의 구간으로 구성된다.

1) 수평변위가 작은 탄성구간($Y \leq Y_1$)에서 침하는 최초의 상태가 유지된다.
2) $Y_1 < Y \leq Y_2$인 구간에서는 상당한 변위가 발생하면서 침하와 수동토질저항이 증가한다.
3) 변위가 Y_2를 초과하면 해저파이프라인이 이탈(break-out)하면서 침하가 Y_2에서부터 선형적으로 감소하여 Y_3까지 절반으로 줄어들고 수동저항도 감소한다. 여기에서 이탈저항(break-out resistance)인 F_{R2}는 Y_1과 Y_2 사이의 구간에서 축적된 해저파이프라인의 변위에 의해 결정된다.
4) 해저파이프라인의 변위가 Y_3보다 크면 침하와 수동저항이 일정하게 유지된다.

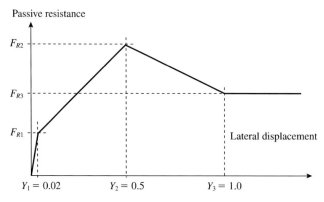

그림 3.14 Passive resistance(DNV GL(b), 2017)

모래에서의 수동저항은 식 (3.64)와 같이 계산할 수 있다.

$$\frac{F_R}{F_C} = \begin{cases} \left(5.0 \cdot \kappa_s - 0.15 \cdot \kappa_s^2\right) \cdot \left(\dfrac{z_p}{D}\right)^{1.25} & \text{if } \kappa_s \leq 26.7 \\[2mm] \kappa_s \cdot \left(\dfrac{z_p}{D}\right)^{1.25} & \text{if } \kappa_s > 26.7 \end{cases} \tag{3.64}$$

$$\kappa_s = \frac{\gamma'_s \cdot D^2}{w_s - F_Z} = \frac{\gamma'_s \cdot D^2}{F_C} \quad , \quad F_C = w_s - F_Z \tag{3.65}$$

점토에서의 수동저항은 식 (3.66)과 같이 계산할 수 있다.

$$\frac{F_R}{F_C} = \frac{4.1 \cdot \kappa_c}{G_C^{0.39}} \cdot \left(\frac{z_p}{D}\right)^{1.31} \tag{3.66}$$

$$G_C = \frac{s_u}{D \cdot \gamma_s} \quad \text{and} \quad \kappa_c = \frac{s_u \cdot D}{w_s - F_Z} = \frac{s_u \cdot D}{F_C} \tag{3.67}$$

3.5 해저면 요철

해저면의 요철 위에 부설된 해저파이프라인은 자유경간에 의한 휨 응력으로 파괴되지 않도록 해야 하므로 부설 계획 시에 지반의 요철에 의한 해저파이프라인의 응력을 계산하여 허용응력치를 초과하지 않도록 설계해야 한다.

3.5.1 요(凹)지반에 의한 응력

그림 3.15와 같은 요지반의 해저파이프라인에서 길이가 L인 경간과 요지 양측에 거리가 l인 두 구역을 잡는다. 해저파이프라인은 3개 부분으로 나누어지나 형상이 대칭이므로 경간의 절반에 대해서 설계한다. 해저파이프라인 작용력의 자유 물체도는 그림 3.15와 같으며, 경계조건은 각 두 개의 인접 해저파이프라인에서 같다고 가정한다. 요지 경간의 최대 굴곡 응력은 해저파이프라인의 인장력에 따라 그림 3.16, 중앙 경간의 응력과 변위는 그림 3.17과 3.18에 각각 도시되어 있다. 최대 응력은 요지의 하부에 생기며, 해저파이프라인의 인장력이 커지면 응력은 작아진다. 큰 요지의 길이가 길면 인장에 의해서 해저파이프라인의 응력은 감소한다. 요지 외측의 해저파이프라인 길이는 큰 요지의 길이에 대한 인장력의 함수로 그림 3.19에 도시되어 있으며, 해저파이프라인 인장력이 증가하면 해저파이프라인 경간

의 길이는 감소한다. 큰 요지 라인인 경우 인장력이 포함되면 요지 외측의 경간 길이는 감소한다.

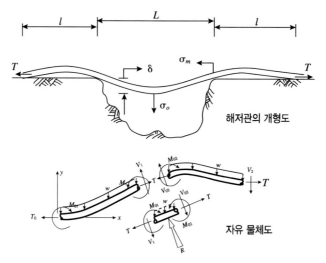

그림 3.15 요지반에 의한 해저파이프라인의 응력(Mousselli, 1981)

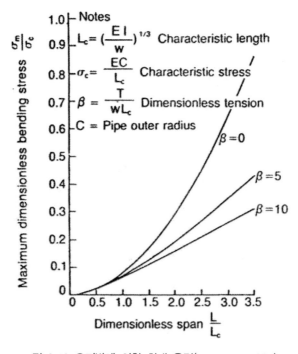

그림 3.16 요지반에 의한 최대 응력(Mousselli, 1981)

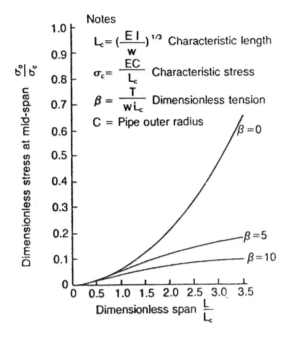

그림 3.17 중앙 경간의 응력(Mousselli, 1981)

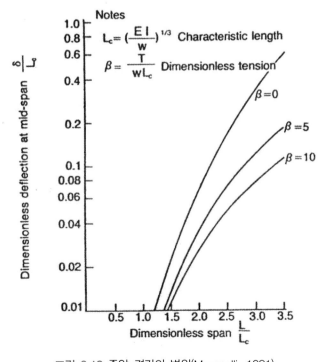

그림 3.18 중앙 경간의 변위(Mousselli, 1981)

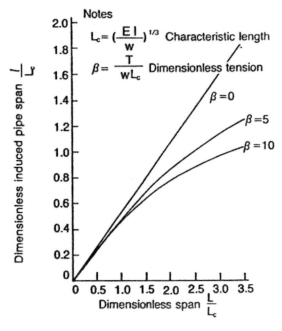

그림 3.19 요지 외측의 경간(Mousselli, 1981)

3.5.2 철(凸)지반에 의한 응력

철지반의 높이(δ), 지지 해저파이프라인 길이, 해저파이프라인 작용력(w)의 자유 물체도는 그림 3.20과 같다. 철지에 대하여 해저파이프라인은 대칭이므로 만곡 해석은 절반만 고려하며 수치해를 사용하여 풀 수 있다. 경간의 길이를 알 수 없기 때문에 반복법으로 경간 길이와 해저파이프라인 작용력을 구한다. 철지반 높이와 경간 및 최대 응력과의 관계는 그림 3.21과 3.22에 각각 나타나 있다. 철지에 의한

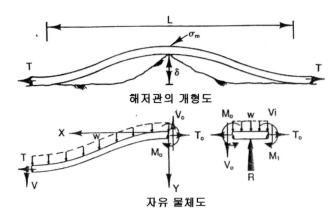

그림 3.20 철지반에 의한 해저파이프라인의 응력(Mousselli, 1981)

최대 휨 응력은 해저파이프라인의 인장력에 무관하며, 경간이 증가하면 인장력은 증가한다. 인장 응력과 복합(굴곡 및 인장) 응력은 해저파이프라인의 인장력이 증가하면 커진다. 그림 3.21과 3.22에서 철면의 높이, 인장력과 해저파이프라인 최대 응력의 관계를 구할 수 있다.

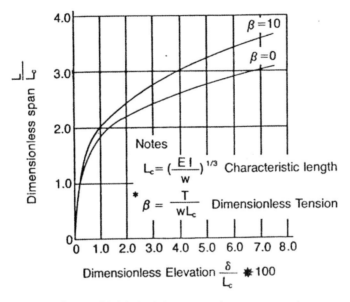

그림 3.21 철지반에 의한 경간 발생(Mousselli, 1981)

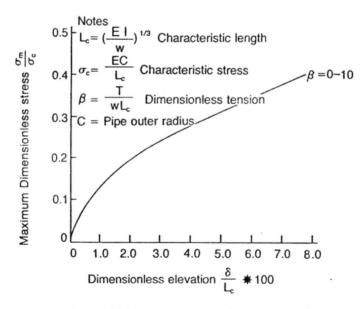

그림 3.22 철지반에 의한 최대 응력(Mousselli, 1981)

3.6 자유경간(free span)

모든 자유경간은 피로(FLS)와 국부좌굴(ULS)에 의해 문제가 발생하지 않도록 설계해야 한다. 자유경간은 아래와 같이 구분할 수 있다.

- 해저의 침식이나 해저형성활동(bed-form activity)에 의한 세굴에 기인한 자유경간으로 시간이 지남에 따라 변함
- 해저가 평탄하지 않아 형성된 요철에 의한 자유경간으로 압력이나 온도가 현저히 바뀌지 않는 이상 시간에 따라 변하지 않음

세굴에 의한 경간에서 예상되는 최대의 경간 길이, 간격비, 노출시간에 대한 정보가 없는 경우 아래의 항목을 적용할 수 있다.

- 일정한 환경이 존재하고 큰 규모의 움직이는 해저형성이 없는 경우에 최대 경간 길이는 경간 중심에서의 처짐이 피복을 포함한 해저파이프라인의 외경과 같은 길이를 사용한다.
- 외력 노출시간(load exposure time)은 해저파이프라인의 잔여 운용 수명이나 가능한 중단까지의 기간으로 사정하며, 이전 손상 기간도 포함되어야 한다.

압력이나 온도와 같은 운전 조건의 변화는 자유경간 특성에 큰 영향을 미칠 수 있으므로, 반드시 자유경간 설계에 반영해야 하며 부식과 같은 다른 변화들도 고려해야 한다.

3.6.1 와류유기 진동 회피

와류유기 진동 회피 지침(vortex-induced vibration avoidance criteria)은 주어진 자유경간에서 와류유기 진동이 발생하지 않도록 제한하여 피로와 국부좌굴에 의해 해저파이프라인에 구조적인 문제가 발생하지 않도록 설계하는 방법이다. 이 지침이 만족되지 않는 경우에는 피로 선별 지침(fatigue screening criteria)이나 전체 피로 및 극한 환경 하중 계산(full fatigue and extreme environmental loading calculation)이 수행되어야 한다. 파랑이 지배적인 경우에는 비록 와류유기 진동이 발생하지 않도록 설계가 되었어도, 전체 피로 및 극한 환경 하중 계산을 수행해야 한다.

자유경간 설계에 적용하기 위한 환경 조건은 노출시간 중에서 발생하는 가장 극

한 응답을 반영한다. 영구 운용 조건이나 12개월 이상의 임시단계에서는 100년 재현주기 환경하중을 적용하며, 근사적으로 아래의 두 환경 조건 중에서 더 극한 조합을 사용할 수 있다.

- 100년 주기파와 10년 재현주기 해류의 조합
- 10년 주기파와 100년 재현주기 해류의 조합

여기에서 특성 환경 조건을 대표하는 유동 조건은 식 (3.68)과 같다.

$$U_{extreme} = \max\left(U_{c,100-year} + U_{w,10-year},\ U_{c,10-year} + U_{w,100-year}\right) \quad (3.68)$$

여기에서 $U_{c,i-year}$은 해저파이프라인에 작용하는 i년 재현주기 해류 속도이며, $U_{w,i-year}$은 i년 주기파에 의한 물입자의 속도이다.

3일 이상, 12개월 미만의 임시단계에서는 10년 재현주기 환경하중을 적용하며, 근사적으로 아래의 두 환경 조건 중에서 더 극한 조합을 사용할 수 있다. 단, 공사 지연 등으로 인해 계절이 바뀔 가능성이 있는 경우 이를 반영해야 한다.

- 10년 주기파와 1년 재현주기 해류의 조합
- 1년 주기파와 10년 재현주기 해류의 조합

여기에서 특성 환경 조건을 대표하는 유동 조건은 식 (3.69)와 같이 산정한다.

$$U_{extreme} = \max\left(U_{c,10-year} + U_{w,1-year},\ U_{c,1-year} + U_{w,10-year}\right) \quad (3.69)$$

3일 미만의 임시단계에서 극한 환경은 정확한 일기예보를 기반으로 정의할 수 있다.

자유경간의 가장 낮은 기본 고유 진동수(natural frequency)인 $f_{IL,1}$, $f_{CF,1}$이 인라인(in-line) 방향과 크로스 플로우(cross-flow) 방향에 대해 식 (3.70) 및 (3.71)을 만족하는 경우, 해당 경간에서 설계 노출시간 동안 와류유기 진동은 발생하지 않는다.

$$f_{IL,1} > \frac{U_{extreme}\gamma_{f,IL}}{V_{R,onset}^{IL} \cdot D} \quad (3.70)$$

$$f_{CF,1} > \frac{U_{extreme}\gamma_{f,CF}}{2D} \quad (3.71)$$

여기에서 D는 피복을 포함한 해저파이프라인의 외경이고, $\gamma_{f,IL}$와 $\gamma_{f,CF}$는 각각

인라인 진동수(in-line frequency)와 크로스 플로우 진동수(cross-flow frequency)에 대한 안전계수이다. $V^{IL}_{R,onset}$은 감소된 유속에 대한 인라인 시작값(in-line onset value)이며 식 (3.72)와 같이 산정한다.

$$V^{IL}_{R,onset} = \begin{cases} \dfrac{1}{\gamma_{on,IL}} & \text{for} \quad K_{sd} < 0.4 \\[2mm] \dfrac{0.6 + K_{sd}}{\gamma_{on,IL}} & \text{for} \quad 0.4 \leq K_{sd} < 1.6 \\[2mm] \dfrac{2.2}{\gamma_{on,IL}} & \text{for} \quad 1.6 \leq K_{sd} \end{cases} \tag{3.72}$$

여기에서 K_{sd}는 설계안정계수(design stability parameter)이며 식 (3.73)과 같다.

$$K_{sd} = \frac{K_s}{\gamma_k} \tag{3.73}$$

여기에서 K_s는 안정계수(stability parameter)이며 식 (3.74)와 같다.

$$K_s = \frac{4\pi m_e \zeta_T}{\rho_w D^2} \tag{3.74}$$

여기에서 m_e는 유효질량(effective mass)이며 식 (3.75)와 같다.

$$m_e = \frac{\displaystyle\int_L m(s)\phi^2(s)ds}{\displaystyle\int_L \phi^2(s)ds} \tag{3.75}$$

여기에서 $\varphi(s)$는 경계 조건을 만족하는 모드형상(mode shape)이며, $m(s)$는 단위 길이당 질량으로 파이프질량, 부가질량, 이송유체의 질량을 더해 산정한다.

부가질량은 식 (3.76)과 같이 산정하며, 부가질량계수(C_a)는 식 (3.77)과 같다.

$$m_a = C_a \cdot \rho_w \cdot \frac{\pi \cdot D^2}{4} \tag{3.76}$$

$$C_a = \begin{cases} 0.68 + \dfrac{1.6}{(1 + 5 \cdot (e/D))} & \text{for} \quad e/D < 0.8 \\[2mm] 1 & \text{for} \quad e/D \geq 0.8 \end{cases} \tag{3.77}$$

여기에서 e는 해저파이프라인의 바닥면과 해저의 간격이다.

기본 고유 진동수를 j차 고유 진동수로 대체하고 j차 모드에 해당하는 $V^{IL}_{R,onset}$

을 사용하면 간단히 j차 인라인 및 크로스 플로우 모드로 확장할 수 있다. 기본 고유 진동수에서 회피 지침을 만족하면 주어진 경간에서 와류유기 진동에 의해 j차 모드가 활성화되지 않을 것으로 예상한다.

3.6.2 피로 선별 지침

피로 선별 지침은 해류와 파랑하중이 복합된 상황에서 와류유기 진동과 파랑하중에 의한 피로에 적용한다. 피로 선별 지침은 50년을 초과하는 피로 수명을 제공하기 위해 전체 피로 해석과의 비교를 통해 보정되었다. 피로 선별 지침은 1차 대칭 모드(반파장)가 지배적인 경간에 적용된다. 임시단계에서는 100년 재현주기를 10년 재현주기로 대체하여 적용할 수 있다.

선별분석에서 해류의 속도는 3모수 와이블 분포(3-parameter weibull distribution)로 가정하였으며, 그렇지 않으면 전체 피로 해석을 통해 선별 지침을 적용할 수 있는지 확인해야 한다.

인라인 고유 진동수($f_{IL,j}$)는 식 (3.78)을 만족해야 하며, 이 조건이 만족되지 않으면 전체 인라인 와류야기 진동 피로 해석(full in-line VIV fatigue analysis)을 수행해야 한다.

$$\frac{f_{IL,j}}{\gamma_{IL}} > \frac{U_{c,100-year}}{V_{R,onset}^{IL} \cdot D} \cdot \left(1 - \frac{L/D}{250}\right) \cdot \frac{1}{\alpha} \tag{3.78}$$

여기에서 L은 자유경간 길이이고, α는 해류유량비(current flow ratio)로 식 (3.79)와 같으며 최소 0.6 이상이다.

$$\overline{\alpha} = \frac{U_{c,100-year}}{U_{w,1-year} + U_{c,100-year}} \tag{3.79}$$

크로스 플로우 고유 진동수(cross-flow natural frequency, $f_{n,CF}$)는 식 (3.80)을 만족해야 하며, 이 조건이 만족되지 않으면 전체 인라인 및 크로스 플로우 와류유기 진동 피로 해석을 수행해야 한다.

$$\frac{f_{CF,j}}{\gamma_{CF}} > \frac{U_{c,100-year} + U_{w,1-year}}{V_{R,onset}^{CF} \cdot D} \tag{3.80}$$

여기에서 $V^{CF}_{R,onset}$은 감소된 유속에 대한 크로스 플로우 시작값이며, 식 (3.81)과 같이 산정한다.

$$V_{R,onset}^{CF} = \frac{3 \cdot \psi_{proxi,onset} \cdot \psi_{trench,onset}}{\gamma_{on,CF}} \qquad (3.81)$$

여기에서 $\psi_{proxi,onset}$은 해저근접성 보정계수($\psi_{proxi,onset}$)이며 식 (3.82)와 같이 산정하며, $\psi_{trench,onset}$은 굴착 보정계수이고 식 (3.83)과 같이 산정한다.

$$\psi_{proxi,onset} = \begin{cases} \frac{1}{5}(4 + 1.25\frac{e}{D}) & \text{for} \quad \frac{e}{D} < 0.8 \\ 1 & else \end{cases} \qquad (3.82)$$

$$\psi_{tench,onset} = 1 + 0.5\frac{\triangle}{D} \quad \left(where \; \frac{\triangle}{D} = \frac{1.25d - e}{D}(0 \leq \frac{\triangle}{D} \leq 1) \right) \qquad (3.83)$$

인라인 와류유기 진동에 대한 선별 지침과 식 (3.84)가 만족되는 경우에는 파랑의 작용에 의한 피로 해석은 요구되지 않는다.

$$\frac{U_{c,100year}}{U_{w,1year} + U_{c,100year}} > \frac{2}{3} \qquad (3.84)$$

이 조건이 만족되지 않으면 인라인 와류유기 진동과 파랑의 작용에 의한 전체 피로 해석을 수행해야 한다.

3.6.3 기본 고유 진동수

기본 고유 진동수의 근사식은 식 (3.85)와 같다.

$$f_1 \approx C_1 \cdot \sqrt{1 + CSF} \sqrt{\frac{EI}{m_e L_{eff}^4} \cdot \left(1 + \frac{S_{eff}}{P_{cr}} + C_3 \left(\frac{\delta}{D} \right)^2 \right)} \qquad (3.85)$$

여기에서 C_1과 C_3는 경계조건계수, E는 스틸의 영률(youngs modulus), I는 스틸의 관성모멘트, L_{eff}는 유효경간길이(effective span length), m_e는 유효질량(effec- tive mass), S_{eff}는 유효축하중(effective axial force), P_{cr}는 임계좌굴하중(critical buckling load), δ는 정적 처짐(static deflection), CSF는 콘크리트의 강성 향상계수(stiffness enhancement factor)이다.

유효축하중은 식 (3.86)과 같이 산정한다.

$$S_{eff} = H_{eff} - \triangle p_i A_i (1 - 2\nu) - A_s E \triangle T\alpha_e \qquad (3.86)$$

여기에서 H_{eff}는 유효부설장력(effective lay tension), $\triangle p_i$는 설치 시와 운용 시

의 내부압력 차이, A_i는 해저파이프라인의 내부단면적, A_s는 강관의 단면적, ΔT는 설치 시와 운용 시의 내부유체의 온도 차이, α_e는 열팽창계수이다.

임계좌굴하중은 식 (3.87)과 같고, 정적 처짐은 식 (3.88)과 같으며, 콘크리트의 강성향상계수는 식 (3.89)와 같다.

$$P_{cr} = \frac{(1+CSF)\,C_2\pi^2 EI}{L_{eff}^2} \tag{3.87}$$

$$\delta = C_6 \cdot \frac{q \cdot L_{eff}^4}{EI \cdot (1+CSF)} \frac{1}{\left(1+\dfrac{S_{eff}}{P_{cr}}\right)} \tag{3.88}$$

$$CSF = k_c\left(\frac{EI_{conc}}{EI_{steel}}\right)^{0.75} \tag{3.89}$$

여기에서 k_c는 부식피복(corrosion coating)의 변형 및 콘크리트 피복의 균열을 반영하는 경험상수(empirical constant)로 아스팔트(asphalt)에서는 0.33을 사용하고 PP/PC피복에서는 0.25를 사용한다. 식 (3.89)의 CSF 추정식은 파이프접합길이 (pipe joint length)가 12 m 이상이고, 현장접합길이(field joint length)가 0.5~1.0 m인 경우에 해저파이프라인의 직경, 직경-두께비, 콘크리트 강도에 상관없이 적용할 수 있다.

경계조건계수는 지지방식에 따라 결정되며 표 3.19와 같다.

여기에서 L_{eff}/L은 경간을 유효경간길이를 고려하기 위해 사용되고 식 (3.90)과 같이 산정하며, L/D_s와 지반강성이 증가할수록 감소한다.

표 3.19 Boundary conditions coefficients(DNV GL(a), 2017)

	Pinned–Pinned	Fixed–Fixed	Single span on seabed
C_1	1.57	3.56	3.56
C_2	1.0	4.0	4.0
C_3	0.8	0.2	0.4
C_4	4.93	14.1	Shoulder: $14.1(L/L_{eff})^2$ Mis–span: 8.6
C_5	1/8	1/12	Shoulder: $1/(18(L_{eff}/L)^2-6)$ Mis–span: 1/24
C_6	5/384	1384	1/384

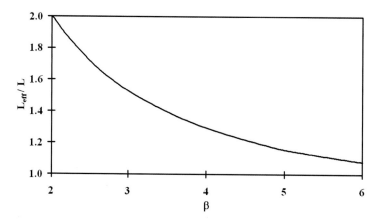

그림 3.23 Effective span length as a function of β(DNV GL(a), 2017)

$$\frac{L_{eff}}{L} = \begin{cases} \dfrac{4.73}{-0.066\beta^2 + 1.02\beta + 0.63} & \text{for} \quad \beta \geq 2.7 \\ \dfrac{4.73}{0.036\beta^2 + 0.61\beta + 1.0} & \text{for} \quad \beta < 2.7 \end{cases} \tag{3.90}$$

여기에서 β는 상대토질강성계수(relative soil stiffness parameter)이며, 식 (3.91)과 같다.

$$\beta = \log_{10}\left(\frac{K \cdot L^4}{(1 + CSF)EI}\right) \tag{3.91}$$

여기에서 K는 토질강성(relevant soil stiffness(vertical/horizontal, static/dynamic))이다.

동적토질강성(dynamic soil stiffness)은 식 (3.92) 및 (3.93)과 같이 산정한다.

$$K_{v,d} = \frac{C_V}{1 - \nu} \cdot \left(\frac{2}{3} \cdot \frac{\rho_s}{\rho} + \frac{1}{3}\right) \cdot \sqrt{D} \tag{3.92}$$

$$K_{v,d} = C_L \cdot (1 + \nu) \cdot \left(\frac{2}{3} \cdot \frac{\rho_s}{\rho} + \frac{1}{3}\right) \cdot \sqrt{D} \tag{3.93}$$

여기에서 C_V와 C_L은 수직/수평 동적강성계수(vertical/lateral dynamic stiffness factor)이며 지반의 종류와 특성에 따라 달라진다. ρ_s/ρ는 파이프와 해수의 밀도비이며, 푸아송 비(Poisson's ratio)는 모래의 경우 0.3에서 0.35를 사용하고, 점토의 경우 0.45에서 0.5의 값을 사용한다. 동적강성계수와 정적강성(static stiffness)은

표 3.20 Simplified dynamic stiffness factor and static stiffness for pipe-soil interaction in sand(DNV GL(c), 2017)

Soil type	Friction angle, φ [°]	C_V [kN/m$^{5/2}$]	C_L [kN/m$^{5/2}$]	$K_{V,s}$ [kN/m/m]
loose	28-30	10500	9000	250
Medium	30-36	14500	12500	530
Dense	36-41	21000	18000	1350

표 3.21 Simplified dynamic stiffness factor and static stiffness for pipe-soil interaction in clay with OCR=1(DNV GL(c), 2017)

Soil type	Undrained shear strength, s_u [kN/m^2]	C_V [kN/m$^{5/2}$]	C_L [kN/m$^{5/2}$]	$K_{V,s}$ [kN/m/m]
Very soft	<12.5	600	500	50-100
Soft	12.5-25	1400	1200	160-260
Firm	25-50	3000	2600	500-800
Stiff	50-100	4500	3900	1000-1600

표 3.20 및 3.21과 같다.

3.7 열팽창

해저파이프라인은 운전온도와 운전압력에서 팽창하거나 수축한다. 따라서 해저파이프라인의 양 끝단에서의 총 열팽창을 확인해야 한다. Jo and Hong(1999(a); 1999(b))은 해저파이프라인의 열팽창에 대한 연구를 수행하였다. 해저파이프라인의 팽창은 내부 유체의 압력과 내부 유체 및 외부 해수의 온도차로 인해 발생한다. 해저파이프라인이 완전히 구속되어 있으면 열팽창을 방지할 수 있으나, 그렇지 않으면 열팽창에 의해 움직인다. 압력과 온도에 의해 해저파이프라인이 팽창하여 결합부(tie-in connection)에 과도한 응력이 발생하면 파이프의 끝단에 신축곡관(expansion loop)이나 편심(offset)이 필요할 수 있다.

해저파이프라인 길이가 상대적으로 길면 구속된 끝단에서부터 일정 거리만큼 떨어진 위치에 해저파이프라인이 완전히 구속된다고 간주할 수 있는 특정 지점이 있다. 이 지점은 팽창력(expansion force), 종적토질마찰(longitudinal soil friction), 저항력(restraining force)의 힘의 평형으로부터 구할 수 있다.

열하중(thermal force, F_t)은 식 (3.94)와 같다.

$$F_t = - A_s \cdot E \cdot \alpha \cdot \left[(T_i - T_o) \exp\left(\frac{-x}{\lambda} \right) \right]$$ (3.94)

여기에서 A_s는 강관의 단면적, E는 스틸의 영률, α는 열팽창계수(thermal expansion coefficient), T_i는 입구온도(inlet temperature), T_o는 해저의 온도(seabed temperature), x는 끝단으로부터의 거리, λ는 온도감쇠길이(temperature decay length)이다.

푸아송 하중(Poisson's effect force)은 식 (3.95)와 같다.

$$F_p = A_s \cdot \nu \cdot (P_i - P_e) \cdot \frac{D_s}{2t}$$ (3.95)

여기에서 γ는 푸아송 비, P_i는 해저파이프라인의 내압, P_e는 외압, D_s는 강관의 직경이다.

끝단힘(end cap foece)은 식 (3.96)과 같다.

$$F_e = P_i A_i - P_e A_e$$ (3.96)

여기에서 A_i는 강관 내부의 단면적이고, A_e는 강관의 단면적이다.

유효축하중은 식 (3.97)과 같다.

$$F_A = F_t + F_p - F_e + N_{Lay}$$ (3.97)

여기에서 N_{Lay}는 유효장력(effective lay tension)이다.

토질마찰력(soil friction force)은 식 (3.98)과 같다.

$$F_f = \mu \cdot W_s \cdot x$$ (3.98)

해저파이프라인의 앵커길이(anchor length)와 끝단에서부터의 거리가 같은 지점에서 식 (3.99)와 같이 해저파이프라인에 작용하는 힘이 평형을 이룬다.

$$F_A = F_f$$ (3.99)

해저파이프라인의 끝단팽창(end expansion, △L)은 식 (3.100)과 같이 산정할 수 있다.

$$\triangle L = \int_0^{L_A} \frac{F_f - F_A}{E \cdot A_s} \tag{3.100}$$

여기에서 L_A는 해저파이프라인의 앵커길이이다.

3.8 아노드(anode) 설계

해저파이프라인의 부식은 전해질인 해수로 인해 해저파이프라인의 표면에 부분적으로 전위차가 발생하면서 수많은 음극부와 양극부가 형성되는데, 양극부에서 음극부로 전류가 흐르면서 양극부의 금속이 산화되고 이온형태로 용출되어 해수로 용해되어가는 현상이다. 따라서 해저파이프라인의 부식을 억제하기 위해서는 양극부와 음극부의 전위차를 해소하여 금속성분의 용출을 방지해야 한다.

음극화 보호(cathodic protection)는 금속표면의 양극부와 음극부의 전위차보다 더 큰 전류공급원을 연결하여 피방식체인 금속 전체를 하나의 음극부로 만들어 금속표면에 형성된 부식전류를 소멸시키고 부식을 방지하는 방법이다. 음극화 보호는 희생양극법과 외부전원법으로 구분되는데 희생양극법은 철보다 전위가 낮은 금속을 해저파이프라인과 연결하여 희생양극이 피방식체 대신 소모되도록 하는 것이고, 외부전원법은 외부에서 별도의 직류전원을 연결하여 강제적으로 전극에서 방식전류를 공급하는 것이다.

3.8.1 전류수요

특정 해저파이프라인의 표면적(A_c)에 대한 평균전류수요(mean current demand, I_{cm}, [A])는 식 (3.101)과 같다.

$$I_{cm} = A_c \times f_{cm} \times i_{cm} \times k \tag{3.101}$$

여기에서 f_{cm}는 무차원계수인 평균피복붕괴계수(mean coating breakdown factor)로 피복이 음극화 보호에 필요한 전류를 감소시킬 가능성을 의미하며, $i_{cm}[A/m^2]$는 평균전류밀도(mean current density)로 외부환경에 노출된 피복과 강관의 경계면에서의 음극전류밀도이다. k는 설계계수(design factor)이며, 보수적으로 1 이상의 값을 사용한다.

해저파이프라인에 대한 평균전류밀도는 내부 유체의 온도와 매설여부에 따라 표 3.22에서 선정할 수 있다.

표 3.22 Recommended design mean current densities as a function of internal operating fluid temperature(DNV GL, 2016)

Exposure condition	Internal fluid temperature [℃]				
	≤25	>25–50	>50–80	>80–120	>120
Non–buried	0.050	0.060	0.075	0.100	0.130
Buried	0.020	0.030	0.040	0.060	0.080

평균피복붕괴계수는 식 (3.102)와 같이 산정한다.

$$f_{cm} = a + 0.5 \times b \times t_f \qquad (3.102)$$

여기에서 t_f는 설계수명이며, 계수 a와 b는 표 3.23과 3.24에서 해당되는 값을 사용한다.

표 3.23 Recommendations for constants a and b to be used for calculation of coating breakdown factors associated with specific linepipe coating systems as defined in DNVGL–RP–F106(DNV GL, 2016)

Linepipe coating type	DNVGL–RP–F106 CDS	Concrete weight coating	Max. temperature [℃]	a	b
Glass fibre reinforced asphalt enamel	No. 4	yes	70	0.01	0.0003
FBE	No. 1	yes	90	0.030	0.0003
		no		0.030	0.0010
3–layer FBE/PE	No. 2	yes	80	0.001	0.00003
		no		0.001	0.00003
3–layer FBE/PP	No. 3	yes	110	0.001	0.00003
		no		0.001	0.00003
RBE/PP thermally insulating coating	No. 3 (innermost FBE layer)	no	140	0.0003	0.00001
FBE/PU thernally insulating coating	No. 1 (innermost FBE layer)	no	70	0.01	0.003
Polychloroprene	No. 5	no	90	0.010	0.001

표 3.24 Recommendations for constants a and b to be used for calculation of coating breakdown factors associated with specific field joint coating systems, with and without infill, as defined in DNVGL-RP-F102(DNV GL, 2016)

FJC type (DNVFL-RP-F102 (2011) FJC system)	Infill type (DNVFL-RP-F102 (2011) system)	Tentative max. temperature [℃]	Examples of compatibility with DNVGL-RP-F106 Linepipe coating system	a	b
non	4E(1) moulded PU on top bare steel (with primer)	70	FBE (CDS 1), 3LPE (CDS 2), AE (CDS 4), all with concrete	0.30	0.030
1D Adhesive Tape or 2A(1)/2A-(2) HSS (PE/PP backing) with mastic adhesive	4E(2) moulded PU on top 1D or 2A(1)/2A(2)	70	3LPE (CDS 2), AE (CDS 4), all with concrete	0.10	0.010
2B(1) HSS (backing + adhesive in PE with LE primer)	None 4E(2) moulded PU on top 2B(1)	70	3LPE (CDS 2) 3LPE (CDS 2) with concrete	0.03	0.003
2C(1) HSS (backing + adhesive in PP, LE primer)	none 4E(2) moulded PU on top 2B(1)	110	3LPP (CDS 3) or FBE (CDS 1) 3LPP (CDS 3) or FBE (CDS 1) with concrete	0.03	0.003
3A FBE	none	90	FBE (CDS 1), 3LPE (CDS 2) and 3LPP (CDS 3)	0.10	0.010
	4E(2) moulded PU on top		FBE (CDS 1), 3LPE (CDS 2) and 3LPP (CDS 3) with concrete	0.03	0.003
2B(2) FBE with PE HSS	none 4E(2) moulded PU on top FBE + PE HSS	70	FBE (CDS 1) and 3LPE (CDS 2) FBE (CDS 1) and 3LPE (CDS 2) with concrete	0.01	0.0003
5D(1) and 5E FBE with PE applied as flame spraying or tape, respectively	none	70	3LPE (CDS 2)	0.01	0.0003
2C(2) FBE with PP HSS	none	140	3LPP (CDS 3) and FBE/PP thermal insulation coating	0.01	0.0003
5A/B/C(1) FBE, PP adhesive and PP (wrapped, flame sprayed or moulded)	none	140	3LPP (CDS3) and FBE/PP thermal insulation coating	0.01	0.0003
NA	5C(1) Moulded PE on top FBE with PE adhesive	70	FBE/PU based thermally insulating coating	0.01	0.0003
NA	5C(2) Moulded PP on top FBE with PP adhesive	140	FBE/PP thermal insulation coating	0.01	0.0003
8A polychloroprene	none	90	polychloroprene (CDS 5)	0.03	0.001

특정 해저파이프라인 부분에 대한 총 최종전류수요(total final current demand, I_{cf}(tot), [A])는 식 (3.103)과 같이 계산한 피복된 배관, 현장접합, 배관 부품(pipeline component)의 최종전류수요(final current demand)를 합산하여 산정한다.

$$I_{cf} = A_c \times f_{cf} \times i_{cm} \times k \qquad (3.103)$$

여기에서 f_{cf}는 최종피복붕괴계수(final coating breakdown factor)이며 식 (3.104)와 같이 산정한다.

$$f_{cf} = a + b \times t_f \qquad (3.104)$$

3.8.2 총 아노드 질량

총 아노드 질량(total net anode mass, M, [kg])은 총 평균전류수요를 기준으로 식 (3.105)와 같이 산정하며, 산정된 무게는 최소한의 값으로 간주한다.

$$M = \frac{I_{cm} \cdot t_f \cdot 8760}{u \cdot \epsilon} \qquad (3.105)$$

여기에서 u는 아노드 이용률(anode utilisation factor)이고, ϵ[A·h/kg]은 아노드의 전기화학적용량(anode material electrochemical capacity)이며, 8760은 1년을 시간으로 나타낸 것이다.

설계 아노드 이용률(design anode utilisation factor)은 두께가 50 mm 이상인 팔찌 아노드(bracelet anode)의 경우 최대 0.8을 사용하며, 기다란 해저파이프라인을 보호하기 위해 다른 해저구조물에 설치되는 독립형 아노드(stand-off type anode)는 최대 0.9를 사용한다.

아노드의 전기화학적용량과 폐회로전위(closed circuit potential)는 표 3.25의 값을 사용한다. 여기에서 아노드 표면온도(anode surface temperature)는 매설되지 않은 경우 주위 해수의 평균온도(≤30°C)를 사용하며, 매설된 경우에는 내부유체 온도를 적용한다.

3.8.3 최종 아노드 전류 출력

총 아노드 질량과 해저파이프라인의 직경을 바탕으로 잠정적인 아노드의 제원을 결정할 수 있다. 아노드는 표면의 온도에 따라 전기화학적 용량이 달라지므로 아노드 질량 산정에서 사용한 온도 기준을 만족해야 한다. 따라서 아노드 표면의 온

표 3.25 Design values for Al and Zn based galvanic anode materials (DNV GL, 016)

Anode material	Anode surface temperature [°C]	Seawater exposure		Sediment exposure	
		Closed circuit potential [V]	Electroche–mical capacity [A · h/kg]	Closed circuit potential [V]	Electroche–mical capacity [A · h/kg]
Al–Zn–In	≤30	−1.050	2000	−1.000	1500
	60	−1.050	1500	−1.000	680
	80	−1.000	720	−1.000	320
Zn	≤30	−1.030	780	−0.980	750
	>30 to 50			−0.980	580

도는 30 °C 이하로 유지되어야 한다. 그러나 해저파이프라인에 고온의 내부유체가 이송되는 경우에는 내부유체의 열이 아노드로 전도되면서 아노드 표면의 온도가 기준보다 높아지게 된다. 이때, 파이프와 아노드 사이에 최소 10 mm의 단열층을 설치하여 아노드 표면의 온도 상승을 방지할 수 있다.

아노드의 내경은 아노드와 해저파이프라인 사이에 2 mm의 설치 공차를 고려하여 산정하며, 외경은 콘크리트 피복을 포함한 해저파이프라인의 직경과 같도록 설계한다. 일반적으로 해저파이프라인에 적용하는 팔찌 아노드는 그림 3.24와 같이 두 부분으로 나누어 제작하며, 설치가 용이하도록 두 부분 사이에 50 mm의 간격

그림 3.24 Bracelet anodes

을 둔다. 아노드 간 최대 간격은 300 m로 제한되므로 아노드의 최소 개수는 해저 파이프라인의 총 길이를 아노드의 최대 간격으로 나누어 산정한다. 아노드의 총 질량을 아노드의 개수로 나누어 각 아노드의 질량을 산정하고, 이를 기준으로 아노드의 제원을 결정한다.

제원이 결정된 아노드의 최종 아노드 전류 출력(final anode current output. I_{af}, [A])은 식 (3.106)과 같이 산정한다.

$$I_{af} = \frac{\triangle E_A}{R_{af}} = \frac{E_c^0 - E_a^0}{R_{af}} \tag{3.106}$$

여기에서 E_c^0는 설계방식전위(design protective potential)이고, R_{af}[ohm]는 최종 아노드 저항(final anode resistance)이다. E_a^0는 설계폐회로아노드전위(design closed circuit anode potential)이며 표 3.25의 값을 사용한다.

최종 아노드 저항은 식 (3.107)과 같이 계산된다.

$$R_{af} = 0.315 \cdot \frac{\rho}{\sqrt{A}} \tag{3.107}$$

여기에서 ρ[ohm·m]는 해수나 해저퇴적물(subsea sediment)의 비저항(resistivity)이며 온도와 염도에 따라 그림 3.25 및 3.26의 값을 사용한다. A는 아노드의 노출된 표면적이다.

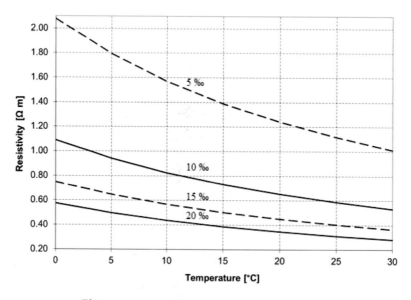

그림 3.25 Resistivity vs. temperature for salinity 5-20‰

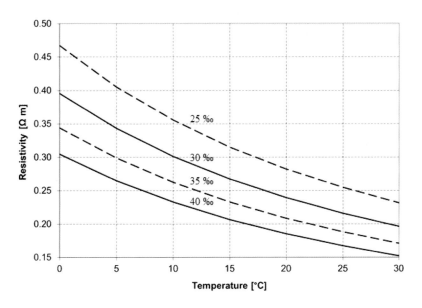

그림 3.26 Resistivity vs. temperature for salinity 25-40‰

　　최종 아노드 전류 출력과 총 최종전류수요로부터 총 최종전류수요를 공급하기 위해 필요한 아노드의 수(N)를 식 (3.108)과 같이 산정할 수 있다. 앞서 산정한 아노드의 개수가 총 최종전류수요를 공급하기 위한 아노드의 개수보다 적은 경우에는 아노드의 제원은 그대로 사용하고 아노드의 개수만 늘리거나, 아노드의 제원을 줄이고 아노드의 개수를 늘려 두 조건을 모두 충족하도록 설계한다.

$$N = \frac{I_{cf}(tot)}{I_{af}} \tag{3.108}$$

4.1 서론

1940년대 후반 멕시코만의 수심이 낮은 해역에서 해양유전이 발견됨에 따라 해양 개발과 함께 해저파이프라인 설치가 본격화되었다. 현재 수심 3,000 m 해저까지 유전이 발견되었으며 대수심에 해저파이프라인을 설치하는 기술도 계속 발전하고 있다. 해양에서 채취된 원유, 천연 가스, 물, 슬러리(slurry), 유출물 등을 수송하기에 가장 효율적인 방법은 해저파이프라인에 의한 수송이다. 국내에도 인천-영종도 복합해저파이프라인, 울산-동해 가스해저파이프라인, 평택-당진 가스해저파이프라인, 마산-진도 가스해저파이프라인, 한강 등 여러 곳에 해저파이프라인들이 매설되었고, 원유나 가스 수입을 위해 SPM에 연결된 해저파이프라인도 상당수 설치되었다.

앞으로 원유, 가스, 용수 등의 수요와 수송이 더욱 증가될 것이고, 이에 따라 신규 해저파이프라인 매설이 늘어날 뿐 아니라 노후된 해저파이프라인의 교체 및 수리작업도 요구된다.

4장에서는 다양한 해저파이프라인 설치 방법을 소개하고 각 설치 방법에 대한 설명과 설치 사례 및 특수 장비 등을 소개한다.

4.2 설치 방법

해저파이프라인 설치는 해양 환경, 설치 장비의 가용성 및 비용, 파이프의 크기 및 길이, 수심, 인접한 다른 해저파이프라인 및 기존 해양구조물 등을 종합적으로 고려하여 결정한다. 일반적으로 해저파이프라인의 설치 방법은 크게 다음의 4가지로 분류된다.

1) 부설선 방법(Lay Barge Method)
    • S 부설법(S-Lay Method)
    • J 부설법(J-Lay Method)
    • 릴 부설법(Reel Lay Method)
2) 예인법(Tow Method)
    • 해상 예인법(Surface Tow Method)
    • 해수면하 예인법(Below-Surface Tow Method)

- 수중 예인법(Controlled-Depth Tow Method)
- 해저면상 예인법(Off-Bottom Tow Method)
- 해저 예인법(Bottom Tow Method)

3) 풀링법(Pulling Method)
- 해상 풀링법(Surface Pulling Method)
- 해저 풀링법(Bottom Pulling Method)

4) H.D.D(Horizontal Directional Drilling) Method

가장 대표적인 해저파이프라인 설치 방법인 부설선 방법은 3가지로 분류되고 외부환경요소인 수심과 파고 그리고 해저파이프라인 사양인 외경, 벽두께(wall thickness), 피복두께와 노선 길이 등에 따라 결정된다. 또한 해저에 앵커링을 허용하지 않는 북해지역에는 DP 시스템을 갖춘 부설선만 동원이 가능하다. 수심이 깊어지면 해저파이프라인에 국부적인 좌굴이 발생하여 일정 수심 이하에서는 거의 수직으로 파이프를 내려서 설치하는 J 부설법이 적용되고, 콘크리트 피복이 없는 작은 직경의 짧은 해저파이프라인일 경우에는 릴 부설법이 가능하다.

해저파이프라인 길이가 비교적 짧고 부설선이 동원되기 어려운 곳에서는 풀링법과 예인법이 많이 사용된다. 해저 풀링법 및 해저 예인법은 해상 풀링법이나 해상 인양법과 비교하여 작업 시 외부 환경으로부터 보호받을 수 있는 장점이 있으나 해저면과의 마찰로 인한 풀링력이 증가한다. 특히 조류의 속도가 높은 지역에서는 해상 풀링법이나 해상 인양법보다는 해저 풀링법을 적용하고 있다. H.D.D법은 주로 강이나 항로, 도로 지역을 횡단하여 파이프라인을 설치하는 방법으로 설치 구간을 시추한 후 파이프스트링을 시추한 터널에 통과시켜 설치하는 방법이다. 주로 소·중형 파이프라인이며 비교적 짧은 구간에 적용된다.

4.3 부설선 방법(Lay Barge Method)

지난 20년 동안 3,000 m 이상의 수심에서 석유 및 가스전 발견 및 채굴의 발전에 따라 해저파이프라인 설치 기술 또한 많은 발전과 기술개발이 이루어 졌다. 해저파이프라인 설치 방법 중 일반적인 부설선 방법은 다음과 같은 세 가지로 구분될 수 있다.

- S 부설법(S-lay method)

- J 부설법(J-lay method)
- 릴 부설법(Reel lay method)

S 부설법과 J 부설법은 수심과 파이프 사양에 따라 달라지는데, Jo(1993)는 S 부설법과 J 부설법의 차이와 적용 한계에 대한 연구가 진행되었다.

4.3.1 S 부설법(S-lay method)

해저파이프라인을 설치하는 데 S 부설법은 가장 대표적인 설치 공법으로 부설선의 능력에 따라 설치 가능한 수심과 해저파이프라인의 설치 속도가 크게 좌우된다. S 부설법은 천해에서 주로 적용되는 공법이며 최근에는 최신 부설선의 개발로 수백 m까지 S 부설법이 가능하지만 심해에 적용하기에는 한계가 있다. 그림 4.1은 전형적인 S 부설법의 구성을 나타낸 것이다. 용접된 파이프라인은 부설선의 인장기(tensioner)와 스팅어(stinger)에 의해 지지되며, 이 부분에서 파이프는 위로 볼록하게 굽어진 형태(overbend, 오버밴드)를 가진다. 이어서 파이프라인은 해저면까지 물속에 매달려서 부설되며, 이때 파이프의 자중에 의해 아래쪽으로 곡선을 이루게 되고, 해저면에서는 위로 오목하게 굽어진 형태(sagbend, 새그밴드)를 가지게 된다. 이렇게 부설선으로부터 해저면까지 파이프라인이 굽어진 모양을 전체적으로 바라보면 "S" 형상과 같이 생겼으며, 이로 인해 S 부설법이라 부른다. 해저파이프라인의 부설 작업은 해저면에 앵커를 고정시키고 앵커 케이블(anchor cable)을 부설선 스팅어(barge stinger) 위로 끌어올린 후 첫 번째 파이프라인 접합부(pipe joint)의 끝단에 연결시켜 시작된다. 브래스팅 앵커(breasting anchor)의 케이블을 당기고 스턴 앵커(stern anchor)의 케이블을 풀어줌으로써 부설선은 전진

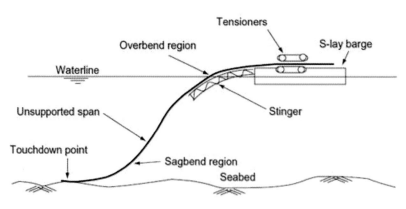

그림 4.1 S-lay configuration

하게 된다.

S 부설선은 능력과 기능에 따라 설치 가능한 수심과 설치 속도가 크게 좌우되며 부설선의 기능과 형상에 따라 다음과 같이 분류할 수 있다.

- 제1세대 부설선 : 상자형 바지 형태(장력 유지 한계 및 스팅어 형상/곡률 고정)
- 제2세대 부설선 : 선형(ship shape)(인장 상태에서의 부설, 스팅어 형상/곡률 조정 가능)
- 제3세대 부설선 : 반잠수형(semi-submersibles)(작업능력 향상)
- 제4세대 부설선 : 반잠수식 DP형(dynamic positioning)(앵커링이 없이 자체 위치 제어)

(1) 제1세대 부설선

제1세대 S 부설선은 평평한 바닥(flat-bottomed)의 스퍼드(spud) 바지선으로써, 파이프가 오픈 데크(open deck)에서 수평으로 연결된다. 1950년대 초까지, 이 바지선은 늪지, 하천 및 호수, 만(bay), 강, 얕은 멕시코 만(Gulf of Mexico)의 습지와 같은 매우 얕은 수심에서 주로 사용되었다.

해저파이프라인이 설치되는 동안, 파이프라인의 인장력이 유지되지 않기 때문에 좌굴(buckling)이나 꼬임(kinking)이 자주 발생하였고, 좌굴을 줄이기 위해 파이프가 해저면에 더욱 부드럽게 착지할 수 있도록 스팅어가 장착되었다. 스팅어의 경사는 끝단부에 설치된 부력 탱크를 이용하여 조절하였다. 그러나 이 스팅어는 형상과 곡률을 조정할 수 없는 한계가 있다(그림 4.2).

그림 4.2 제1세대 부설선(McDermott, Derrick Barge No. 17)

그림 4.3 제2세대 부설선(McDermott)

(2) 제2세대 부설선

제1세대 부설선은 해저파이프를 설치할 수 있는 수심이 제한되어 있었고, 파이프가 해저면까지 연속적으로 지지되어야 하는 어려움이 있었다. 이 문제는 1967년에 인장 상태에서의 파이프라인 부설이 가능한 기술의 도입으로 해결되었으며 (Cox et al., 1967), 이와 더불어 곡선 스팅어(Langner, 1969)와 인장기를 도입하여 파이프라인의 곡률 및 응력을 제어할 수 있게 되었다. 이는 제2세대 S 부설선으로의 전환을 의미한다(그림 4.3).

(3) 제3세대 부설선

해상 상태가 매우 거친 북해(North Sea)에서 해저파이프라인 부설은 해양 환경에 많은 영향을 받아 작업성이 떨어졌다. 이에 날씨와 해상 환경의 영향을 덜 받고 안정적인 작업이 가능한 형태의 작업선이 요구되었고, 이를 위해 반잠수식 (semi-submersibles) 부설선이 도입되었다. 즉 반잠수식의 특성으로 일반 박스형보다 더 거친 해양 환경에서도 작업안정성을 높였고, 제2세대 부설선과 동일한 파이프 부설 장치들과 포지셔닝 앵커들이 설치되었다. 이러한 반잠수식 부설선이 제3세대 S 부설선이다. 이 세대의 첫 번째 부설선은 1975년에 건조된 Viking Piper이다(그림 4.4).

그림 4.4 제3세대 부설선(GustoMSC, Viking Piper)

(4) 제4세대 부설선

제4세대 부설선의 경우, 이전에 사용된 앵커 대신 부설선의 운동을 제어하기 위해 동적 위치 제어(DP: dynamic positioning) 시스템이 적용되었다. 첫 번째 DP기반 파이프 부설선은 1986년에 진수된 Allseas사의 Lorelay이다. 이 부설선은 선박 형상으로 자체적인 추진력을 갖고 있어서 신속한 이동이 가능하다. 이 부설선은 1996년에 멕시코만에서 깊이 1,645 m의 파이프라인을 설치하여, 심해 해저파이프

그림 4.5 제4세대 부설선(Allseas, Lorelay)

그림 4.6 제4세대 부설선(Allseas, Solitaire)

라인 설치 기록을 가지고 있다. Allseas사는 Lorelay와 동일한 원리로, 현재 세계에서 가장 큰 파이프라인 부설선 중 하나인 Solitaire를 건조했다. 이 부설선은 1998년부터 운영되어 왔으며, 꾸준히 그 성능이 향상되었다. Lorelay와 Solitaire는 DP 시스템을 갖추고 있으며, 위치 유지에 앵커를 사용할 필요가 없어졌다. Lorelay는 천해부터 심해까지 설치 가능하며, 반면에 Solitaire는 중간수심부터 심해까지 해저파이프라인을 부설할 수 있다(그림 4.5, 4.6).

오래전에 건조된 부설선들은 부설선의 동적거동 제어를 위해 최근 DP 시스템으로 개량화되었다. 그중 하나가 앞서 소개된 Viking Piper이며, 여러 차례 소유자와 이름이 바뀌면서 계속 운영되었다. 마지막으로 Saipem사에서 인수하였으며 이름은 Castoro 7로 변경되었고 2016년 6월 25일 41년간의 운용을 끝으로 인도의 Alang(알랑 : 세계에서 가장 큰 선박 해체 야드)에서 해체되었다.

4.3.2 J 부설법(J-lay method)

심해에서 석유 및 가스전이 발견됨에 따라, 심해 해저파이프라인 설치가 요구되었고 이에 J 부설법이 개발되었다. 이 방법은 파이프를 거의 수직 또는 수직 상태에서 용접하여 해저로 내리는 것이다. J 부설법의 구성은 그림 4.7과 같다. 수면에서 해저면까지의 파이프 형상은 하나의 큰 반지름을 가진 모양으로 굽어져 있으며, 그 모양이 알파벳 "J"를 닮아서 J 부설법이라 부른다.

심해에서 기존의 S 부설법으로는 해저파이프라인의 오버밴드(overbend)와 특히 새그밴드(sagbend) 부분에 응력이 집중되므로 이를 줄여주거나 없애주기 위하여

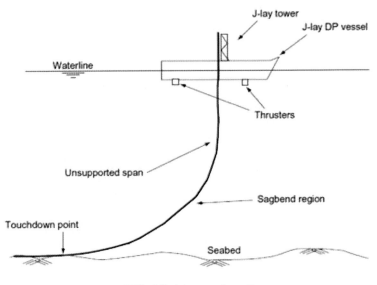

그림 4.7 J–lay configuration

입수 각도를 높여줌으로서 오버밴드 부분이 생기지 않게 해주는 J 부설법이 적용된다. J 부설법은 스팅어의 길이를 줄여줄 수 있으므로 S 부설법보다 심해에서 상당히 유리한 방법이며 해저파이프라인과 부설선이 같은 회전축에 있어 부설선의 운동에 상당히 안정적인 장점을 지닌다. 심해에서는 계류 시스템을 운용하기 어렵기 때문에 동적 위치 시스템(Dynamic Positioning System)이 필요하게 된다. 또한 수심과 해저파이프라인의 직경에 따라서 램프(ramp)의 각도를 적절하게 조절해 주어야 한다.

J 부설법은 S 부설법에 비해 같은 수심에서 파이프에 작은 응력이 작용하며, 수면에서 파이프 굽힘이 발생하지 않는다. 또한, 파이프 부설 형상을 유지하는데 필요한 수평력도 S 부설법보다 훨씬 적으며, 이로 인해 DP 선박 또는 데릭 바지선(derrick barge)에 J-lay 타워를 장착할 수 있다. 파이프라인은 J-lay 타워에서 조립된다. 일반적으로 J 부설 과정은 S 부설보다 느리지만, 대규모 J-lay 타워는 사전 제작된 4중 접합(48 m 길이)을 처리할 수 있기 때문에 파이프 부설속도가 빨라질 수 있다. J 부설법은 수심이 150m 이상일 때 사용하는데, 이 정도의 수심에서 발생하는 장력과 파이프 굽힘 응력은 너무 크기 때문에, 일반 S 부설로는 작업이 어렵다. 그림 4.8은 J 부설 광경으로 DP 위치제어 장치가 장착된 반잠수식 부설선을 보여준다.

그림 4.8 J 부설 광경(Saipem 7000)

J 부설법의 주요 설치 장비는 다음과 같다.

(1) Tower

J 부설법의 핵심 부분인 **J-lay** 타워는 수직 또는 수직과 가까운 구조물로서, 작업 시 해저파이프라인을 지지하며 인장기와 함께 작업 스테이션에 위치하고 있다. 해저파이프라인 설치 중에 수직으로부터 0˚에서 15˚까지 입수 각도가 바뀐다(그림 4.9).

그림 4.9 J-lay tower(Saipem's S7000)

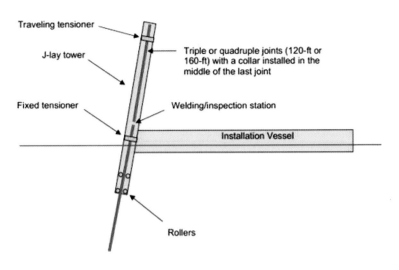

그림 4.10 J-lay vessel configuration

(2) 인장기(Tensioners)

S 부설법과 마찬가지로 인장기는 해저파이프라인에 충분한 장력을 제공해 주며, 이로 인해 파이프 부설 중에 발생할 수 있는 잠재적인 좌굴을 피할 수 있다. 해저 파이프의 수중 무게와 장력으로 새그밴드의 곡률을 제어한다. 장력이 충분하지 않을 경우 새그밴드에서 과도한 곡률을 초래할 수 있다. 그림 4.10은 J 부설선의 구성을 나타낸 것이다.

S 부설법과 비교하여 J 부설법의 가장 중요한 특징은 다음과 같다.

- 부설선과 해저면 터치다운 포인트의 거리를 감소시키고 부설선의 위치제어 (DP)를 용이하게 함
- 바지형 부설선과 비교하여 수평력 감소
- 과대 잔류 응력을 유발할 수 있는 오버밴드 제거
- 파이프라인을 부설하기 위해 요구되는 인장력 감소

이러한 장점들을 갖고 있지만, 반대로 단점들은 다음과 같다.

- 가파른 경사로를 따라 파이프라인을 조립해야 하므로 높은 난이도의 작업성
- 이로 인한 부설 속도 감소
- 부설선내 좁은 작업 공간에 파이프라인 배치
- DP 운용에 따른 대형 용량의 발전 및 전력장치 필요

J 부설법은 다른 부설법에 비해 비용이 비싸지만, 심해 해저파이프라인을 설치할 경우에는 거의 유일한 부설법이다. J 부설법의 순서는 다음과 같다.

- Align joint with end of pipeline
- Weld connection
- Carry out NDT
- Apply field joint coating - need a gripper band between FBE and concrete coating at upper end
- Pay out tensioner

4.3.3 릴 부설법(Reel lay method)

릴 부설법은 일반적으로 직경이 작은 케이블, 엄빌리컬, 유연 파이프 및 작은 직경의 스틸 파이프 설치에 적합하다. 릴 부설법은 그림 4.11과 같이, 해양 선박에 장착된 거대한 릴을 통해 해저파이프라인을 설치하는 방법이다. 그림 4.12는 파이프라인이 육상 스풀 베이스(spool base) 설비에서 조립되고, 파이프 부설 바지선의 갑판에 장착된 릴에 감기는 사진이다. 릴 부설법은 제2차 세계 대전 중 와이트 섬(Isle of Wight)에서 영국 해협(English Channel)을 가로질러서 연합군에 연료를 공급하기 위한 해저파이프라인 설치에 처음 사용되었다. 릴 부설법의 상업적 적용은 Santa Fe 사가 최초의 릴 선박을 건조한 1970년대 초에 가능하게 되었다.

릴 부설법은 다른 부설법에 비해 파이프라인을 해상에서 용접으로 연결할 필요가 없고 앵커링 작업도 요구되지 않기 때문에 파이프라인 설치 속도가 매우 빨라

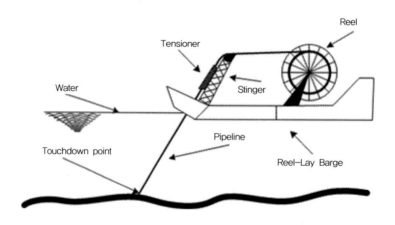

그림 4.11 Reel lay configuration

그림 4.12 Reel lay spool base

서 기존의 부설법보다 10배까지 빠르게 설치할 수 있다. 릴 부설법은 지름이 45 cm 인 파이프라인까지 적용할 수 있다.

파이프 직경에 따라 다르지만, 릴은 대체로 몇 마일 길이의 파이프를 적재할 수 있고 부설선박은 설치노선을 따라 가면서 파이프를 풀어 설치한다. 릴 부설선은 일반적으로 수평 또는 수직 릴을 가지고 있으며, 파이프는 S형과 비슷하게 스팅어 를 통해 바다로 내려간다. 배 모양의 릴 부설선은 수직 릴을 가지고 있으며, J형 설치를 가능하게 하는 타워가 있다. 파이프가 풀릴 때 2% 범위의 매우 큰 변형이 생기는 경우가 있는데, 이를 방지하기 위해서는 설치 중에 파이프에 기계적으로 하중을 가해 변형된 부분을 펴주어야 한다.

파이프가 릴에서 풀리면서 일시적으로 릴에서 변형된 부분이 곧게 펴지고, 해저 에 미리 설치된 홀드백 앵커와 와이어로 연결된다. 해저면에서 발생하는 새그밴드 응력은 릴 부설선의 인장 시스템에 의해 제어된다. 부설선박은 드럼(drum)에서 파 이프라인을 천천히 풀면서 앞으로 이동한다. 드럼에 있는 파이프라인의 끝이 풀리 면, 와이어로프에 연결된 풀 헤드가 부착된다. 파이프라인의 끝은 파이프라인에 충 분한 장력이 항상 유지되도록 제어되면서, 천천히 릴 부설선에서 A&R 와이어로 프를 이용하여 해저로 내려간다. A&R 케이블 끝에는 부표가 부착되어 있다.

추가적인 해저파이프라인 설치를 위해 릴 부설선은 육상 스풀 베이스로 돌아가서 릴 드럼에 파이프라인을 싣고 다시 현장으로 온다. A&R 케이블을 이용하여 파이 프라인의 끝을 당겨서 부설선 갑판까지 올리고, 끝단에 있는 풀 헤드를 제거한 다음, 드럼의 새로 공급된 파이프라인에 용접한다. 그후 다시 부설 작업을 계속한다.

릴 방법은 파이프라인의 용접, 비파괴 용접부 조사, 부식 피복 및 테스트를 육상에서 수행하므로 일반 해상 작업에 소요되는 인건비와 시간을 줄일 수 있다. 육상 인건비는 해상에서 수행되는 것보다 상대적으로 매우 낮다. 릴 부설선의 설계와 수심에 따라 S형 또는 J형으로도 설치할 수 있다.

수평 릴 부설선박은 스팅어와 S 부설방법으로, 파이프라인을 천해에서 중간 수심역까지 부설할 수 있다. 선박의 위치 유지는 앵커 또는 DP를 이용한다. 수직 릴 부설선박은 일반적으로 파이프라인을 중간 수심역에서 심해까지 설치할 수 있으며, 위치 유지를 위해 DP 시스템을 이용한다. 심해의 경우, J 부설법이 사용되며 스팅어는 불필요하다. 릴 부설선박의 주요 구성요소는 다음과 같다.

- 릴(reel) : 파이프를 부설하기 위해 기계적으로 감아 놓은 원형의 파이프 적층 (stalks)
- 교정기(straightener) : 릴에서 풀어지는 파이프를 역방향으로 구부림으로써 파이프를 곧게 만드는 장치
- 인장기(tensioner) : 선박의 선미에서 해저로 파이프를 부설할 때, 내려가는 파이프의 장력을 감당하는 장치(무게를 감당함)
- 스턴 램프 : 교정기와 인장기가 있는 곳에 위치한다. 경사로는 수직으로 조정할 수 있으며 스풀링 중에 릴이 균일하게 유지되도록 안내하는 역할을 한다.

릴 부설법의 특징은 다음과 같다.

- 육상에서 파이프 용접 가능
- 파이프가 적재대에 감김
- 부설선박이 부설위치까지 릴을 운반
- 파이프가 일정한 장력 하에서 릴에서 풀리면서 해저에 놓이게 됨
- 최소한의 해상 용접으로 파이프 부설속도 증가

릴 부설법의 주요 장점은 해상 용접을 최소화하는 것이다. 이로 인해 육상에서 테스트할 수 있는 용접의 신뢰성을 높일 수 있고, S 및 J 부설법과 비교하여 부설속도가 빠르다. 릴 부설법의 주요 단점은 다음과 같다.

- 파이프라인 끝단 연결의 문제 발생
- 적용할 수 있는 파이프 직경에 제한이 있음
- 좌굴링을 제거하기 위해 파이프라인을 다시 감는 시간 소요
- 파이프라인을 부설할 위치 근처에 스풀 베이스 설치 필요

- 콘크리트로 피복된 파이프라인에는 적용 불가
- 특별히 설계된 pipe-in-pipe(PIP) 파이프라인만 릴에 감을 수 있음

드럼에 감긴 파이프라인은 소성 변형되고 추후 곧게 펴진다. 이로 인해 국부적인 영역에서 두께가 얇아져서 재료의 항복 강도의 손실이 발생할 수도 있고 이를 Bauschinger 효과라 한다. 그림 4.13은 수직릴 형태의 부설선박이 해저파이프라인을 설치하는 광경이다. 해저파이프라인의 입수각도(entry angle)는 램프를 회전시켜 조절한다. 복합 파이프라인(bundle pipeline)도 릴 부설법에 의해 설치할 수 있다. 복합 파이프라인의 수는 릴의 크기나 파이프의 직경에 따라 결정된다. 만약 한 묶음의 파이프가 여러 가지 다른 직경의 파이프로 구성되어 있으면 운반용 릴 (portable reel)을 사용한다. 부설 작업 시에 여러 파이프를 묶는다. 릴의 수보다 스트레이트너(straightener)의 수가 제한되어 있기 때문에 멀티플 릴(multiple reel)은 필요하지 않다.

릴 부설선의 파이프라인 적재용량은 릴의 크기와 파이프의 직경에 의해 결정된다. Santa Fe Apache의 경우 대략 2,000 ton의 파이프라인 적재용량(265,000 ft of 4 inch pipe to 30,000 ft 16 inch pipe)을 가지고 있다. 릴 부설선의 부설 속도는 약 1~2 mile/hr이다.

릴 부설 공법은 비교적 수심이 얕은 곳에서 직경이 작은 파이프라인을 설치하는데 주로 사용되어 왔다. 1975년 수심 1,000 ft의 심해에서 직경 10 inch, 두께 0.5

그림 4.13 Seven Oceans owned by Subsea 7(Pipelaying and offshore construction vessel)

inch의 X-42급 파이프라인를 Santa Fe Chickasaw Barge를 이용하여 부설하고 회수하는 실험에 성공하였다. 이때 길이 115 ft의 스팅어로 부설 작업 중 새그밴드 응력을 조절하였다. 이 실험의 목적은 다음의 두 가지로 요약된다.

- 심해에서 릴 부설선에 의한 부설 시 작업상 문제점의 파악
- 심해에서 릴에 의한 부설 시 파이프라인에 미치는 금속학적 영향 평가

이러한 실험 후 심해에서 릴에 의한 부설은 기술적으로는 가능하지만 파이프 재료에 관한 잠재적인 문제점이 있음이 확인되었다. 파이프라인을 릴에 감고 풀 경우 냉각 작업(cold working), 해저파이프라인의 변형노화현상(strain aging effect)은 파이프의 충격에 대한 저항력을 현저하게 감소시킬 수 있다. 이에 따라 요구되는 파이프의 보조강도에 대한 재료 명세가 반드시 언급되어야 한다. 이러한 보조강도는 망간 대 탄소의 비율을 높이거나 황 또는 인의 성분비율을 낮추어서 바나디움(vanadium)과 니오비움(niobium)으로 철을 강화하는 등의 파이프라인 제작기술에 의해 확보될 수 있다.

4.3.4 부설선 설치 방법

부설선에 의한 설치 방법은 부설선의 형태와는 관계없이 거의 일정하며 그 작업 순서는 다음과 같다.

1) 운반선으로 단위 파이프로 제작된 스트링을 운반(싱글 조인트는 20 ft, 더블 조인트는 40 ft 기준)
2) 부설선 갑판 위의 크레인을 이용하여 스트링을 저장 장소로 운반
3) 롤러로 지지된 부설선의 론칭라인(launching line)에 스트링을 위치
4) 스트링 연결을 위해 순차적으로 4단계에 걸쳐 용접시행(root, hot, fill and cap 용접)
5) 용접된 스트링 연결부의 비파괴 검사 수행
6) 검사 후 합격된 스트링 접합부에 부식방지 피복 및 현장 피복 작업
7) 데드맨 앵커(deadman anchor)를 설치한 후 풀링 케이블과 풀링 헤드 연결
8) 부설선의 롤러와 스팅어로 파이프스트링을 지지하면서 해저면으로 S자 형태로 내리면서 해저파이프라인 설치

그림 4.14는 일반적인 S 부설법의 공정의 처음 시작하는 순서와 그 이후 일반적인 설치 공정을 보여주고, 아래와 같은 주요 스텝별로 구분할 수 있다.

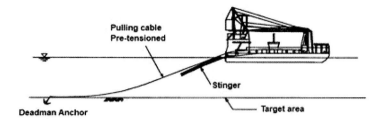

STEP I

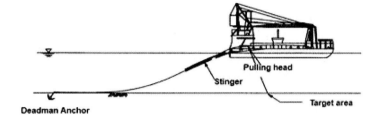

STEP II

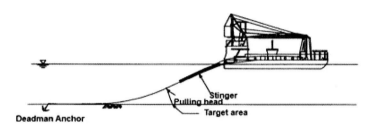

STEP III

그림 4.14 S 부설법 공정(현대중공업)

[Step I]
- 스팅어를 부설선 론칭라인 끝단에 준비한다.
- 목표 지점으로 부설선을 위치시킨다.
- 데드맨 앵커를 설치한다.

[Step II]
- 파이프와 연결된 풀링 헤드를 위치시킨다.
- 풀링 케이블과 풀링 헤드를 연결한다.
- 스팅어의 각도를 조정한다.

[Step III]
- 해저파이프스트링의 용접이 완료되면 부설선을 이동하여 풀링 헤드를 해저면의 목표 지점에 안착시킨다.
- 해저파이프라인을 S자 형태로 계속 부설해 나간다.

그림 4.15는 S 부설법에 사용되는 부설선의 구성을 나타낸 것이다. 해저파이프

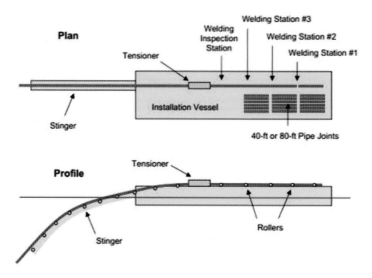

그림 4.15 S-lay 부설선 파이어링 라인 배치도

라인 설치 시 파이프는 인장기에 고정되며 하부 롤러에 의해 지지되어 선미에서 해저로 부설된다. 부설선의 작업안정성과 전진을 위해 앵커링 시스템이나 동적 제어 장치가 사용된다. 부설선에는 인장기, A&R 윈치(abandonment and recovery winches), 파이프 작업 크레인(pipe handling cranes)이 장착된다. 파이프라인은 파이어링 라인(firing line)을 통해 동시에 4군데서 용접하여 연결하며, 비파괴 검사(Non-Destructive Evaluation) 및 필드피복(field joint application) 등 이런 작업을 위한 여러 스테이션들로 구성된다. 필드피복은 비파괴 검사 후 합격하면 시행되며 NDE 스테이션(station)과 인장기 후방에 위치한다.

부설 가능한 최대 수심은 스팅어의 길이와 곡률, 인장기 용량, 끝 부분 기울기, 선박의 길이방향 트림에 의해 결정된다. 일반적인 해저파이프라인의 파이어링 라인은 그림 4.15에 보여주며 파이프 연결 순서는 다음과 같다.

- 파이프를 파이어링 라인에 위치시킨다.
- 파이프 연결부를 용접할 수 있도록 정렬시킨다.
- 파이어링 라인에 있는 3~4개의 용접 스테이션에서 동시에 용접을 하여 파이프라인을 연결시킨다(root pass, hot pass, fill pass and cap pass).
- cap pass까지 용접이 된 연결부를 비파괴 검사를 실시하여 용접 검사를 실시한다.
- 만약 용접 결함이 발견되면 수리(repair)를 한 후 다시 비파괴 검사를 한다.
- 비파괴 검사에서 합격되면 필드 조인트를 한다.

• 부설선을 이동시키면서 해저파이프라인을 설치한다.

4.3.5 부설선의 작업 수심

부설선이 작업할 수 있는 최대 수심은 다음과 같은 조건들에 의해서 결정된다.

• 부설선의 계류 시스템의 용량
• 스팅어 규모
• 인장기 용량
• 파이프라인 직경과 두께
• 파이프라인 중앙 피복

4.3.6 부설선의 작업 라인

부설선의 작업 라인(production line)의 위치에 따라 측면고정 작업라인 (side-mounted production line)과 중앙고정 작업라인(center mounted production line)으로 구분될 수 있다. 측면고정 작업라인은 그림 4.16과 같이 갑판의 공간 이용, 갑판 위의 장비 이용 면에서는 효과적인 장점이 있으나, 부설선의 동적 운동으로 스팅어, 스팅어 히치(stinger hitch), 파이프라인 등에 하중이 커지는 단점이 있다. 중앙고정 작업라인은 파이프라인 보관 시 양 측면에 중복해서 배치하게 되므로 효율적인 갑판 공간 이용이 제한적이나, 거친 해상 조건에서 파이프라인 설치 작업이 측면고정 작업라인보다 용이하다. 이 경우 갑판 공간을 효율적으로 이용하

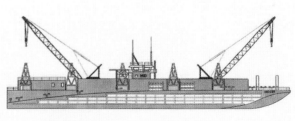
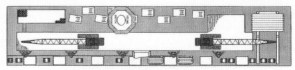

그림 4.16 해저파이프라인를 설치 중인 부설선(측면 고정 라인) [HD–289, H.H.I]

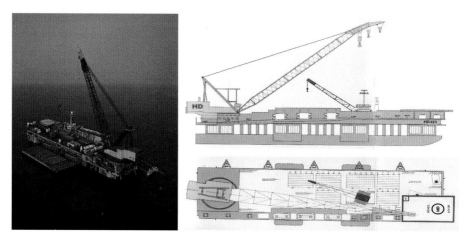

그림 4.17 작업 중인 반잠수식 부설선 [HD-423, H.H.I]

지 못하더라도 스팅어, 스팅어 히치와 파이프라인에 걸리는 하중을 적게 할 수 있다. 거친 해상 상태에서 해저파이프라인 설치를 작업성을 높이기 위해 반잠수식 부설선이 사용된다(그림 4.17).

4.3.7 지원 선박

앵커를 이용하여 부설선의 위치고정과 제어를 할 경우 이를 위한 지원 선박이 필수적으로 요구된다. 지원 선박은 앵커 핸들링 보트(anchor handling tug), 파이프와 기타 물품을 공급해 주는 운반선(supply boat)등이 있다. 보통 해저면의 파이프라인 검사와 해중에서의 파이프라인 접합을 위해 잠수부의 지원도 필요하다. 천해에서는 부설선에서 직접 잠수지원이 가능하나 심해에서는 원격조정 잠수정이나 유인잠수정을 갖춘 잠수지원선이 필요하다. 앵커 핸들링 보트는 해저파이프라인 부설선의 작업위치를 제어하기 위한 앵커를 이동시키는데 동원되는 필수 선박이다. DP를 갖춘 장비는 앵커없이 위치제어가 가능하지만, 대부분의 부설선은 앵커를 해저면에 고정시켜 앵커력으로 부설선의 작업안정성을 확보하고, 윈치를 가동시켜 부설선을 전진시킨다. 그림 4.18과 4.19는 앵커 핸들링 보트와 잠수 지원선 및 원격조정 잠수정을 보여준다.

4.3.8 인장기(Tensioner)

인장기의 기능은 파이프의 안정성을 확보하기 위해 장력을 가해주는 장치로 작업라인을 따라 부설선 후미에 설치되어 있다. 인장기의 장력은 파이프라인과 인장

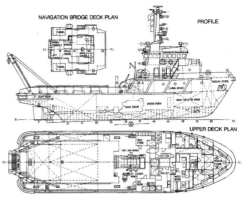

그림 4.18 앵커 핸들링 보트 [Heyang O Ho, H.H.I]

(a) 잠수정 JSL 잠수 지원선 Seward Johnson호   (b) R.O.V [Sutec]

그림 4.19 잠수 지원선과 R.O.V

기계 사이의 마찰에 의해 파이프에 전달되며 파이프 피복의 손상을 방지하기 위해 접촉면은 고무패딩이 장착되어 있다. 인장기는 파이프라인를 해저면으로 강하시킬 때 파이프라인을 잡아줌으로써 파이프라인에 장력을 가하고 설치 중 곡률을 제어한다. 해저파이프라인 설치에 요구되는 장력은 수심, 스팅어의 길이, 스팅어 지름, 파이프 지름/무게 등에 따라 달라진다. 깊은 수심에서 요구되는 장력은 얕은 수심보다 크며, 이는 총 파이프라인의 무게가 커지기 때문이다. 부설선의 인장 용량은 일반적으로 파이프라인 설치가 가능한 깊이 제한을 주는 요소이다. 파이프 설치 가능 깊이를 늘리는 방법 중 하나는 오버밴드 구역 이후에 수중 인장기를 사용하여 장력을 가하는 것이다. 해저면에서의 새그밴드는 인장기와 파이프라인 자중에 의해 발생하며, 부설선의 인장 시스템이 가하는 인장력에 의해 조절될 수 있다. 그

그림 4.20 수평 인장기 [SAS]

그림 4.21 수직 인장기

림 4.20과 4.21은 부설선에 설치된 수평과 수직 인장기의 모습을 보여준다. 수직 인장기는 부설선의 상하요동에도 파이프라인이 이탈되지 않고 안정성을 유지할 수 있는 장점이 있다.

4.3.9 피복(Coating)

해저파이프라인 피복은 그 목적에 따라 다음과 같이 크게 구분할 수 있다.

- 외부 부식 방지 피복(External Anti-Corrosion Coating)
- 중량 피복(Weight Concrete Coating)
- 절연 피복(Insulation Coating)
- 필드 조인트 피복(Field Joint Coating)

그림 4.22 콘크리트 피복(부양산업)

해수에 의한 부식을 방지하기 위해 해저파이프라인의 외부에 부식 방지 피복을 하며, 외력(파력과 해류력)에 대한 안정성을 확보하기 위해 해저파이프라인의 수중 무게를 증가시키고, 이를 위해 콘크리트를 사용하여 중량 피복을 한다. 해저파이프라인의 절연을 위하여 절연제를 사용하여 특수 공법으로 피복하는 절연 피복도 있고, 파이프라인을 용접으로 연결하고 콘크리트 피복 사이의 공간에 필드 조인트 피복을 실시한다. 그림 4.22는 콘크리트로 중량 피복을 하는 사진이며, 필요한 수중 무게의 양에 따라 피복 두께가 결정된다. 그림 4.23은 절연 피복의 과정을 보여주며 그림 4.24는 필드 조인트 피복 작업 모습을 나타낸다.

그림 4.23 절연 피복(Thermotite)

그림 4.24 필드 조인트 피복(Vatek corporation)

4.3.10 스팅어(Stinger)

스팅어는 부설선 선미에 설치되어 해저파이프라인이 해저에 입수되는 오버밴드
(overbend) 구간을 지지하며 부설시 S자 형태를 유지하도록 한다. 스팅어는 처음
천해역에서 사용된 직선형을 시초로 곡선형(curved stinger), 구간형(sectional
stinger), 가요성 스팅어(articulated stinger)등 작업환경 및 부설선에 따라 여러 종
류가 있다. 비교적 수심이 깊은 곳에서 큰 직경 파이프라인의 설치 시에 사용되는
곡률 구간형 스팅어(curved sectional stinger)의 경우, 각 구간의 길이는 일정하지

그림 4.25 S-lay installation

않지만 길이 60 ft(18 m)가 일반적이며, 드로우-바 구간(draw-bar section)은 스팅어와 부설선 히치(barge hitch)를 연결해 준다. 스팅어의 각 구간은 힌지 연결된다. 스팅어에는 롤러가 장착되어서 하강 중인 파이프라인을 지지하며, 허용된 곡률과 모양을 조정할 수 있게 한다. 그림 4.25는 스팅어에 해저파이프가 지지되어 해저에 하강되며 부설되고 있는 장면이다. 그림 4.26 및 4.27은 다양한 형태의 스팅어를 가진 부설선들을 보여주고 있다.

그림 4.26 Stinger(Allseas)

그림 4.27 Articulated fixed-type stinger(Scivita Inc)

(1) 직선형 힌지 스팅어(Straight Hinged Stinger)

1957년부터 사용된 가장 일반적인 형태로 평균 연장은 300~1,000 ft이며 320 ft 수심에는 직경 24 inch, 90 ft 수심에는 직경 48 inch 해저파이프라인의 시공 사례가 있다. 해저면에 근접한 지점까지 부력으로 해저파이프라인을 지지한다(그림 4.28).

(2) 가요성 힌지 스팅어(Articulated Hinged Stinger)

작업수심이 깊어짐으로 인해 스팅어의 길이가 연장이 요구되었고, 새그밴드 부분의 곡률(sagbend curvature)을 제어해야 하기 때문에 인장기와 함께 곡선형 스팅어(curved stinger)가 개발되었다. 이러한 가요성 스팅어는 북해에서 사용되었으며, 그림 4.29와 같이 곡률(curvature)을 제한하는 스톱퍼(stoper)가 부착된 힌지 구간(hinged section)으로 구성되어 있다.

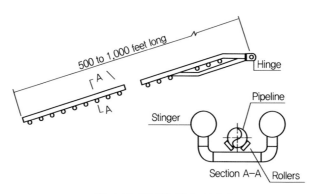

그림 4.28 직선형 힌지 스팅어

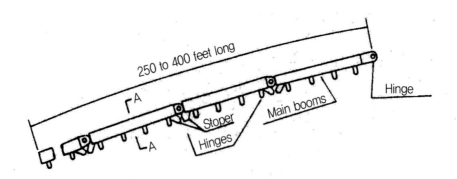

그림 4.29 가요성 힌지 스팅어

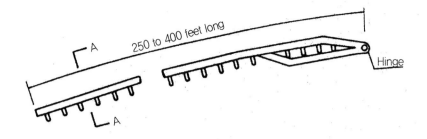

그림 4.30 강체 곡선형 힌지 스팅어

(3) 강체 곡선형 힌지 스팅어(Rigid Curved Hinged Stinger)

해양 환경 하중이 매우 거친 북해에서 사용된 스팅어로, 그림 4.30과 같이 고정 곡률(fixed curvature)로 된 힌지 스팅어이다.

(4) 반잠수식 스팅어(Semi-submersible Stinger)

반잠수식 부설선은 갑판이 높기 때문에 해저파이프라인이 수중에 들어갈 때 상당한 부분이 해수면 위에서 지지되어야 한다. 부유 상태의 지지를 위해서는 그림 4.31과 같이 규모가 큰 구조물이 필요하고, 부설선의 선미(stern)에 부착된 반잠수식 폰툰(semi-submersible pontoon)과 상부의 곡선형 램프(curved ramp)로 구성된다.

(5) 러시안 스팅어(Russian Stinger)

앞서 소개된 스팅어들은 연직면에서 회전이 가능하게 부설선에 힌지로 연결되어 있다. 이 회전으로 인하여 발생하는 과대응력이 해저파이프라인에 부과되는 것을 방지하기 위해서는 정적 곡률(static curvature)이 제한되어야 한다. 이 경우 스팅어의 길이가 증가되거나 설계 수심이 감소하게 된다. 이러한 문제를 해결하기 위하

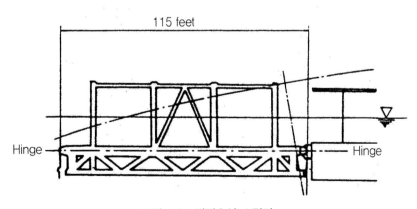

그림 4.31 반잠수식 스팅어

여 그림 4.32와 같이 고정 곡률이지만 부설선의 선미에 견고히 부착시킬 수 있는 러시안 스팅어(russian stinger)가 개발되었고, 이로 인해 오버밴드 부분의 곡률(overbend curvature)이 견고하게 조절되어 작업 수심이 증가되었다.

(6) 스턴 램프(Stern Ramp)

러시안 스팅어와 같은 원리로 대형 반잠수식 부설선에 적용되는 스팅어이다. 이런 형태의 스팅어는 곡률 조정이 가능할 뿐 아니라, 갑판에서 수면까지 200 ft가 넘는 스팬(span)을 지지한다. 그림 4.33은 스턴 램프 스팅어의 모습을 보여주고 있다. 그림 4.34는 대형 반잠수식 부설선에 적용된 스팅어이다.

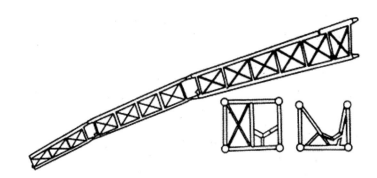

그림 4.32 러시안 스팅어

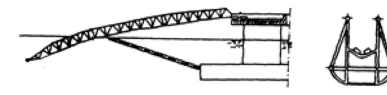

그림 4.33 스턴 램프 스팅어

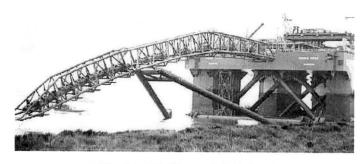

그림 4.34 스턴 램프 스팅어 실제 모습

4.4 예인법(Tow Method)

해저파이프라인을 설치하는 다른 방법은 파이프라인을 육지에서 제작한 현장까지 예인하여 설치하는 예인법이다. 예인법은 파이프라인에 부력장치를 부착하여 해수면에 띄우거나 해저면에서 띄워서 예인선(tug boat)을 이용해 예인한다. 목적지에 도착하면, 부력장치를 제거하거나 또는 그 안에 물을 채워 파이프라인을 해저로 가라앉게 된다. 이 공법은 파이프라인이 예인되기 전에 육상에서 파이프 조립, 검사 및 시험할 수 있다는 장점이 있다. 단일 라인과 번들(bundle) 모두 사용할 수 있고, 파이프의 크기나 번들의 복잡성에 대한 설치 한계가 없다. 예인법은 수면으로부터 파이프라인의 위치에 따라 다음과 같이 분류할 수 있다(그림 4.35).

- 해상 예인법(Surface tow method)
- 해수면하 예인법(Near-surface tow method, Below-surface tow method)
- 수중 예인법(Controlled-depth tow method)
- 해저면상 예인법(Off-bottom tow method)
- 해저 예인법(Bottom tow method)

장거리 예인에 대한 타당성 조사를 위한 예인공법 실험은 이미 1975년에 수행되었다. 이때 스트링 길이 3,280 ft, 직경 16 inch의 해저파이프라인이 거리 560 mile에 걸쳐 해수면하 예인법으로 부설되었으며, 1975년에 스트링 길이 2,000 ft,

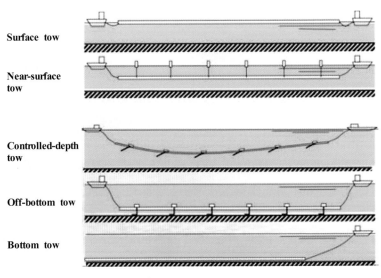

그림 4.35 Tow methods

그림 4.36 Bundled pipeline

직경 16 inch와 30 inch로 조합된 해저파이프라인이 240 mile에 걸쳐 해저 예인 법으로 부설되었다. 예인노선에는 수심이 1,000 ft를 상회하는 심해 구간이 포함되 어 있었다. 1976년 7월에는 직경 32 inch의 해저파이프라인 3기가 예인되어 수심 300 ft에 기설치된 콘크리트 플랫폼(concrete platform)에 연결되었으며 1977년에 는 해저면 예인공법에 따라 2건의 시공이 이루어졌다. 첫째는 스트링 길이 7,400 ft, 직경 36 inch의 해저파이프라인이 노르웨이의 스태빙거(stavanger)에서 제작되 고 236 mile 예인되어 북해의 수심 약 1,260 ft 구간인 Condeep A Platform에 연 결되었다. 그리고 1977년 말 Argyll Field Complex의 직경 10 inch의 리저브 로 딩 라인(reserve loading line) 3,400 ft를 잘라 15 mile을 예인하여 두 웰헤드 (wellhead) 사이를 해저파이프라인으로 작동하도록 설치하였으며 이때의 수심은 약 250 ft였다.

예인력은 해저 예인법의 경우 파이프라인의 수중 중량, 길이, 해저파이프라인과 해저면 사이의 마찰 특성에 의해 결정되며 부력(buoyancy)을 이용하는 예인공법 의 경우에는 예인 속도, 파이프스트링의 크기, 항력 계수(drag coefficient), 그리고 부이 시스템(buoy system)등의 몇 가지 변수에 의해 결정된다. 일반적으로 부력을 이용하는 예인공법의 경우가 해저면 예인공법에 비해 훨씬 적은 예인력을 필요로 한다.

번들 파이프는 다른 기능을 가진 여러 개의 파이프들이 큰 캐리어 파이프 안에 들어 있고, 하나의 큰 파이프 안에 많은 파이프라인들이 묶여 있기 때문에, 설치

전에 작업 조건을 만족하는지 확인해야 한다(그림 4.36). 예인법에서 파이프라인은 일반적으로 바다와 인접한 육지에서 제작된다. 이 방법은 파이프라인이 내륙 호수 또는 넓은 강을 가로질러 설치할 때, 그리고 해상에 설치할 때 사용할 수 있다. Jo et al.(2000)는 곡선루트에서의 번들 파이프의 설치 방법을 보여주고 있다.

해저파이프라인을 설치할 경우, 예인법의 장점은 파이프라인이 육지에서 용접된다는 것이다. 파이프라인이 완성되고 용접부 비파괴 검사 및 파이프라인 스트링에 대한 수압 테스트(hydrotested)가 완료되면, 테스트한 물을 배수(dewatered)하고, 예인선에 실려 해상으로 이동된다. 그런 다음 파이프 끝단이 부설될 목적지에 사전 설치된 시설과 연결되도록 위치한다. 이 방법은 해저파이프라인을 설치하기 위해 부설선을 이용하는 것보다 비용이 매우 낮다. 여러 개의 작은 파이프라인을 같은 지역에 부설하거나 큰 파이프 내부에 묶을 수 있는 경우에 유리하다.

육상 제작장으로부터 파이프라인을 진수시키는 최적 조건은 해안선으로부터 수심 20~30 ft인 곳까지의 거리가 3,000 ft 이내여야 한다. 제작장의 위치 선정 후 제작장의 크기 및 배치 계획이 이용 가능한 지역에 맞게 결정되면 정지작업 (clearing and grading)을 한다. 제작장의 배치 계획에는 자재 보관 장소, 파이프 제작 장소, 스트링 보관 장소, 그리고 진수로(launchway) 등이 고려되어야 한다. 예인공법에 적합한 스트링의 길이는 1,000~5,000 ft이다. 그러나 스트링의 길이는 이용 가능한 공간에 의해 결정된다. 짧게 제작되면 접합 용접(tie-in) 등의 추가 작업이 필요하므로 진수 시간이 길어지는 단점이 있다.

4.4.1 해상 예인법(Surface tow)

해상 예인법은 파이프스트링에 부력장치를 설치하여 해수면에 뜨게 파이프라인을 예인하여 목적지에 도착하면 부력장치에 물을 채우거나 장력을 이용해서 해저면에 가라앉힌다. 그림 4.37은 해상 예인법의 구성을 나타낸 것이다. 이 방법은 예인 구간이 바람, 파랑, 조류 등의 외부 해양 환경 하중이 매우 적고 해저면의 상태가 불안정하거나 예인선의 용량이 작을 때 주로 사용된다. 이 공법은 거친 해상에서 수면에 떠 있는 파이프라인이 심한 파도에 노출되므로, 해상 환경이 거친 곳에서는 사용되지 않는다. 또한, 측면의 조류에 의한 영향도 받기 때문에 스트링은 예인선의 뒤쪽에서 직선으로 예인되지 않고, 예인선의 뒤에서 휘어진 채로 따라간다. 해상 예인법의 추가적인 어려움은 예인되는 파이프라인이 유체동역학적으로 불안정할 수 있다는 것이지만, 이같은 불안정성은 번들의 장력을 증가시킴으로써 감소될 수 있다.

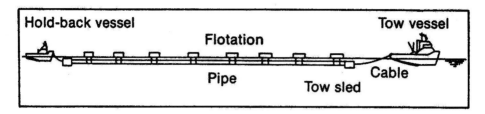

그림 4.37 해상 예인법

해상 예인법에서는 두 종류의 예인선이 사용되는데, 주 예인선은 파이프라인을 예인 하는데, 다른 하나는 지지하는데 후방 예인선(hold back vessel)이 사용되며 파이프라인에 비교적 적은 인장력만을 주면 되므로 주 예인선보다 작다. 후방 예인선은 파이프의 장력을 제어하기 위해 필요하며, 이는 파이프라인이 장력이 유지된 상태에서 운송되어야 함을 의미한다. 따라서, 모든 단계에서 파이프라인은 설계된 장력을 유지해야 한다. 파이프라인이 목적지로 예인되면, 적절한 과정으로 침수시키면서 정해진 해저면에 안전하게 가라앉힌다. 단위 시스템은 파이프라인 진수시 부착되며 부설 현장에서는 특별히 고안된 시공 방법에 따라 파이프스트링이 하강된다. 파이프스트링을 하강시키는 방법으로는 스팅어가 부착된 부설선을 이용하는 방법, 폰툰(pontoon)의 부력을 조절시키는 방법, 해상에 고정된 시브(sheave)로 풀 다운 공정(pull down procedure)을 수행하는 방법, 또는 이러한 방법들을 종합적으로 사용하기도 한다.

해상 예인법은 해상 상태의 변화에 취약한 약점이 있다. 해상 상태가 나쁘면 운송 중에도 파이프라인이 손상될 수 있다. 또한, 강한 조류가 발생하는 지역에서는 파이프라인을 원하는 위치에 정확히 배치하는 것이 상당히 어렵다. 해상 예인법의 주요 장점은 예인선에 요구되는 엔진 마력이 상대적으로 작다는 것이다. 자체적으로 부력 시스템이 수면에서 유지됨에 따라, 외부의 추가적인 압력 조건이 불필요하다. 자체적인 부력 시스템으로서 일반적인 오일드럼(oil drum)과 같은 저렴한 부력 탱크가 사용될 수 있다. 단점은 해양 교통 및 환경 조건과 같은 해상 조건에 대한 민감성이 존재한다는 것이다. 또한, 이 방법은 파이프라인 최종 경로에 대한 조사만 필요하며, 얕은 수심에서 유용하게 사용될 수 있다. 깊은 수심에서는 정밀한 제어의 침수 혹은 부력 제거 시스템이 필요하여 잘 사용하지 않는다. 만약, 부이를 파이프라인에 직접 부착하는 것이 어려우면 부이에 스트링을 매달아서 파랑의 영향이 감소되는 깊이에 파이프라인을 위치시켜 예인하는 방법이 사용될 수 있는데 이를 해수면하 예인법이라 명한다.

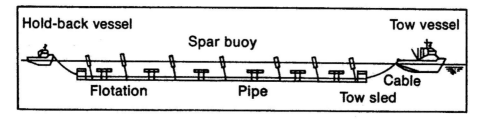

그림 4.38 해수면하 예인법

4.4.2 해수면하 예인법(Near-surface tow or Below-surface tow)

해수면하 예인법은 파랑의 영향이 감소하는 수면 아래에서, 부력장치를 이용하여 파이프라인을 지지하면서 예인하는 것이다. 일반적으로 스파 부이를 사용하여 파이프라인으로 전달되는 해수면의 유체 운동량을 제한한다. 그림 4.38은 해수면하 예인법의 구성을 나타낸 것이며, 이 방법의 예인 및 설치 기법은 해상 예인법과 유사하다. 해상 예인법과의 차이점은 부력장치 아래에 파이프스트링이 매달려 있다는 것이다.

파이프라인이 부이에 매달려서 수면 아래에 잠겨 있기 때문에, 파랑의 직접 작용은 감소하지만, 이를 완전히 제거하지는 못한다. 만약 파이프라인에 전달되는 파랑효과를 완전히 제거하려면 스트링의 위치를 가장 긴 입사파장의 절반 이상으로 낮춰야 한다. 입사파장이 보통 100 m 이상으로 길기 때문에, 그 깊이까지 스트링을 가라앉히려면 얕은 수심에서는 예인할 수 없고, 또 부이를 제거할 때 여러 어려움을 발생한다. 일반적으로 본 방법은 파이프스트링의 예인 깊이를 낮추는 것은 가능하며, 얕은 물에서는 수면 바로 아래에, 파랑의 작용이 더 심한 수심에서는 조금 더 깊은 곳까지 내릴 수 있다.

스파 부이는 그 자체로 파랑에 노출되며, 예인 과정의 동역학적 과정은 매우 복잡한데, 이는 스파 부이가 파이프스트링에 단단히 연결되지 않은 자유롭게 움직이는 독립적인 부유체로 길고 유연한 시스템이기 때문이다. 이와 같은 이유로 심해지역의 거친 해상 환경에서 해상 및 해수면하 예인법의 사용은 제한적이다. 또한, 이 기법의 주요 단점 중 하나는 스파 부이의 부력 시스템의 비용인데, 이 시스템은 평형수 주입(ballasting)과 평형수 배출(deballasting)이 필요하며, 부력 탱크는 외부 압력을 견딜 수 있도록 설계되어야 하기 때문에 상당히 고가이다.

해상 예인법을 근간으로 하여 많은 해양 전문 회사들이 다양한 해저파이프라인

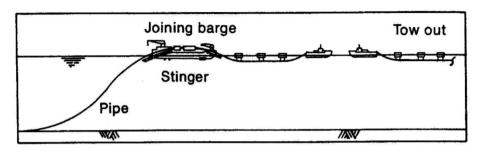

그림 4.39 RAT 공법

설치 공법을 개발하였는데 그 중에서 RAT 공법이 대표적이다. RAT 공법은 Remorquage(Towing), Aboutage(Tie-in), Tension의 세 단계 공정을 거치며 전체의 개념도는 그림 4.39에 제시하였다.

RAT 공법은 Gas de France사에 의해 개발된 공법을 수정 및 보완한 것이다. 이 공법은 길이가 긴 파이프라인을 해수면 또는 해수면하 예인법으로 예인하여 부설선으로 운반한 후 부설선을 이용하여 파이프스트링을 하강시키는 복합된 공법으로서 해상 작업을 최소화시키고 작은 바지로도 작업이 가능하며 바지의 장비나 기능을 단순화할 수 있으며 스트링 접합 작업이 비교적 간단하여 부설 속도를 지연시키지 않기 때문에 특수 용접이나 열처리 과정이 필요한 강관을 사용할 때 장점을 갖는다. 이 공법의 적용 실험은 1975년과 1977년에 성공적으로 수행되었다.

이 공법은 해저면으로 내려가는 파이프스트링을 지지하는 데 각각 부력이 다른 부이를 사용하며 이 부이에 의한 지지력으로 보통 부설선의 스팅어와 인장기의 역할을 대신하는데 해수면에서의 경우에는 작은 인장력이 필요하다. 이미 수십 년 전에 스트링 길이 3,000 ft, 직경 10 inch의 해저파이프라인를 수심 6,000 ft에서 부설하고 회수하는 공법의 개발실험이 성공적으로 수행되었으며 이 공법에 따라 지중해의 수심 1,000 ft인 곳에 부설되었던 직경 10 inch인 해저파이프라인을 최대 수심 1,100 ft에서 Geneva호에 의해 재부설되었다.

4.4.3 수중 예인법(Controlled−depth tow, CDT)

수중 예인법은 Mid-depth tow법으로도 불리며, 해상 예인법과 유사하며 그림 4.40은 수중 예인법의 구성을 나타낸 것이다. 파이프라인의 전체 길이는 예인 시 해저면 상부에서 상당한 높이로 유지된다. 파이프라인 스트링은 자체 무게 및 필요시 체인에 의해 가라앉으며, 두 예인선에 의해 하나의 긴 현수선(catenary) 형태로 매달려 있다. 이때, 적절한 장력이 유지되어야 하며, 장력은 파이프라인의 양쪽

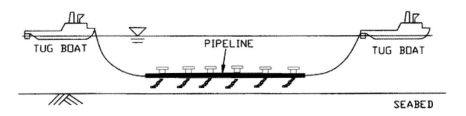

그림 4.40 수중 예인법

끝에서 서로 반대 방향으로 당기는 두 예인선에 의해 유지된다. 장력의 크기가 현수선의 평탄도를 결정한다. 잠겨진 파이프라인의 무게를 제어하는 것이 가장 중요한 점이며, 이는 파이프라인의 길이의 제곱에 반비례한다.

일단 파이프라인이 원하는 높이에 도달하면, 전방 예인선은 더 많은 추력을 사용하는 한편 후방 예인선은 역방향 추력을 차단한다. 세 번째 선박은 해저 트랜스폰더(subsea transponder) 시스템을 사용하여 중간의 파이프라인 높이를 모니터링한다. 이 선박은 실시간으로 높이를 보며, 파이프라인을 원하는 높이 범위 내로 유지하기 위해 추력을 적절하게 조정하는 두 예인선에 신호를 보낸다. 이 방법은 매우 긴 파이프라인(5 km 이상)에는 적합하지 않다. 파이프스트링을 예인선에 연결하는 케이블의 길이는 변경될 수 있으므로, 얕은 물에서는 높게, 파랑 작용을 피하기 위해서는 낮게 할 수 있다. 예인선 자체는 파도의 영향을 받고 진행방향 운동은 특히 중요한데, 이는 이런 운동이 파이프스트링에 전달되어 움직임을 유발하고 장력을 변경하기 때문이다.

예인 시 스트링에 부착된 체인의 움직임은 양력뿐만 아니라 항력을 생성하며, 이 효과는 예인하는 파이프스트링을 조정하는데 도움이 된다. 파이프라인이 최종적으로 해저면으로 내려갈 때 체인은 전체 시스템의 구조적 감쇠를 위해 적용되며 이는 구조물의 진동을 막는데 도움이 된다.

수중 예인법에서 catenary 라인 형태는 장력, 잠긴 부분의 무게 및 체인의 유체동역학적 양력 등의 상호작용에 의해 결정된다. 대부분의 예인된 스트링은 유한 휨 강성(finite flexural stiffness)이 형태에 거의 영향을 미치지 않을 정도로 충분히 길다. 장력은 터그 볼라드(tug bollard) 당김에 의해 제한되기 때문에, 수중 중량은 정확하게 조절되어야 한다. 이는 캐리어 및 그 내부의 중량, 피복 및 스페이서, 캐리어의 외경에 대한 허용 오차가 작아야 함을 의미한다.

파이프스트링의 현수선 처짐은 수심에 의해 제한된다. 수중 중량의 허용 최대값은 스트링 길이의 제곱에 반비례하므로, 정확한 수중 중량을 얻는 것은 스트링 길이가 증가함에 따라 중요한 문제가 된다. 이와 같은 이유 등으로 수중 예인법에서 가능한 스트링의 길이는 최대 약 8 km로 예상된다. 수중 예인법은 근해 조사와 최종 파이프라인 경로 조사만 필요하다. 또한, 응급 상황에서 파이프스트링을 거치할 수 있는 지역을 미리 선정해야 한다. 본 공법은 예인 경로에 광범위한 암석 노출, 기존의 많은 파이프라인 존재 또는 다른 장애물들이 있는 경우에 적합한 공법이다.

4.4.4 해저면상 예인법(Off-bottom tow)

해저면상 예인법은 해저 예인법을 개조한 것이다. 그림 4.41은 해저면상 예인법의 구성을 나타낸 것이다. 이 방법 또한 주 예인선과 작은 홀드백(hold back) 선박이 필요하다. 파이프스트링은 부력이 있는 상태로 체인이 연결되어 해저면에서 1 m 또는 2 m까지 떠 있는 상태이다. 파이프스트링 자체가 바닥에 닿지 않기 때문에 파이프 마모가 발생하지는 않는다. 파이프스트링이 릿지(ridge) 또는 협곡과 같은 거친 해저면 형상을 만나면, 그 형상을 따라가는 경향이 있다. 해저면상 예인법과 수중 예인법은 본질상 유사하다. 해저면상 예인이 빠르게 진행되거나 또는 홀드백 선박에 의해 충분한 장력이 발생하면, 파이프스트링이 해저면에서 들어 올려져 수중 예인법이 된다. 또한, 해저면상 예인법은 종종 다음에 설명할 해저 예인법과 결합되기도 한다. 해저 예인법에 의해 목적지까지 예인된 파이프스트링의 양 끝 가닥 또는 해저면과 연속적으로 접촉하는 부분은 부력장치와 체인이 연결되어 해저면 위로 뜨게 된다. 이때, 양 끝 부분은 측면 및 수직 방향으로 유연성을 가지며, 파이프 정렬 작업 시에 휘어질 수 있다.

뒤에 기술할 해저 예인법에 비해 해저면상 예인법의 장점은 기존 파이프라인이

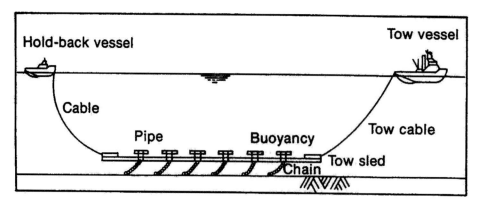

그림 4.41 해저면상 예인법

부설된 지역을 가로질러 예인할 수 있다는 것이다. 예인 노선이 다른 파이프라인을 가로 지르게 되면, 체인만 기존 라인과 접촉하게 된다. 만약 교차하는 다른 파이프라인이 콘크리트 중량 피복이 되어 있어 체인 링크의 충격에 견딜 수 있다면, 두 파이프라인 교차점에서 특별한 조치를 취할 필요는 없다. 만약 그렇지 않은 경우에는 기존 파이프라인에 콘크리트 매트를 위에 설치하여, 체인이 매트 위를 부드럽게 끌리면서 지나가게 할 수 있어 대규모의 보호 구조물은 필요하지 않다. 현장 설치에서 여러 파이프라인이 필요할 경우 부력과 체인을 회수하여 다시 사용할수도 있다.

해양 조사 시 예인되는 파이프라인보다 높게 위치한 수중 장애물과 급격히 가파른 해저 계곡을 고려해야 한다. 예인 경로에 측면 조류가 발생하여 파이프의 안정성에 영향을 미친다면, 해저를 따라 당겨지는 체인의 길이는 측면 안정성을 확보할 수 있도록 설계되어야 한다. 예인 경로가 기존 파이프라인이나 다른 장애물을 교차하는 경우, 후방 예인선이 케이블에 장력을 가하여 파이프스트링을 상승시킬 수 있다. 케이블에 가하는 장력의 크기로 파이프스트링의 해저면 위 상승 높이를 제어할 수 있다. 장력이 해제되면 파이프스트링은 정상 예인 형태로 돌아간다. 해저면상 예인법의 주요 장점은 다음과 같다.

- 상대적으로 작은 마력의 예인선 필요
- 다른 해상 교통에 대한 노출이 제한됨
- 악천후에 노출될 가능성이 낮음
- 심한 악천후 상황에 쉽게 대처할 수 있음

주요 단점은 다음과 같다.

- 부력 장치 설계는 정압 붕괴를 피하기 위해 압력 용기 등급으로 설계되어야 함
- 평형수 주입과 배출을 위한 탱크 및 체인이 있는 복잡한 부력 시스템 필요
- 부력 장치 회수의 어려움

4.4.5 해저 예인법(Bottom tow)

해저 예인법은 해저를 따라 파이프라인을 최종 위치로 예인하는 방법이다. 그림 4.42는 해저 예인법의 구성을 나타낸다. 파이프라인은 해저에 직접 닿아 있으며, 예인선에 의해 목적지에 이동하게 된다. 주변의 해양 선박과 간섭을 피해 해안을 횡단하는 파이프라인은 이 방법을 사용하며, 해안 뿐 아니라 강이나 하천 횡단에

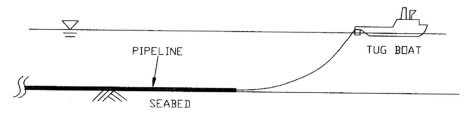

그림 4.42 해저 예인법

도 적용된다. 파이프라인은 보통 고정된 윈치 또는 바지선에서 당긴다. 파이프라인의 수중 중량을 줄이고 쉽게 예인하기 위해 부력 장치를 추가할 수도 있다.

예인할 수 있는 파이프라인의 길이는 예인선의 예인 능력에 의해 제한된다. 예인 최대 능력은 대략 파이프라인의 총 수중 중량과 해저면 마찰 계수를 곱한 값보다 커야 한다. 예인력 계산을 위해, 초기 마찰 계수로서 1을 사용한다. 추가적인 예인 능력을 얻기 위해 2~3척의 예인선을 일렬로 배치하여 사용할 수 있다.

예인하는 동안 파이프라인은 해저면과 접촉하기 때문에 다른 예인법보다 조류 및 파도의 영향을 비교적 덜 받기 때문에 안전하다. 거친 해상 상태로 예인을 지속하기 힘든 경우에는, 예인선이 예인 라인을 내려놓고 나중에 이를 재개할 수 있으며, 이를 위해 다른 추가적인 작업이 필요하지 않다.

해저 예인법을 사용하기 위해 파이프라인의 부식방지 희생 양극(sacrificial anode)을 보호하기 위한 추가적인 내마모성 피복을 하기도 한다. 안정성을 위해 콘크리트 중량 피복이 필요할 수도 있다. 또한, 적절한 내마모성 피복 소재를 선택하기 위해 마모 시험이 필요할 수 있다. 만약, 파이프에 매끄러운 피복을 하게 되면, 해저면과의 마찰을 줄이고 예인 시 요구되는 예인용량을 줄일 수 있다.

얕은 수심에서는, 규정 요구사항이나 파이프라인의 안정성을 위해 굴착이 필요할 수 있다. 이 경우, 최종 위치로 끌어오기 전에 파이프라인 앞에 해저 굴착 장치(plow)를 부착할 수 있다. 이는 추가적인 당김력(bollard pull)을 필요로 한다. 굴착 단면은 파이프라인을 예인하기 전에 미리 시공할 수도 있다. 일반적으로 직선형태의 파이프라인 예인의 경우 문제가 되지 않지만, 파이프라인을 곡선 굴착 단면 구간에서 예인하는 것은 어려운 작업이고 특수한 부가 장치들이 설계되어야 한다.

해저 예인법의 단점은 다음과 같다.
- 해저파이프라인의 마모를 고려하여, 견고하고 튼튼한 피복의 사용 요구
- 마력수가 큰 예인선박 필요
- 예인 루트를 따라 광범위한 해저면 조사 필요

- 기존 파이프라인을 가로지르는 경로 불가, 만약 기존 파이프라인과 크로싱할 경우에 기존 파이프라인을 보호하기 위해 임시 구조물을 설치 또는 제거해야 하며 추가 비용 발생
- 예인 시 파이프라인의 위치를 찾고 최종 목적지에 배치하기 위해 해저 트랜스폰더 시스템 필요
- 얕은 지역을 횡단하는 경우에 어선이 해저 예인되는 파이프라인을 통과하지 않도록 감시 선박(chase vessel) 필요

4.5 풀링법(Pulling Method)

일반적으로 풀링법은 해저파이프라인의 설치 구간이 짧고 수심이 낮고 조수 간만의 차가 커서 부설선 작업이 어려우며 육지와 육지를 연결하여 육상 작업장의 확보가 가능한 상태일 때 적합한 설치 공법이다. 풀링법의 특징은 예인법과는 달리 육상 작업장에서 파이프를 일정 길이의 스트링 단위로 제작하여 윈치나, 크레인 바지(crane barge), 윈치 바지(winch barge), 특수 풀링 장비 등을 동원하여 한 스트링씩 차례대로 용접 및 연결하여 끄는 공정을 되풀이하여 해저파이프라인을 부설하는 공법이다.

풀링법은 크게 해상 풀링법과 해저 풀링법으로 나뉘어진다. 풀링법의 특성상 해저풀링법이 주로 사용되며 특히 여러 개의 파이프를 번들한 복합 파이프라인 설치에도 적용이 가능한 공법이다. 해저 풀링법은 해저 예인법과 시공 방법은 동일하나, 육상에서 일정길이의 파이프스트링을 제작한 후 스트링 길이만큼 풀링하고 다시 기다린 후 스트링이 완성되면 풀링 작업을 하면서 해저파이프라인을 설치한다.

4.5.1 설치 방법

해저파이프라인의 스트링 길이는 육상 작업장의 공간에 따라 결정된다. 스트링 길이가 길수록 용접 개수가 적어지므로 시공 기간이 줄어들지만 관련 장비들도 그 길이에 맞게 설계 및 설치되어야 한다. 해저 풀링법의 전체적인 개념도는 그림 4.43과 같으며 대략적인 해저 풀링법의 공정은 다음과 같다.

- 스트링 제작 후 비파괴 검사로 용접 불량을 검사한다.
- 비파괴 검사 후 스트링 수압 검사(hydro test)를 실시한다.

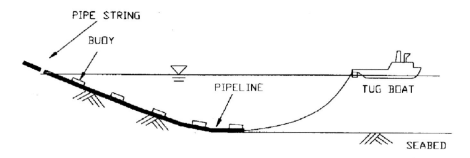

그림 4.43 해저풀링법(Bottom Pulling Method)

- 론치웨이(launch way)로 스트링을 이동시킨다.
- 각각의 스트링을 번들링한다(번들의 경우).
- 스트링에 일정 간격으로 부력장치를 부착한다.
- 번들 스트링 끝단에 풀링헤드(pulling head)와 스위블(swivel)을 설치한다.
- 풀링 장비와 풀링헤드 사이에 풀링 와이어를 연결한다.
- 모든 작업이 완료되면 해저파이프라인 스트링을 풀링한다.
- 스트링 끝단이 용접점에 도달하면 풀링을 중지한다.
- 새로운 스트링을 론치웨이에 이동시킨다.
- 순서에 맞게 새 스트링과 용접점에 위치한 진행된 스트링을 용접한다.
- 용접 후 비파괴 테스트를 하여 용접이 양호한지를 검사한다.
- 용접 부분에 부식 방지 테이프를 감는다.
- 필드 피복을 한다.
- 모든 것이 완료되면 스트링을 번들하고 부이를 부착시킨 후 작업을 반복한다.
- 해저파이프라인 설치를 완료한다.
- 다이버를 동원하여 해저파이프라인에 부착된 부이를 제거한다.

파이프스트링은 12 m 단위의 강관(혹은 6 m)을 여러 개를 연결하여 하나의 단위로 만드는 것을 의미하며 스트링의 길이는 작업 공간에 따라 결정된다. 각 연결부이는 용접으로 연결되며 연결된 스트링은 용접 불량의 상태를 파악하기 위한 비파괴 검사와 운용 압력 및 외압에 안전한가를 검사하는 정수압 검사를 거친다. 그림 4.44는 비파괴 검사와 정수압 검사의 모습을 나타낸다.

검사를 마친 스트링은 육상 작업장에서 론치웨이로 이동하여 번들 해저파이프라인의 경우 번들 빔(bundle beam)으로 번들링을 실시하고 부이를 장착한다. 부이는 그 필요량에 따라 그 개수와 간격이 결정된다. 그림 4.45는 번들된 해저파이프

(a) 비파괴 검사 　　　　　　　　　　　(b) 정수압 검사

그림 4.44 스트링의 검사 광경

 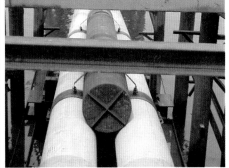

(a) 영종도 다종 복합 해저파이프라인 　　(b) 아산만 신규 LNG 복합 화력 주배관

그림 4.45 스트링의 번들과 부이의 장착

라인에 부이가 장착된 스트링의 모습을 나타내며 (a)는 영종도 다종 복합 해저파이프라인 스트링을 나타내며 (b)는 아산만 신규 LNG 복합 화력 주배관의 스트링을 나타낸다.

　스트링의 번들링과 부이의 장착이 완료되면 스트링 앞단에 풀링헤드와 풀링와이어를 설치한다. 풀링헤드는 풀링와이어와 연결되어 풀링을 할 수 있도록 하는 장치이다. 스위블은 와이어의 비틀림을 상쇄시켜 안전하게 풀링이 가능하게 하는 장치이다. 풀링와이어는 소켓(socket)으로 와이어 스위블과 핀(pin)으로 연결되며 그림 4.46에서 자세히 볼 수 있다. (a)는 영종도 다종 복합 해저파이프라인의 풀링이 완료된 후 반대편 육지에 도달한 해저파이프라인의 모습이며 (b)는 아산만 신규 LNG 복합 화력 주배관의 스트링 맨 앞단에 풀링헤드가 설치된 모습이다. (b)에서는 풀링헤드의 수중 무게를 감소하기 위하여 부이를 장착하였다. 첫 번째 스트링의 풀링이 완료되면 다음 스트링을 위와 같은 방법으로 계속 연결해가며 풀링 작업을 반복한다. 해저 풀링법으로 해저파이프라인의 설치가 완료되면 다이버를 동

(a) 영종도 다종 복합 해저파이프라인   (b) 아산만 신규 LNG 복합 화력 주배관

그림 4.46 스트링의 번들과 부이의 장착

원하여 부이를 제거한다.

4.6 수평 시추 공법(Horizontal Directional Drilling, HDD)

수평 시추 공법은 탄화수소(Hydrocarbon) 탐사 및 생산에 사용되는 기술로, 수직 시추 스트링(drill string) 끝에 있는 시추 비트(drill bit)의 방향을 수평으로 전환하면서 원하는 궤적으로 시추를 할 수 있는 공법이다. 수평 시추 공법은 사전 제작된 파이프스트링을 시추로 미리 만들어진 구멍의 궤적을 통해 당겨서 설치 방법을 지칭한다.

HDD 공정에 사용되는 도구와 기술은 유정 시추 산업에서 개발되었다. 파이프라인 설치에 사용되는 수평 시추 장비의 구성 요소는 유정(oil well) 시추 장비의 구성 요소와 유사하지만, 수평 시추 장비에는 수직 마스트(mast)와 반대되는 경사 램프가 장착된다. HDD 파일럿 홀 작업은 방향성 유정을 시추하는 작업과 별반 다르지 않다. 시추 파이프 및 하향 시추 도구는 시추된 토사들을 운반하고, 시추 진흙을 투입하여 파이프스트링 설치 시 마찰을 줄이며 구멍을 안정화하는데 사용된다. 이런 특징 때문에 작업을 지칭할 때도 일반적으로 보링(boring)과 달리 시추라고 한다.

HDD 공정은 서핑 지역(surf zone)과 인접한 해변 아래에 케이블 또는 파이프를 설치하는 수단으로 자주 사용된다. 특히, 진입점과 출구점 사이 이외에는 작업이 없으므로 밀집이 심한 지역 또는 환경적으로 민감한 지역을 가로지르는데 선호되는 방법이다. 경사 시추 리그는 해안에 설치되고, 시추는 안정성이 유지될 수 있는 깊이까지 초기 시추를 실시한다. 이 방법은 많은 주요 하천 횡단과 해안선 횡단에 성공적으로 사용되었다. HDD 공정은 하천 및 해안선 횡단 또는 교차 장애물, 고속도로 등 밑으로 파이프라인을 설치하는데 사용되었다. 수평 시추 공법은 시추 로드(drill rod)를 사용하여 작은 지름의 파일럿 홀(pilot hole)을 천공하는 것으로 시작한다. 파이프라인의 적어도 한쪽 끝은 육상에 있어야 하며, 시추 장치를 통해 파일럿 스트링이 진입점에서 삽입된다. 출구 지점에서 시추 파이프를 통해 파일럿 스트링이 빠져나오면, 백 리머(back reamer)라고 불리는 특수 커터가 드릴 스트링에 부착되어 파일럿 홀을 통해 뒤로 당겨진다. 이때, 그림 4.47과 같이 리머가 구

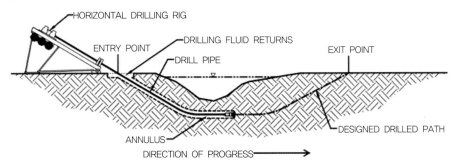

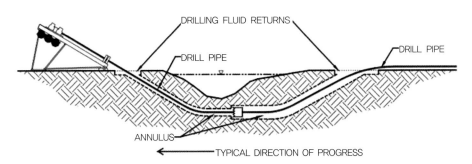

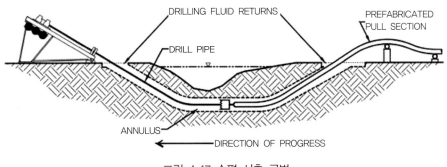

그림 4.47 수평 시추 공법

명을 넓히며 구멍을 뚫게 되며, 이 과정을 반복하여 파이프라인 설치에 적합한 직경의 구멍이 만들어질 때까지 더 큰 리머로 바꿔가며 같은 공정을 반복한다. 구멍 직경이 파이프스트링을 수용할 만큼 충분히 커지면, 파이프스트링은 그림 4.47과 같이 구멍을 통해 당겨진다.

파일럿 스트링의 경로는 진입 각과 시추 유닛의 설계를 통해 결정된다. 커팅 헤드에는 회전 시추 머드의 에너지를 사용하는 유압 모터가 있어 비트를 회전시킨다. 규정된 경로로 부터 임의의 편차는 파일럿 스트링의 끝단을 회전시킴으로써 보정되고, 시추 유닛을 수정된 방향으로 유도할 수 있다. 이 방법으로 몇 km 떨어진 목표 지점에서 몇 m 이내의 오차로 시추를 완료할 수 있다. 성공적인 HDD 공정은 토질 조건에 달려있으며, 균일한 점토가 가장 적합하다. 파이프스트링이 지면을 통해 당겨질 때, 부식 방지 피복이 손상되지 않도록 내마모성 있는 피복을 사용해야 한다. 파이프라인이 토양 깊숙이 묻혀 있기 때문에 콘크리트 중량 피복은 필요하지 않다.

4.7 해저파이프라인 연결

4.7.1 개요

해저파이프라인 연결은 신규 부설 시, 수리 시 또는 수송라인에 추가로 해저파이프라인을 연결할 경우 필요하다. 해저파이프라인을 플랫폼과 수직으로 연결되는 라이저(riser)에 연결할 경우도 있고 해저 어셈블리나 해저 분기관과 연결하는 경우도 있다. 또한 해저파이프라인이 노선의 양 끝단에서 각각 설치되는 경우 최종적으로 두 파이프라인의 끝단을 연결하는 경우도 있다. 다른 이유는 육상의 제작장에서 여러 개의 스트링을 만들어 설치장소까지 견인하여 스트링들을 연결하는 경우도 있다. 가장 보편화된 그리고 경제적인 연결 방법은 해저면에 있는 해저파이프라인을 수면상의 작업선까지 들어 올려 용접으로 연결한 후 다시 해저면에 내려놓는 해상 용접 방법이다. 그 외 수중 고압산소 용접(hyperbaric welding), 플랜지(flange) 또는 다른 기계장치를 이용하여 수중에서 연결하는 방법이 있다.

해저파이프라인의 연결 시 가장 중요한 점은 해저파이프라인의 끝 단부를 정확히 정렬하여 연결작업이 요구되며, 두 해저파이프라인 끝단 사이에 스풀피스를 사용하여 연결하는 경우도 있다.

4.7.2 연결 방법

해저파이프라인을 연결하는 대표적인 방법은 다음과 같다.

- 플랜지를 이용한 연결
- 대기 중 용접에 의한 연결
- 수중 고압산소 용접(hyperbaric welding)에 의한 연결
- 기계적 연결기(mechanical connector)를 이용한 연결

이들 외에도 해저파이프라인과 라이저의 연결에 국한된 방법이 있다.

(1) 플랜지 연결

해양에서 플랜지를 사용하여 두 해저파이프라인을 연결할 수 있으며 해양에서는 육상과 달리 RTJ 플랜지를 사용한다. 우선 해저파이프라인 끝 단부에 플랜지를 설치한 후 일정 간격을 유지하면서 두 파이프라인을 위치시킨다. 두 파이프라인 끝단의 축 방향 길이를 측정하여 길이와 각도에 맞는 스풀피스를 제작한다. 스풀피스 양 끝단에는 파이프라인과 같은 사양의 플랜지를 부착시킨다. 플랜지가 부착된 스풀피스를 두 해저파이프라인 끝단 사이에 위치시킨 후 가스킷을 삽입하고 볼트와 너트로 연결한다. 플랜지는 작용 압력에 따라 여러 가지 등급(grade)이 있으므로 연결되는 플랜지의 사양을 정확히 파악해야 한다. 또한 이 등급에 따라 사용하는 가스킷의 종류도 다르므로 유의해야 한다. 플랜지의 볼트 구멍이 정확하게 일치하기가 어렵기 때문에 스풀피스의 한쪽 끝단에는 구멍의 각도를 조절할 수 있는 스위블링 플랜지(swivel ring flange)를 사용한다(그림 4.48).

연결할 해저파이프라인 끝단이 축방향으로 정렬되지 않고 어느 정도의 편차를 가질 경우 볼스위블링 플랜지(ball swivel ring flange)를 사용한다(그림 4.49). 이런 특수 플랜지는 가격이 일반 플랜지에 비해 상당히 높고 제작시간도 길기 때문에 사전에 준비되어야 한다. 특히 가스킷은 최소 2배의 여유를 갖고 있어야 한다. 즉 연결부위가 2군데이면 최소 4개의 가스킷이 있어야 한다.

플랜지는 가격이 저렴한 반면 충분히 결합되지 않으면 수압시험 시 누출의 가능성이 있다. 때때로 라이저의 교체를 용이하게 해 주기 위하여 라이저의 하단부에 플랜지를 사용하기도 한다. 플랜지로 해저파이프라인을 연결할 경우 다이버가 작업을 하는데 해저가 혼탁하여 작업이 극히 어려울 경우도 발생한다. 플랜지 가격은 고가는 아니지만 다이버 및 다이버 지원 장비·인원 동원으로 매우 큰 비용이 발생하는 경우가 대부분이다.

그림 4.48 스위블링 플랜지(Big Inch Marine Systems Ltd.)

일정한 압력을 확보하기 위하여 그리고 빠른 작업을 위하여 유압 볼트 인장 장비(bolt-tensioning tool)를 많이 사용한다. 특히 이 장비를 사용하면 대형 플랜지의 연결작업이 보다 쉽고 빠르다. 이 장비는 플랜지 스터드(stud)의 돌출부에 부착된 일련의 유압시스템에 의해 작동되는 인장기로 구성되어 있다. 수면에서 공급되는

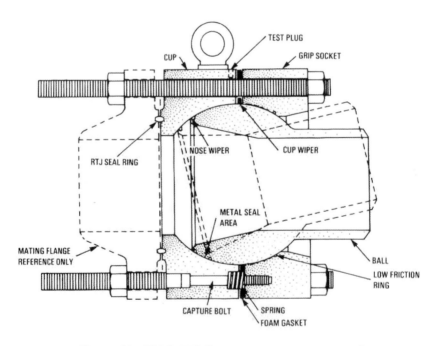

그림 4.49 볼스위블링 플랜지(Big Inch Marine Systems Ltd.)

동력으로 인장기를 작동하여 각 스터드를 동일한 압력으로 유지시키며, 수중 조임 장비(hydra-tight tool)를 이용하여 너트를 조여준다. 이런 장비를 사용함으로써 수중 작업의 효율과 신뢰성을 증대시킬 수 있다.

(2) 대기 중 용접

해저파이프라인의 대기 중 용접은 수면상에 위치한 작업선을 이용하여 해저파이프라인을 들어 올려 대기압 하에서 행하거나 공기실(atmospheric chamber)을 이용하여 해저에서 행하는 두 가지 방법이 있다. 대기 중 용접의 장점은 육상 용접 과정을 적용함으로써 수중 용접보다 더 안전하게 연결할 수 있는 장점이 있다. 주로 수심이 얕고 다이버가 쵸킹(choking)할 수 있을 때 사용된다. 수면상 용접은 두 개의 해저파이프라인 단부를 수면까지 들어 올린 후 용접하여 연결하여 다시 해저면에 내려놓는다. 이 방법을 이용하기 위해서는 대빗(davit)으로 해저파이프라인 단부를 들어 올려 양단을 용접하거나 필요에 따라서는 펍피스(pub piece)나 스풀로 양단을 연결한다. 주로 부설선이나 크레인 바지가 동원되는데 용접할 동안 상하운동이나 좌우운동이 발생하지 않게 두 파이프라인을 고정시켜야 한다. 용접 중 운동이 발생하면 불량이 발생하고 수리를 해야 하며 제한된 작업 시간으로 어려움이 있다. 특히 간만의 차가 많은 곳에서 이 작업이 이루어진다면 이 점에 유의하여야 한다. 해저파이프라인을 수면상으로 들어 올리기 위해서는 사전에 인양계획을 수립해야 하며, 해저파이프라인 응력이 허용치를 벗어나지 않도록 각 대빗에 의한 인양의 단계별 절차를 상세히 설명해 주어야 한다.

(3) 수중 고압산소 용접(Hyperbaric welding)

수중에서 해저파이프라인을 용접으로 연결하는 방법으로 수중에서 행해지기 때문에 해상 상태에 큰 영향을 받지 않고 작업을 할 수 있다. 우선 연결될 두 해저파이프라인의 끝 단부를 서로 중첩되게 위치시킨 후 내부에 물을 집어넣는다. 그 후 양 끝단을 잘라낸다. 물을 집어넣지 않을 경우, 파이프의 내부와 외부 압력차에 의해 그 안으로 해수와 주위의 토사가 흡입되기 때문에 큰 위험이 있다. 그 다음 각 해저파이프라인의 끝 단부를 약 1 m 정도 해저면에서 들어 올린 후 모래부대로 받쳐 준다. 자유경간은 해저파이프라인의 강성과 중량에 따라 100~200 m 정도로 한다. 정렬 장비를 설치하여 연결 끝단을 축방향으로 정렬시킨다. 그 다음 해저파이프라인 상부에 그림 4.50과 같은 용접실을 설치하고 밀폐한다.

각 해저파이프라인 끝 단부 안에 공기팽창 스토퍼를 설치하여 용접부분을 건조

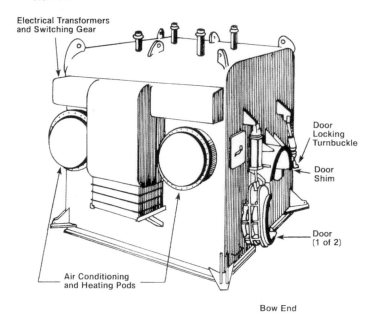

Stern End

Electrical Transformers
and Switching Gear

Door
Locking
Turnbuckle

Door
Shim

Door
(1 of 2)

Air Conditioning
and Heating Pods

Bow End

그림 4.50 수중 용접 시 용접실(Welding Habitat)(OPI)

하게 만든다. 이런 준비가 완료되면 용접실을 펌핑하여 건조시킨다. 수중용접사가
용접실 속으로 들어가 파이프를 건조시키고 정확한 길이로 파이프를 절단한다. 미
리 준비한 1 m 길이의 이음관을 위치시킨 뒤 용접해 설치한다. 용접은 규정에서
인정하는 품질 이상이어야 하고 각 X-ray에 의해 검사되어야 한다(그림 4.51).

수중 고압산소 용접은 동원되는 정렬 장비의 길이가 크고 무겁기 때문에 다이빙

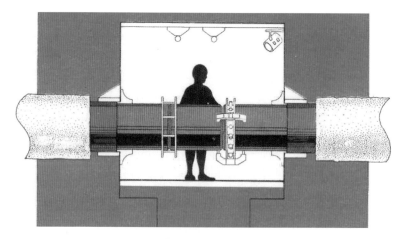

그림 4.51 수중 연결

전용선이나 이런 특수 작업을 지원할 수 있는 부설선, 해양 크레인 바지 또는 대형 특수선박이 동원돼야 가능하고 경비가 많이 드는 공법이다. 이음관을 해저파이프 끝 단부에 연결하기 위해서는 여러 번의 용접이 요구되고 용접실은 용접할 장소로 이동시켜 설치해 주어야 한다. 이 정렬 장비는 주로 대형이기 때문에 고가의 선박이 필수적이고 이런 수중 용접을 하기 위해서는 용접 절차를 별도로 준비하여 공인기관으로부터 승인을 받아야 하며 세부적인 계획이 수립되어야 하기 때문에 많은 시간이 소요된다. 또한 투입되는 수중용접사들은 특별한 훈련을 거쳐서 자격증을 획득해야 한다. 용접봉, 파이프 재질, 등급, 두께 등의 어느 요소 하나가 변경되더라도 그에 따라 새로운 용접 절차가 작성되고 재승인을 취득해야 한다.

(4) 기계식 연결(Mechanical connector)

해저파이프라인을 연결하기 위한 기계적 연결 시스템은 여러 회사들이 제품을 개발하였다. 기계식 연결 시스템은 수중 고압산소 용접보다 작업이 간편하고 설치비가 저렴하다. 그러나 해수면상 연결 방법과 비교하면 설치비는 저렴하나 작업시간은 거의 같다고 할 수 있다. 이 방법은 날씨에 구애받지 않기 때문에 기상조건이 나쁜 계절에도 무리없이 작업을 할 수 있다는 장점을 가지고 있으나, 해저면의 탁도 정도나 다이버의 능력에 따라 작업시간이 길어질 수 있다. 그림 4.52와 4.53은 빅인치사의 기계식 연결장치를 보여준다.

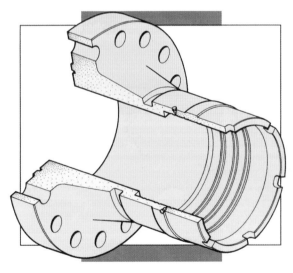

그림 4.52 기계적 연결기(Flexiforge Connection)
(Big Inch Marine Systems Ltd.)

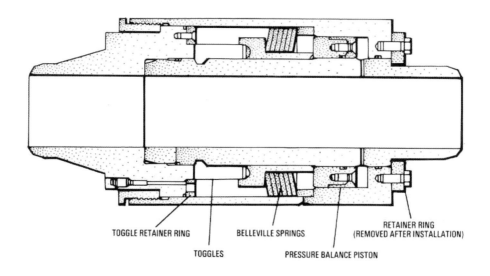

TOGGLE RETAINER RING   BELLEVILLE SPRINGS   RETAINER RING (REMOVED AFTER INSTALLATION)

TOGGLES   PRESSURE BALANCE PISTON

그림 4.53 기계적 연결기(Big Inch Marine Systems Ltd.)

4.7.3 연결 방법 비교

가장 적합한 해저파이프라인의 연결 방법은 설치 방법과 여러 요인에 따라 결정되며 이러한 요인은 다음과 같다.

- 해저 지형 및 환경
- 파이프의 규격과 재질등급
- 해저파이프 내의 내용물
- 운용압력과 온도 범위
- 해저파이프라인 설치 방법
- 시공회사와 장비의 유용성
- 설치 후의 손상 가능성과 손상 시 수리의 용이성
- 해저파이프라인 증설에 대한 요구사항
- 구조물과 해저파이프라인 사이의 장애물
- 굴착에 대한 요구사항
- 해저파이프라인의 내구연한
- 연결 방법에 대한 사전 경험

위 요인들을 고려하여 가장 적당한 연결 방법을 선택하여야 한다. 또한 경제성, 신뢰성, 단순성, 서비스 및 유용성 등도 고려하여야 한다. 여러 가지 연결 방법이 가능하다면 경제성 분석을 수행하여야 하나 설치 작업의 특수조건에 따라 고가의 방법이 선택되기도 한다. 경제성 분석에는 단순히 재료비만 비교하는 것이 아니라 연결에 필요한 각종 지원 장비 동원/철수 비용, 관련 인원(다이버, 용접사, 지원인원 등), 연결 기간, 연결 검사, 해상조건에 따른 대기 시간 등 여러 사항들을 심도 있게 검토하여야 한다.

4.8 국내 해저파이프라인 설치 소개

국내에도 원유 및 가스의 수입 및 수출을 위하여 항만 부근과 육지와 섬 사이에 이미 많은 해저파이프라인이 매설되어 있으며 지금도 꾸준히 그 필요성에 따라 설치 및 계획되고 있다. 4.8절에는 인하대학교에서 수행한 국내 해저파이프라인 설치 사례를 몇 가지 제시함으로써 그 특징과 특수 장치 및 장비들과 설치 공법에 대해 간단히 소개하고자 한다.

4.8.1 영종도 신공항 복합 해저파이프라인

(1) 공사 배경

영종도 신공항에 용수, 가스, 원유를 공급하기 위하여 인천과 영종도 신공항을 해저파이프라인으로 연결하는 공사로 해저 구간은 영종도와 율도 매립지 사이 약 2.4 km이다. 송수 파이프라인은 외경이 52 inch이고, 가스관은 30 inch 그리고 20 inch 송유관으로 구성된다. 해저 구간의 최대 수심은 굴착 깊이를 고려하여 약 32 m이다. 특히 이 지역은 간만의 차가 최대 9.72 m이고 강한 조류로 인해 설계 시 영향을 미치는 여러 사항에 대해 고려해야 하며 이런 환경적 특성을 고려하여 작업 방법이 결정되어야 했으며 3기 해저파이프라인의 외경 및 피복이 각기 다르므로 번들할 경우 비대칭형이므로 설계 시 이 점을 고려한 무게 중심과 부이 위치가 설정되어야 했다. 대형 해저파이프라인 3기를 번들하여 한번에 설치하기 위해서는 여러 가지 고려되어야 할 사항이 많고 설치에 필요한 특수 장비 및 장치들이 설계되었다. Jo(1997), Jo(1999)는 영종도 해저파이프라인 공사에 사용된 멀티 번들 파이프라인 설치 방법을 소개하였다. 처음 설계는 각 해저파이프라인별로 설치하는 것으로 되어 있었으나, 인하대학교의 제안으로 3기의 해저파이프라인을 동시에 설치하는 방법으로 변경되었다. 설치 설계 기간은 1998년 1월부터 3월까지 수행되었고 1998년 10월 30일까지 짧은 기간에 장치/장비 발주, 제작, 시험, 시공을 완료하

항목	단위	송수관	가스관	송유관
파이프 종류		API 5L X-52	API 5L X-65	API 5L X-65
외경	inch	52	30	20
두께	mm	23.8	17.5	14.3
부식 피복 두께	mm	5	3.5	3
콘크리트 두께	mm	165	80	50
피복 후 외경	mm	1660.8	929	614
공기 중 무게	kg/m	2610.5	823.03	384.14
부력	kg/m	2220.49	694.8	303.5
수중 무게	kg/m	-390	-128.3	-80.64

표 4.1   해저파이프라인의 기본 제원

는 어려운 공사였다.

(2) 개발 성과

기존 설치안인 3기의 해저파이프라인를 개별적으로 설치하는 방법과는 달리 3
기의 송수관, 송유관, 가스관을 하나로 묶어 설치함에 따라 공기 단축과 공사 경비
등을 현저히 감소시켰다. 이에 따라 3개월 이상 예상됐던 공사 기간은 절반 정도
인 45일로 단축할 수 있었으며 직접비, 간접비 등을 포함한 공사비용은 총 공사비
의 약 30% 이상의 비용을 절감하였다. 또한, 해저파이프라인 설치용 롤러 및 풀링
와이어의 뒤틀림 방지를 위한 와이어 스위블(wire swivel) 등의 장비를 국산화하

그림 4.54 3기 복합 해저파이프라인 스트링과 해저 풀링법의 공사 모습

는데 성공해 장비에 관한 특허 여러 건을 신청하는 등 장비 개발에도 큰 성과를 올렸다. 3기의 비대칭 대형 파이프를 설치하는 본 공사에 적용된 공법은 한국 최초일 뿐만 아니라 세계적으로도 상당히 어렵고 복잡한 해저파이프라인 공사의 한 사례를 제시하게 되었다.

(3) 설치 시 고려 사항

일반적인 해저파이프라인의 설치에는 파이프라인 설치선(lay barge)을 이용하나 본 공사 지역 특성상 거리가 비교적 짧고 수심이 낮을 뿐만 아니라 간만의 차로 인한 영향, 그리고 많은 선박들이 주변을 왕래하는 간섭으로 인해 해저파이프라인 부설선을 동원하는 방법은 배제되었다. 또한 복합 해저파이프라인를 동시에 설치하여 시간 및 공사비 절감도 예상됨으로 해저 풀링법을 적용하였다. Nigiam et al.(1998)는 복합 해저파이프라인의 해저 풀링법 적용법에 대해서 연구하였다. 그림 4.54는 3기 복합 해저파이프라인 스트링과 해저 풀링법의 실제 공사 모습을 보여주며 복합 해저파이프라인의 기본 제원은 표 4.1과 같다.

해저파이프라인 설치 노선 시 고려되어야 할 사항은 그 지역의 선박 교통량, 자연 및 작업 환경, 항만 법규, 관련 기관의 법규 등을 고려한 최단 노선을 선택하여야 한다. 본 공사의 노선 설정에는 다음과 같은 사항들이 고려되었다.

- 율도 호안 끝단부터 영종도 라이저(riser)까지 최단 거리
- 채널 구간의 선박 앵커로부터 충분한 커버 깊이(cover depth) 확보
- 허용 반경 최소 2 km 적용
- 트랜칭 후 사석과 콘크리트 매트 보호 공간 확보
- 3기 해저파이프라인 및 풀링헤드의 공간 여유 확보

3기의 해저파이프라인를 해저 풀링 시 밀물일 경우 약 1785 ton이 예상되고, 썰물일 경우 약 1872 ton의 풀링력이 산출된다. 현실적으로 300 ton 이상의 풀링력에 견디는 장비 동원은 어렵고, 각각의 장비가 실제 하중 및 설계 하중 이상을 만족시켜야 하기 때문에 부이를 설치하여 수중 무게를 줄이고 풀링력을 감소시켰다. 그림 4.55는 본 공사에서 사용한 강관 부이와 스트링에 연결된 모습을 보여준다.

(4) 특수 장비 및 장치

1) 풀링헤드(Pulling Head)
해저파이프라인의 맨 앞쪽에는 풀링와이어(pulling wire)와 연결하기 위한 특수

그림 4.55 강관 부이와 스트링에 연결된 모습

장치인 풀링헤드가 필요하다. 풀링헤드는 번들된 해저파이프라인 끝단에 부착되는 장치이며 풀링와이어와 연결된다. 풀링헤드는 풀링 시 작용하는 단순 풀링력 뿐만 아니라 각종 동적 하중을 고려하여 설계되어야 한다. 또한 굴착 구간에 매설할 경우에는 트랜치된 단면을 따라서 번들 스트링을 유도하게 되므로 해저파이프라인 구간을 잘 통과할 수 있도록 밑단에는 스키드(skid)가 설치되고 트랜치벽과 접촉을 고려하여 설계되어야 한다. 복합 해저파이프라인의 번들 단면이 비대칭일 때에는 수중 무게 중심에 일치하도록 패드아이(padeye) 위치를 선정하여야 한다. 정확한 패드아이 위치에 풀링헤드 작용점을 두어서 풀링 시 복합 해저파이프라인이 한 쪽 방향으로 치우치거나 비틀어지는 현상을 방지하여야 한다. 그림 4.56은 본 공사에서 쓰인 풀링헤드의 모습을 나타낸다.

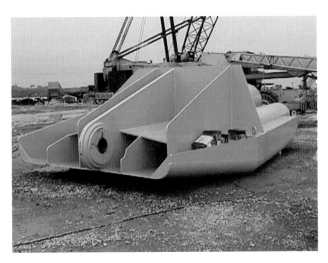

그림 4.56 풀링헤드(Pulling Head)

2) 푸시 풀 시스템(Push Pull System)

일반적으로 해저파이프라인 풀링에는 윈치가 사용되나 큰 풀링력이 필요할 때에는 특수 목적 시스템으로 변경하여야 하는데 이때 대표적으로 사용되는 시스템이 푸시 풀 시스템이다. 이 시스템은 해저파이프라인이 설치되는 반대편 육상에 기초를 다지고 레일을 깔아야 하는 단점이 있으나 최대 풀링력은 약 850 ton 이상이 가능한 장점이 있다. 그림 4.57은 본 공사에서 쓰인 푸시 풀 시스템을 보여준다.

3) 와이어 스위블(Wire Swivel)

복합 해저파이프라인을 풀링하기 위하여 사용되는 와이어는 와이어의 특성상 뒤

그림 4.57 푸시 풀 시스템(Push Pull System)

그림 4.58 와이어 스위블(Wire Swivel)

틀림이 강하게 발생하여 와이어의 강도를 현저히 저하시킬 뿐만 아니라 핸들링에도 상당한 문제점이 발생한다. 공사 기간 중 발생 가능한 이러한 와이어의 뒤틀림을 방지하기 위하여 와이어 스위블이란 특수 목적 장치를 개발하여 적용시켜야 한다. 이 장치는 풀링헤드와 핀으로 연결되어 와이어의 회전 인자를 자유롭게 풀어줌으로써 와이어의 뒤틀림을 방지하는 장치이다. 그림 4.58은 본 공사에서 쓰인 와이어 스위블을 나타낸다.

4) 유압 이동 시스템(Hydro Transfer System)

소형 파이프라인일 경우 작업장에 놓여진 스트링을 론치웨이에 옮기기 위해 크레인이 사용되지만 대형 복합 해저파이프라인일 경우 일반 크레인으로 이동시키는 것은 매우 어렵다. 유압 이동 시스템은 두 개의 유압 시스템을 이용하여 스트링을 론치웨이까지 안전하게 옮기는 임무를 수행한다. 롤러 간격을 고려한 처짐과 유압 이동 장치 간격, 그리고 스트링 작업장과 론치웨이의 고도를 고려하여 스트록(struck)이 결정되어야 한다. 그림 4.59는 본 공사에서 쓰인 유압 이동 시스템의 모습을 나타낸다.

5) 스트링 작업장

스트링 작업장은 6 m 내지 12 m로 공급된 강관을 작업장의 최대 길이에 맞게 결합시켜 스트링을 만드는 공간이다. 작업장에는 다음과 같은 시설 및 장비들이 필요하며 그림 4.60은 본 공사 현장의 작업장을 보여준다.

그림 4.59 유압 이동 시스템(Hydro Transfer System)

- Pipe Joint Storage Area
- Buoy Storage Area
- Make up Skid Area
- Transfer Beams Area
- Launchway
- Rollers
- Hydro Transfer System
- Running Hold Back Winch
- Standing Hold Back System
- Site Office Area
- Laboratory
- Warehouse Area
- Maintenance and Repair Area

그림 4.60 작업장

4.8.2 아산만 신규 LNG 복합 화력 주배관

(1) 공사 배경

서해안 아산만 부근의 액화 천연 가스(LNG)를 공급하기 위하여 당진과 평택을 해저파이프라인으로 연결하는 공사로 해저 구간은 약 3.0 km이다. 서해안의 환경적 특성상 수심이 낮고 조류의 간만의 차가 크므로 직경 30 inch 가스관 2기를 번들하여 해저 풀링법을 채택하였다. 풀링 장치로는 국내 최초로 크레인 바지가 동원되었으며 해저파이프라인 설치 구간 중 곡선부가 포함되어 있어 해저에 유도파일을 설계하였다. 수심이 낮아 크레인 바지가 정박할 수 있는 구간이 매우 짧은 난공사였다.

본 공사의 설치 공법 설정 및 장비 설계는 인하대학교에서 수행하였다. Shin et al.(1997)는 곡선부가 포함된 해저파이프라인 설치 방법에 대한 연구를 소개하였다.

(2) 개발 성과

직경 30 inch의 가스관 2기를 번들하여 설치함으로써 공기 단축과 공사 경비를 절감할 수 있었으며 곡선부에 해저파이프라인을 설치하기 위하여 곡선부 구간에 해저 파일을 설계하여 번들 파이프라인의 곡선부 통과를 실현시켰다. 국내 최초로 크레인 바지로 육상의 리턴 시브를 이용하여 풀링할 수 있는 방법을 제시하였다. 본공사는 2기의 해저파이프라인를 곡선부에 설치 완료하였다는 큰 성과를 이루었다.

(3) 설치 시 고려사항

육상 작업장의 공간 확보가 협소하여 본 공사의 스트링의 길이는 96 m로 하였고 서해안의 환경 특성상 조류의 속도가 크므로 중량 피복의 두께가 두꺼워짐에 따라 풀링력도 증가하게 되었다. 크레인 바지의 풀링력의 한계와 앵커의 파지력(holding power)을 고려하여 최대 풀링력을 300 ton으로 맞추기 위하여 부이를 사용하였다. 그림 4.61은 본 공사에서 사용한 크레인 바지와 론치웨이를 통한 번들 해저파이프라인의 설치 모습을 나타낸다.

(4) 특수 장비 및 장치
1) 곡선부 구간의 해저 파일

곡선부 구간에 해저파이프라인을 설치하기 위해 해저 파일을 설치하여 파이프라인을 지지하였다. 해저 파일을 설치하는데는 공사 기간과 비용이 많이 예상되므로

그림 4.61 크레인 바지와 론치웨이

그림 4.62 곡선부의 해저 파일

파일 개수를 최소로 하기 위한 분석을 실시하였다. 그림 4.62는 해저파이프라인을 지지하기 위한 곡선부의 해저 파일의 모습을 보여준다.

2) 리턴 시브(Return Sheave)

본 공사에서는 크레인 바지를 이용하여 풀링을 하였다. 수심이 얕고 개펄 부분이 많아 크레인 바지가 정박할 수 있는 공간이 매우 협소하였다. 이를 극복하기 위하여 반대편 육상에 리턴 시브를 설치하여 수심이 낮은 지역에서도 설치 작업이 가능하였다. 그림 4.63은 반대편 육상에 설치된 리턴 시브를 나타낸다.

그림 4.63 리턴 시브

4.9 기본 이론

해저파이프라인의 부설에는 여러 가지 이론이 제시되어 그에 따라 기본 계산이나 프로그램들이 이미 제작되었다. 4.9절에서는 해저파이프라인 부설 시 중요하게 고려되는 최소 허용 반경 계산법과 널리 알려진 빔 이론과 케티너리 방정식과 현재 상용 프로그램으로 널리 쓰여지고 있는 유한 요소법에 대하여 간단히 소개하고자 한다. 또한 해저 풀링법의 기본 이론과 예제를 제시하고자 한다.

4.9.1 허용 곡률 반경(Allowable Curvature Radius)

해저파이프라인의 허용 곡률 반경은 부설 시 매우 주요한 요소이고 허용 곡률 반경에 따라 해저파이프라인이 다루어져야 한다. 또한 설치 후에도 이 조건이 만족되어야만 해저파이프라인에 과다 응력이 작용하는 것을 방지할 수 있다. 해저파이프라인의 허용 곡률 반경은 부설 시와 부설 후로 나누어 계산되어야 한다. 다중복합 해저파이프라인의 경우에는 가장 직경이 크고 콘크리트 피복이 많이 된 해저파이프라인의 곡률 반경을 기준으로 한다. 그 이론 식은 다음과 같다.

$$R = S.F. \times \frac{E \times O.D}{2\sigma_y} \tag{4.1}$$

• E : 탄성 계수(kg/m^2)

- σ_y : 0.72 $\times$ S.M.Y.S(kg/m^2)

- S.F : 1.5(부설 시)

  2.0(부설 후)

- O.D. : 해저파이프라인 직경(m)

4.9.2 소변형 빔 이론(Small Deflection Theory)

소변형 빔 이론은 해저파이프라인의 새그밴드 부분의 부유 스팬(suspended span)을 빔 요소로 해석하는 이론이며 그 요소의 변형(deflection)은 매우 작다고 가정한다. 이 이론은 천해에서만 적용 가능하며 그 기본적인 지배 방정식은 다음과 같다.

$$\frac{dy}{dx} \ll 1 \tag{4.2}$$

$$- q = EI \frac{d^4 y}{d^4 x} - T_0 \frac{d^2 y}{d^2 x} \tag{4.3}$$

- q : 해저파이프라인의 단위길이당 수중 무게(kg/m)
- EI : 굽힘 강성 계수(kg/m^2)
- T_0 : 유효 인장력(kg)

또한 이 지배 방정식의 경계 조건은 다음과 같다. 그림 4.64는 부설 시 해저파

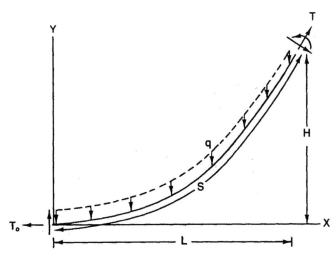

그림 4.64 부설 시 해저파이프라인의 형상

이프라인의 형상을 나타낸다.

$$y(0) = 0 \qquad (4.4)$$

$$\frac{dy}{dx}(0) = \Theta \qquad (4.5)$$

$$\frac{d^2y}{d^2x}(0) = 0 \qquad (4.6)$$

$$y(L) = H \qquad (4.7)$$

$$EI\frac{d^2y}{d^2x}(L) = M \qquad (4.8)$$

$$T = T_0 + qH \qquad (4.9)$$

- M : 변곡점(Inflection Point)에서의 모멘트는 0이다.
- T : $T = T_0 + qH$(kg)
- H : 해저파이프라인의 수직 높이(m)

4.9.3 비선형 빔 이론(Nonlinear Beam Theory)

비선형 빔 이론은 해저파이프라인의 새그밴드 부분의 부유 스팬을 비선형 빔 요소로 해석하는 이론이며 그 요소의 길이 방향의 변형은 비선형 사인 함수로 가정한다. 이 이론은 천해에서 뿐만 아니라 심해에서도 적용 가능하며 그 기본적인 지배 방정식은 다음과 같다.

$$\frac{dy}{ds} = \operatorname{Sin}\theta \qquad (4.10)$$

$$-q = EI\frac{d}{ds}\left(\operatorname{Sec}\theta\frac{d^2\theta}{ds^2}\right) - T_0\operatorname{Sec}^2\theta\frac{d\theta}{ds} \qquad (4.11)$$

- s : 해저파이프라인 스팬의 길이(m)
- θ : 해저파이프라인 스팬의 각도(Deg.)

이 이론의 경계 조건과 해석법은 수치적으로 유한 차분법(Finite Difference Method)을 이용한다.

4.9.4 캐티너리 이론(Natural Catenary Theory)

캐티너리 이론은 해저파이프라인의 강성과 직경이 작고 인장이 매우 큰 경우에 적용한다. 즉, 해저파이프라인의 굽힘 강성 EI를 0으로 가정한다. 이 이론은 해저파이프라인의 부설 시 외부 환경 하중에 의한 항력을 무시하며 단지 해저파이프라인의 수중 무게로 처짐을 계산한다. 이 이론은 심해에서만 적용 가능하며 경계 조건을 만족하지 않는다. 그 기본적인 지배 방정식은 다음과 같다.

$$q = T_0 \operatorname{Sec}^2 \theta \frac{d\theta}{ds} \tag{4.12}$$

$$\theta = \tan^{-1}\left(\frac{qs}{T_0}\right) + C \tag{4.13}$$

$$s = \sqrt{y^2 + \frac{2yT_0}{q}} = \frac{T_0}{q}\sinh\left(\frac{qx}{T_0}\right) \tag{4.14}$$

$$\epsilon = \frac{Dq}{2T_0} \tag{4.15}$$

- C : 상수(해저면에서 해저파이프라인의 기울기가 0일 때 0이다.)
- D : 해저파이프라인의 직경(m)
- ϵ : 해저파이프라인의 최대 굽힘 변형(m)

4.9.5 보강 캐티너리 이론(Stiffened Catenary Theory)

보강 캐티너리 이론은 캐티너리 이론과는 달리 경계 조건을 만족한다. 이 이론은 해저파이프라인 전체의 처짐 형상과 해저면에 닿는 끝단에서 매우 좋은 결과를 나타내지만 캐티너리 이론과 같이 해저파이프라인의 강성이 작고 심해에서만 적용 가능하다. 그 기본적인 지배 방정식은 캐티너리 이론과 같으며 다음의 무차원 변수가 매우 적다고 가정한다.

$$\alpha^2 = \frac{EI}{qS^3} \ll 1 \tag{4.16}$$

4.9.6 유한 요소법(Finite Element Method)

해저파이프라인의 부설에서 비선형 빔 이론의 이론이 수학적으로 너무 복잡해짐에 따라 공학적으로 이미 널리 쓰여지는 유한 요소법이 도입되었다. 해저파이프라인을 작은 요소(element)로 세분화하여 행렬법으로 계산되어지는 이 방법은 모든 수심에서 적용 가능하며 비선형 빔 이론의 모든 경계 조건을 만족시킨다. 현재의

표 4.2 각 이론별 비교		
이론	적용 가능 범위	경계 조건
소변형 빔 이론	천해	만족
비선형 빔 이론	모든 수심	만족
캐티너리 이론	심해	불만족
보강 캐티너리 이론	심해	만족
유한 요소법	모든 수심	만족

모든 해저파이프라인 부설 시 사용되는 모든 프로그램들은 이 방법으로 제작되어진 것이다.

위에서 소개한 각각의 이론식들의 경계 조건과 적용 가능한 구간들을 간단히 정리하면 표 4.2와 같다.

4.9.7 해저 풀링법(Bottom Pulling Method)

해저파이프라인 설치 구간이 비교적 짧고 수심이 낮고 조류의 간만의 차가 큰 지역에서는 해저 풀링법을 주로 사용한다. 해저 풀링법은 육상 작업장이 필요하며 큰 풀링력을 요구하므로 풀링 장치 이외에도 여러 가지 특수 목적 장치가 필요한 설치 공법이다. 지금부터 해저 풀링법에서 가장 중요한 풀링력 산출 이론을 소개하도록 하겠다.

(1) 풀링력(Pulling Force) 산출

해저파이프라인의 풀링에 요구되는 풀링력은 구간과 상태에 따라 각각 구해지며 이들의 합으로 계산된다. 실제 설치 설계에서는 동원 가능한 풀링 장비의 용량에 최대 풀링력을 맞추어야 하므로 이에 따라 부이를 장착하여 풀링력을 줄여야 한다. 설계자는 각각의 조건에 따라 모든 사항을 정확하게 적용하여야 하며 기본 적용 식은 다음과 같다.

$$F = \sum (\mu W L) \tag{4.17}$$

- μ : 마찰 계수
- W : 해저파이프라인의 단위길이당 무게(Ton/m)

• L : 해저파이프라인의 총 길이(m)

위의 식에서 상태와 구간에 따라 각각 구분되어 계산된다. 상태는 해저파이프라인의 무게 상태를 의미하며 구간은 해저파이프라인이 어디에 위치하는가를 의미한다.

① 상태
• 공기 중 상태(Dry) $\qquad$ $W = W_{dry}$
• 혼합 상태(50% Submerged) $\qquad$ $W = (W_{dry} + W_{sub})$
• 수중 상태(Submerged) $\qquad$ $W = W_{sub}$

② 구간
• 롤러 $\qquad$ $\mu = \mu_r = 0.2$(가정)
• 해저면 $\qquad$ $\mu = \mu_s = 1.0$(가정)

③ 세부 조건
• 와이어 무게 가산
• 부이를 장착한 경우 W_{dry}와 W_{sub}에 각각 부이 무게와 부력 고려
• 기타 특수 목적 장치들의 무게 가산: 풀링헤드, 스위블, 부이 등
• 번들의 경우 부가장치의 무게 가산: 번들빔, 고무 밴드, 볼트 및 너트 등
• 간만의 차를 고려하여 각각의 풀링력 계산: 만조와 간조

(2) 부이 설계

풀링력을 줄이기 위하여 해저파이프라인에 부이를 설치하는데 부이의 종류는 여러 가지가 있으나 제작이 용이하고 비용이 저렴한 해저파이프라인의 재료인 강관에 밸브와 양 끝단을 판으로 막아 제작하는 강관 부이를 많이 사용한다. 풀링력 계산에서 필요 부이의 용량이 정해지면 그 만큼의 부력을 가지는 강관의 직경을 선택한 후 최대 수심을 고려하여 두께와 측면 판을 설계한다.

① 강관 부이의 두께

부이로 사용할 강관의 직경이 정해지면 조류의 간만의 차와 굴착 깊이까지 고려한 최대 수심을 적용하여 필요한 두께를 설계하여야 한다. 강관 부이에 작용하는 압력은 수심에 의한 외압만이 존재하므로 해저파이프라인의 경우에서 외압에 의한 두께만을 고려하며 그 설계식은 다음과 같다.

$$P_e = \frac{2E}{(1-\nu^2)} \times \left(\frac{t}{D}\right)^3 \qquad (4.18)$$

- P_e : 최대 외압(= $\rho \times g \times d_{max}$)(MPa)
- ρ : 해수 밀도(kg/m^3)
- g : 중력 가속도(m/s^2)
- d_{max} : 최대 수심(m)

② 측면 판의 두께

강관을 부이로 사용하기 위해서는 양 끝단을 막을 측면판이 필요하게 되는데 이 측면판은 원형판으로 직경은 강관과 동일하고 최대 수심에 안정한 두께를 확보하여야 한다. 강관 부이의 자세한 모습은 그림 4.65에 잘 나타나 있다. 강관 부이의 측면판의 두께 설계식은 원형판의 외압이 판 전체에 균일하게 작용하는 조건을 적용하여 다음의 공식집에서 응용하여 설계한다(ROARK'S FORMULAS(Fifth Edition), P. 363, TABLE 24, CASE 10.b).

$$\sigma_{max} = \frac{M_{max}}{S} = \frac{3\,P_e \times r^2 (1+\nu)}{8\,t^2} \tag{4.19}$$

- σ_{max} : 최대 응력(MPa)
- M_{max} : 최대 모멘트(MPa-m)

  ($r_o = 0$ in ROARK'S FORMULAS, P. 363, TABLE 24, CASE 10.b)

  $$= \frac{P_e\,r^2(1+\nu)}{16}$$

- P_e : 최대 외압(= $\rho \times g \times d_{max}$)(MPa)
- r : 측면 판의 반경(m)
- ν : 푸아송 비(강의 경우 0.3)

그림 4.65 강관 부이(Pipe Buoy)

- S : 단위직경당 단면 계수(m³/m)= $\dfrac{I}{c} = \dfrac{t^3/12}{t/2} = \dfrac{t^2}{6}$

③ 계산 및 검토 과정

풀링력은 가능한 한 실측 무게를 근간으로 하여 계산이 수행되어져야 하며 부이가 필요할 때에는 기타 필요 장치들의 모든 무게를 합산하여 다시 한 번 계산하고 검토하여야 한다. 부이를 장착하면 수중 무게가 감소하여 전체의 풀링력은 현저히 감소하나 공기 중 무게는 증가한다. 이때 론치웨이의 롤러 및 지지구조물의 허용 용량을 초과하는 경우도 발생할 수 있으므로 설계자는 반드시 부이를 장착한 후 모든 사항을 점검하여야 한다. 기본적인 풀링력 계산 과정은 다음과 같다.

최대 풀링력 계산

동원 가능한 설치 장비(wire, winch. etc)의 용량에 따른 최대 풀링력 계산

최대 풀링력에 적합한 필요한 부이의 개수와 간격 설정

모든 부가 장치와 부이의 무게를 가산하여 최대 풀링력 계산

5장

굴착(Trenching)

　　해저파이프라인이 항만이나 저수심 지역 또는 선박들의 항해가 많은 지역에서는 여러 위험 요소에 안전하게 운용될 수 있는 보호 공법이 적용되어야 한다. 선박들의 앵커 투묘 및 주묘, 작업 로프, 어선의 그물 등에 의해 해저파이프라인이 파손되는 경우가 발생한다. 굴착은 해저파이프라인을 이런 위험으로부터 보호해 주는 공법 중의 하나로, 해저면을 일정 깊이로 굴착한 후 해저파이프라인을 설치하고 다시 그 부분을 토사나 사석으로 되메우기(back filling)를 한다. 되메우기는 인위적으로 하는 경우도 있고 자연적으로 시간에 따라 주변 토사들이 굴착 단면을 채우는 자연 되메우기를 하기도 한다. 그림 5.1은 굴착 구간에 해저파이프라인이 설치되는 모습이며 그림 5.2에서 그림 5.5는 여러 단면 형상을 갖는 굴착 형상을 보여준다.

그림 5.1 굴착 단면내 해저파이프라인 부설 작업 모습(JAN DE NUL)

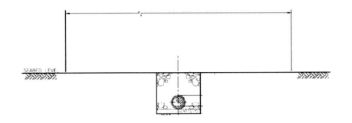

**TYPE 1 – PRE-TRENCH BY DREDGING
WITH ARMOUR ROCKS BACKFILL**

그림 5.2 굴착 구간의 타입1 단면 형상

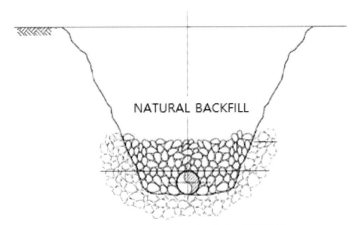

NATURAL BACKFILL

**TYPE 2 – POST-TRENCH BY JETTING
WITH ARMOUR ROCKS BACKFILL**

그림 5.3 굴착 구간의 타입2 단면 형상

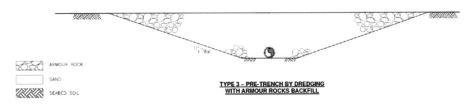

ARMOUR ROCK

SAND

SEABED SOIL

**TYPE 3 – PRE-TRENCH BY DREDGING
WITH ARMOUR ROCKS BACKFILL**

그림 5.4 굴착 구간의 타입3 단면 형상

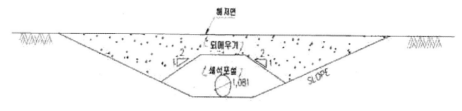

그림 5.5 굴착 구간 형상

굴착은 해안 횡단에서 상대적으로 짧은 거리를 굴착하기 위해 쟁기(plow) 및 제팅(jetting) 장비로 수행된다. 수심이 얕고 긴 거리의 바다에서의 굴착은 제트 바지선(jet barge)을 동원하여 제팅 장비(jetting equipment)로 수행되었으나, 최근에는 쟁기와 기계식 절단기(mechanical cutter) 시스템이 이를 대체하기 시작했다. 이 방법은 기존 제팅 방법이 비용이 높고 파이프라인 보호가 제한적이라는 단점을 극복하기 위해 개발되었다. 최근 들어 ROV 기술을 이용한 제팅 방법이 다시 관심을 끌게 되었다. 제팅 스프레드(jetting spread)를 이용한 제팅 방법은 파이프라인 굴착 시장과 케이블 굴착 시장의 절반 정도를 차지하는 것으로 추정된다.

굴착은 파이프라인 부설 전에 작업하는 프리 굴착(pre-trenching)과 부설 후 수행하는 포스트 굴착(post-trenching)으로 나눌 수 있으며, 포스트 굴착은 해저파이프라인을 우선 설치하고 그 이후 파이프라인 위에 쟁기를 당기면서 아래의 흙들을 제거 하거나, 제팅 장비를 이용하여 해저파이프라인 측면과 밑의 흙을 제거하여 해저파이프라인을 굴착 해저면에 위치시킨다.

해저파이프라인을 위한 굴착 장비는 다음과 같이 여러 가지가 사용된다.

- 제팅 : 포스트 굴착일 경우 많이 사용되며 강력한 펌프를 사용하여 파이프의 양 측면에 고압의 물을 쏘면서 파이프라인 측면과 아래의 토양을 제거한다(그림 5.6).
- 기계식 절단 : 이 시스템은 체인이나 커터 디스크(cutter disk)를 사용하여 해저파이프라인 아래에서 바위나 거친 토양 등을 커팅하고 제거한다(그림 5.7).
- 플로잉(plowing) : 해상선박과 케이블로 연결된 쟁기를 이용하여 굴착하는 방법으로 작업 속도가 타 공법에 비해 빠르다. 프리 굴착에도 사용되고 포스트 굴착에도 적용된다(그림 5.8).
- 준설/굴착(dredging/excavation) : 천해에서 파이프라인을 부설하기 전에 준설선(dredger) 또는 굴착기(excavator)로 토양을 제거할 수 있다. 여러 종류의 장비가 해양 환경에 따라 동원되는데, 백호 굴착기(backhoe), 커터 흡입

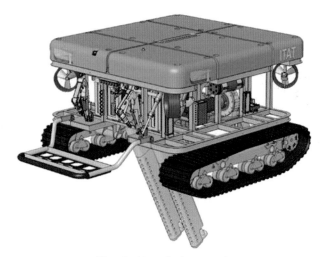

그림 5.6 Water jetting trencher

그림 5.7 Mechanical cutting 굴착 작업(Boskalis & VSMC)

그림 5.8 Trenching plow

그림 5.9 Cutter suction dredger

(cutter-suction) 준설선 등 여러 종류의 장비가 사용된다. 그림 5.9에 cutter suction dredger의 모습을 보여준다.

5.2 굴착 작업 시 고려사항

굴착 공법은 해저의 토질 상태, 해저파이프라인의 수중 무게와 크기, 외부 환경적 요소, 생산율(production rate), 굴착의 안정도, 동력 소모(power consumption) 등 많은 요인에 의해 결정된다.

5.2.1 토질

토질은 굴착 작업에서 가장 중요하게 고려해야 할 사항이다. 토질의 밀도, 함수비(water content), 전단 강도, 예민비(sensitivity), 농성지수, 연찰각, 입도 분포, 투수성 등을 고려해야 한다. 이러한 토질의 특성들은 각 상태에 따라 계수로 정의되어 있으며 그 중 특정한 값들은 매우 중요하여 다른 토질 계수에 영향을 미치기도 한다. 예를 들어, 함수비가 증가하면 비배수 전단 강도는 감소하며, 일반적으로 트렌칭 장비는 비교적 높은 함수비를 갖는 토질에서 더욱 효과적이다. 높은 담수비를 가진 토질에서는 굴착 단면의 안정성이 감소될 수도 있다. 계수들 사이에 밀접한 관계가 있기 때문에 굴착에 대한 정량적인 설명을 각각의 토질 계수에 의해 개별적으로 판단하기는 어렵다. 굴착 효율은 토질 경단 강도가 높은 경우 감소한다.

해저파이프라인 보호를 위해 굴착이 이루어진 후 되메움을 하는 것이 중요하다. 되메움 형상과 되메움 속도 또한 고려되어야 한다. 자연적인 되메움 시에 파랑과 높은 해류 속도에 의해 토사는 떠올라 부유하는 현상이 발생하기도 한다. 이 속도를 치아 속도(erosion velocity)라 하며, 각 토사 입경에 따른 침전 속도의 관계를 실험결과에 의해 그림 5.10에 나타냈다. 그림 5.11과 5.12는 준설선을 이용한 굴착

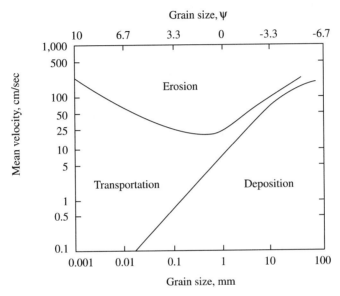

1. 해저면 위 1 m 지점에서의 평균 속도
2. 침전물의 양은 일정하다고 가정

그림 5.10 토사 입경에 따른 침전 속도(Vincent, 1957)

그림 5.11 준설 작업(IHC)

그림 5.12 준설선에 의한 굴착 작업(JAN DE NUL)

작업 모습을 보여주고 있다.

5.2.2 수심

수심은 굴착 작업의 효율에 큰 영향을 미치고 작업 수심은 잠수 가능 수심에 제한을 받는다. 현재 잠수 작업은 수심 200 m까지 수행되고, 수심 500 m까지 가능해졌다. 엄빌리컬 호스(umbilical hose)에서의 마찰 손실 때문에 일상적인 제팅(jetting) 작업은 수심에 더 민감하게 작용한다. 만일 굴착 구간에서 토사를 제거하기 위해 압축공기를 사용한다면 공기 흡입 작업의 효율성은 수심이 깊어질수록 감소한다. 마찰 손실은 호스의 크기, 유량, 호스 내면의 마찰 특성 등에 관계된다. 외부에너지 전달이 없는 호스에 안정적, 비압축성 유체가 흐를 경우, 마찰에 의한 엄빌리컬 호스에서의 수두 손실(head loss)은 Darcy-Weisbach 공식에 의해 정의되어진다.

$$h = f \frac{U^2}{2gD} \tag{5.1}$$

- h : 단위길이당 수두 손실(ft/ft)
- f : flow-resistance coefficient(f-factor)

- U : 평균 유속(ft/sec)
- D : 호스의 내경(ft)
- g : 중력가속도 = $32.2\,ft/\sec^2$

마찰 계수는 실험에 의해 얻어지며 층류의 경우에는 레이놀즈수에 의해 결정되지만, 난류의 경우 레이놀즈수와 호스의 거칠기(hose roughness coefficient)의 함수로 나타낸다. 위의 식에 따르면 심해에서 분사 작업을 할 경우 누실 수두는 상당히 크며 이러한 손실을 방지하기 위하여 엄빌리컬 호스의 크기를 증가시킬 필요가 있다. 결과적으로 엄빌리컬 호스의 부피 증가, 취급의 어려움, 가격의 상승 등을 초래하며, 자유수면 및 자유수면 조류에 대해 더욱 민감해진다. 슬레드(sled) 위에 수중 펌프를 장착한 분사 슬레드(jetting sled)가 개발되어 동력 신호 전송 라인(power and signal transmission line)을 제외하고는 엄빌리컬 호스가 필요없게 되었다. 이런 경우에 분사 작업은 수심의 영향을 받지 않는다.

5.2.3 해저파이프라인의 수중 무게와 크기

해저파이프라인을 굴착 단면 안으로 안착시키기 위해서는 굴착 구간내의 토사를 제거해야 한다. 제거할 토사의 양은 해저파이프라인의 크기에 따라 결정된다. 제팅이나 슬레드를 이용하여 굴착을 할 경우 해저파이프라인 수중 무게의 영향은 작업의 효율을 결정하는데 중요한 역할을 한다. 예상 심도까지 해저파이프라인을 트렌칭하는데 필요한 통과 회수는 해저파이프라인의 내부가 차 있을 때 더욱 증가하는 것을 경험을 통해 알 수 있다. 그러나 해저파이프라인의 수중 무게 증가 시, 한계 기준은 굴착 시 해저파이프라인에 발생하는 응력에 의해 결정된다. 이 응력은 해저파이프라인의 단면특성과 통과회수당 굴착 깊이에 달려 있다.

5.2.4 생산성

굴착 작업의 생산성은 토사량, 굴착 장비 능력, 전진 속도 등에 의해 결정된다. 일반적으로 굴착 속도는 굴착 장비의 속도와 관련이 있다. 일정한 마력을 가진 제팅 슬레드를 사용한 굴착 단면 깊이는 슬레드의 전진 속도가 증가하면 감소하게 된다. 반대로 슬레드의 예인 속도가 매우 빠를 경우 주어진 해저파이프라인 길이가 굴착 단면에서 지지되어 있지 않는 시간이 줄어들어 제팅된 굴착 단면의 실팅(silting)현상은 실질적으로는 감소하게 된다. 굴착 최적 속도는 각 장비의 특성과 현장 데이터 및 모델 연구를 토대로 결정되어야 한다.

5.2.5 해상 상태

굴착의 경우 대부분의 작업이 수중에서 진행되기 때문에 해상에 대하여 큰 영향을 받지 않는다. 일반적인 제팅 작업은 굴착 장비와 연결된 공기 호스가 해상의 영향을 받으며 조류 및 파랑은 해수면의 모선에 영향을 미친다. 해저 굴착 장비는 기상 조건에 대해서는 그다지 큰 영향을 받지 않는다.

5.2.6 굴착 단면의 안정도

굴착 단면의 안정도는 굴착되는 토질에 의해 결정된다. 해당 해역의 토질이 점토일 경우에는 거의 연직 측면을 가진 굴착 단면이 형성된다. 반면 사질토의 경우 측면 경사가 매우 완만한 굴착 단면이 형성되며, 토질 특성에 따라 측면 경사도가 달라진다. 토질의 종류에 따라 1:1부터 1:5까지의 경사도를 적용한다. 굴착 작업 후 주위의 토사나 이물질이 흘러들어 굴착 단면 깊이를 줄이고 굴착 단면 구간을 메꾸는 현상이 나타나기 때문에 해저파이프라인을 설치하기 전 원하는 굴착 단면과 깊이가 충분한지 모두 고려한 후 진행되어야 한다. 만약 충분하지 않다면 제팅이나 적합한 장비를 동원하여 설계된 굴착 단면을 확보해야 한다. Jeong et al.(1999), Jang et al.(2000), Lee et al.(2001)는 굴착 주변의 유동 패턴 및 안정성에 대해 연구를 하였다. 이를 통해 굴착 깊이와 단면 형상에 따라 해저파이프라인의 안정성에 큰 영향을 주고 그 효과를 정량화하였다.

5.2.7 준설토의 처리

굴착 작업 후 구간 내의 토사를 모두 제거해야 한다. 제거 장치는 그림 5.13과

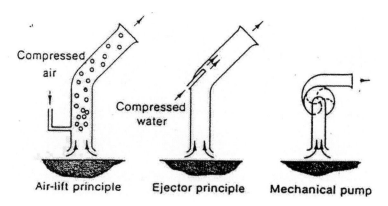

그림 5.13 준설토의 제거 방법
(Offshore Pipeline Design, Analysis, and Method)

같이 공기 리프트(air lift), 이젝터(ejector), 펌프 등이 있으며 일반적으로 한 가지 또는 이들의 조합에 의해 실행된다. 이젝터 석션(ejector suction) 공법은 수면에서 물을 이젝터 튜브(ejector tube)로 주입하며 압력차에 의하여 토사가 부상하여 굴착 단면 밖으로 방출된다. 공기 리프트 공법은 압축 공기를 해저면에 있는 이젝터 튜브에 주입하여 튜브 내의 밀도 변화가 상승력을 발생시켜, 토사가 부상하여 굴착 단면의 측면으로 방출된다.

5.3 굴착 공법

굴착은 여러 가지 방법으로 행하여진다. 준설량이 많고 그 깊이가 깊을 경우 또는 지반이 경암 등 단단하여 분사나 액상화가 힘들 경우 준설선을 통하여 굴착을 수행한다. 그림 5.14~5.18은 여러 가지 형태와 기능의 준설선을 나타낸다. 그림 5.14는 Damen사의 커터 석션 준설선(cutter suction dredger)이며, 그림 5.15는 Boskalis사의 트레일링 호퍼 준설선(trailing hopper dredger)이며, 그림 5.16은 그 측면도를 보여주고 있다. 그림 5.17은 Damen사의 워터 인젝션 준설선(water injection dredger)을 보여준다. 그림 5.18은 Qingzhou Yongli Mining and Dredging Machinery사의 버킷 준설선(bucket dredger)을 보여준다.

그림 5.14 Cutter suction dredger(Damen)

그림 5.15 Trailing hopper dredger(Boskalis)

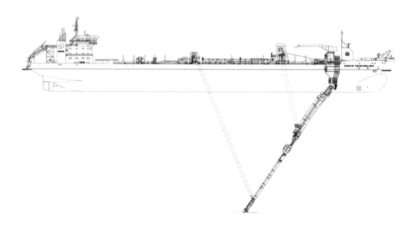

SIDE VIEW

그림 5.16 Trailing hopper dredger 측면도(Boskalis)

그림 5.17 Water injection dredger(Damen)

그림 5.18 Bucket dredger(Qingzhou Yongli Mining and Dredging Machinery)

5.3.1 제팅(jetting) 공법

제팅 공법은 압축된 공기나 물을 호스를 통하여 해저면에 쏘아 굴착 단면을 만드는 방법으로서 현재까지는 가장 보편적인 해저파이프라인 굴착 공법이다. 심해에서 종래의 제팅 장비의 사용이 제한되는 가장 큰 이유는 호스의 정적 및 동적 운동에 의한 작업성 저하이다. 마찰손실 때문에 엄빌리컬 호스가 길어지고 부피가 커지면 취급하기가 힘들고 슬레드나 파이프라인과 간섭이 발생할 경우 파손 위험을 증가시킨다. 그림 5.19는 해저면으로부터 1.5 m까지 굴착이 가능한 제팅기를

그림 5.19 해저 굴착 단면 제팅 장비(fugro-tsm)

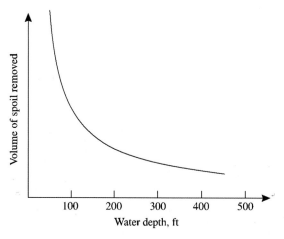

그림 5.20 흙의 부양 능력에 대한 수심의 영향(Mousselli, 1981)

나타내고 있다.

굴착 효율은 토사폐기(soil disposal)의 효율성에 의해서도 영향을 받는다. 공기 흡입 시스템은 심해에서 토사를 제거하는데 비능률적이다. 이는 정수압의 증가 때문이며 공기 체적이 상당히 감소하여 해저면에 작용하는 토사 부양력(soil lifting force)이 줄어든다. 공기 흡입의 토사 부양 능력에 대한 수심의 영향을 분석한 결과가 그림 5.20에 제시되었다.

5.3.2 액상화(fluidization) 공법

액상화 공법은 모래나 점착력이 작은 토질, 즉 사토, 점토 등에 효율적이다. 액상화는 해저파이프라인 주위의 토사에 많은 양의 물을 주입함으로써 토사 밀도를 감소시켜 해저파이프라인을 침하시키는 것이다. 이 공법의 장점은 주위의 토사가 즉시 해저파이프라인을 덮음으로써 파이프라인의 보호가 충분히 이루어지는 점이며, 단점은 일반적으로 해저파이프라인의 전 노선에 여러 가지 토질이 나타남에도 불구하고 단지 모래질에서만 효과적이며, 장비의 규모나 부피가 크고 많은 양의 물을 필요로 한다는 점이다. 또한 작업하는 동안 호스의 취급에 주의하여야 한다. 그림 5.21은 액상화 개념도를 보여준다.

5.3.3 플로잉(plowing) 공법

이 공법은 1938년 아일랜드 서해에서 전력케이블 부설에 처음 사용되었다. 초기에는 미숙한 설계와 현장작업과 관련된 문제들에 대한 이해 부족으로 견인력의 부

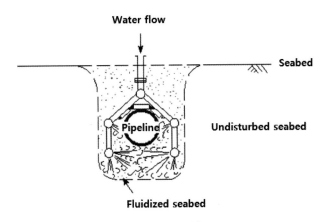

그림 5.21 액상화 개념도

족, 파잠 심도의 부정확성 및 해저면에서 부착능력 결여 등으로 인하여 관심을 끌지 못했었다. 그러나 최근 제팅 공법의 한계와 굴착 작업에 사용되는 준설선의 비용이 높아 해저파이프라인 매설 시 많이 사용되고 있다. 그림 5.22는 플로우의 개념도를 나타내고, 그림 5.23은 작업에 동원되는 플로우를 보여준다.

플로우에 의한 해저파이프라인 부설 방법은 다음 세 가지로 나눌 수 있다.

• 프리 플로잉(pre-plowing) : 해저파이프라인 부설 전 노선에 미리 굴착 단면을 만들어 놓는 방법으로 해저 예인 공법에 의해 설치되는 해저파이프라인에 적절하다. 부설선을 이용한 해저파이프라인 부설 시는 해저면의 터치다운 포인트(touch-down point)의 위치 조정이 어렵다.

• 동시 플로잉(simultaneous plowing) : 해저파이프라인 설치와 굴착을 동시에 하는 방법으로 스팅어의 끝에 플로우가 부착되어 있는 부설선을 이용할 경우 유용하다. 스팅어가 해저면에 닿아야 하므로 비교적 얕은 수심에서 효과적이다.

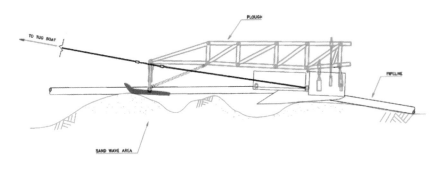

그림 5.22 플로우(Plow) 개념도(현대중공업)

그림 5.23 플로우(JAN DE NUL)

- 포스트 플로잉(post-plowing) : 해저파이프라인 설치 후 굴착을 하는 방법으로 해저파이프라인이 해저면에 부설된 후 작업이 이루어지기 때문에 해저파이프 라인도 부설공법과 상관없이 적용이 가능하다. 이 공법의 장점은 생산성이 매 우 높고, 해저파이프라인을 따라가므로 정확한 작업이 가능하고 빠른 속도로 터그보트를 사용하여 예인할 수 있으므로 단 시간내에 굴착 작업이 가능하다.

(1) 플로우의 기본형태

지금까지 개발된 플로우의 형태는 여러 가지 있으며, 각각의 특성들은 다음과 같다.

① 슬레드(sled with projecting share)

슬레드의 개념도는 그림 5.24에 나타나 있다. 쉐어(share)는 양쪽에서 스키드 (skid) 위를 달리는 슬레드(sled)에 의해 이동하며, 해저면 아래쪽으로 돌출되어 그 위 흙에 의한 힘이 아래로 작용하도록 하여 작업한다. 쉐어 위 흙에 의한 힘의 수 직성분은 스키드에 의한 상향반력과 수평성분은 끄는 힘과 평형을 이룬다. 그림 5.25에서는 플로우의 기본 형태를 보여주고 있다. 쉐어는 거의 수직측면의 굴착

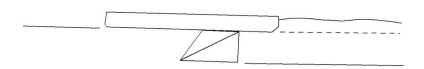

그림 5.24 슬레드 프로젝팅 쉐어(sled with projecting share)

단면을 만들며, 쉐어 뒤에 짧은 보호물(short shield)은 굴착 단면의 측면을 억제한다. 쉐어 앞면에 분사시킴으로써 바닥의 흙을 이완시키고 끄는 힘을 감소시킨다. 제팅을 함으로써 작업이 복잡해질 수 있지만 종래의 제팅 장비를 단독으로 사용하는 것보다 효과적으로 작업이 가능하다.

② 롱 빔 플로우(long-beam plow)

롱 빔 플로우의 개념도는 그림 5.26에 나타나 있으며, 북해의 Statfjord 유전에서 2km의 단단한 토질에 1m 깊이의 굴착 단면을 굴착한 적이 있다. 바퀴 대신에 쉐어와 스키드로 구성된 플로우가 개발되어 1978년에 Canadian Melville Arctic 근해의 Drake gasfield에서 연약 점토층에 굴착을 하였다. 그림 5.27과 같이 이런 종류의 플로우는 현재 많이 쓰이고 있는 형태이다.

③ 포스트 트렌칭 플로우(post-trenching plow)

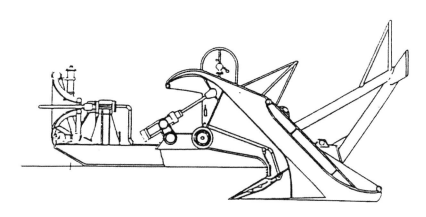

그림 5.25 플로우(coflexip)

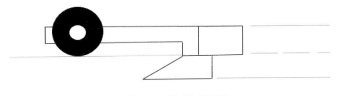

그림 5.26 롱 빔 플로우

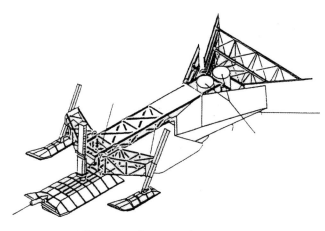

그림 5.27 스키드 플로우(Panarctic Oils)

　해저파이프라인이 설치되어 있는 상태에서 플로잉 작업은 파이프라인의 안전을 고려해야 하므로 적절한 위치에서 시작되어야 한다. 지금까지 검토된 사항들은 다음과 같다.

　그림 5.28은 포스트 트렌칭 플로우이며 해저파이프라인 상단에 놓이게 한 후 터그보트로 예인하게 되고, 크래들이 파이프라인을 들어 그 아래로 커터가 해저면을 커팅하며 굴착 단면이 만들어진 후 그 위치에 해저파이프라인이 안착하도록 하는

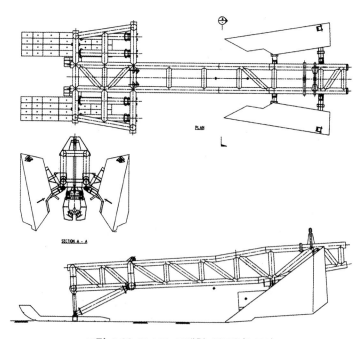

그림 5.28 포스트 트렌칭 플로우(RJBA)

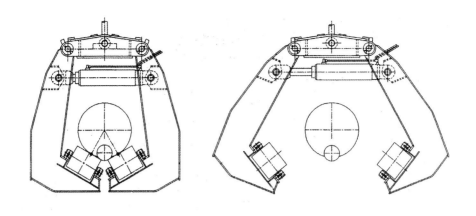

ROLLER CRADLE IN CLOSED POSITION   ROLLER CRADLE IN OPEN POSITION

그림 5.29 포스트 트렌칭 플로우 크래들(RJBA)

기능을 갖고 있다. 그림 5.29는 파이프라인을 감싸며 들어주는 플로우 크래들의 작동원리를 보여준다.

④ 멀티 블레이디드 플로우(multi-bladed plow)

이 모형의 개념은 그림 5.30과 같이 여러 개의 쉐어가 있는 것을 제외하고는 일반 플로우와 구조나 원리가 비슷하다. 끄는 힘은 굴착 단면 깊이와 토질 종류에 따라 달라진다. 여러 개의 쉐어가 굴착 단면의 여러 부분을 굴착하므로 끄는 힘을 줄일 수 있다. 이 시스템의 단점으로는 전체 플로우의 길이가 긴 점과 복잡한 형태로 인한 해저면과의 마찰이 크다는 점을 들 수 있다. 그림 5.31은 멀티 블레이디드 플로우의 실제 사진이다.

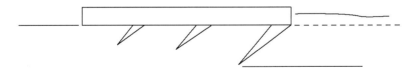

그림 5.30 멀티 블레이디드 플로우(multi-bladed plow)

그림 5.31 멀티 블레이디드 플로우(IHC)

6장

파이프라인 진동

파이프라인의 진동은 피로로 인한 파이프라인 고장 및 손상의 주요 원인으로 확인(Blevins, 1990)되었으며, 이는 경제적 및 환경적 재앙으로 이어질 수 있다. 캐나다에서 미국으로 석유를 운송하는 송유관의 손상으로 인한 석유 유출 및 2010년 멕시코 만(Gulf of Mexico)에서의 Deepwater Horizon호 심해저 시추 장비의 폭발 등 최근 석유 및 가스 산업에서 발생한 두 건의 사건은 해저파이프라인의 진동과 유지보수의 중요성을 증명하고 있다.

해저파이프라인 진동의 주요 원인은 두 가지 주요 범주로 분류할 수 있다. 첫째 기계적 진동, 둘째 유체 유동에 의한 진동이다. 기계적 진동은 펌프, 압축기, 터빈, 제어 밸브 등에서 발생하는 기진력의 전달에 의한 것이다. 예를 들어, 펌프로 인한 공동(cavitation) 현상, 제어 밸브 진동은 해저파이프라인 진동의 가장 일반적인 현상 중 하나이다.

공동 현상은 충격파(shock wave)를 방출하여 해저파이프라인을 진동시키고, 이로 인하여 높은 국부적인 응력이 생성된다. 방출 충격파는 공동 현상 빈도가 파이프라인의 고유 진동수와 일치할 때 파이프라인 진동·진폭이 과대하게 발생할 수 있다(Miller, 2001).

또한 밸브의 갑작스런 개폐는 해저파이프라인에 워터 해머(water hammer)효과를 발생시켜 엄청나게 큰 진폭의 진동이 발생할 수 있다. 워터 해머는 파이프라인 내부 유체 속도가 급격하게 변하거나 방향이 변할 때 주로 발생한다. 급작스런 밸브 폐쇄로 인한 음향 압력 파(acoustic pressure wave)는 파이프라인 내부 운용 압력 또는 설계 압력보다 수 배 이상 클 수 있다. 이 음향 압력 파는 이미 피로 손상이 누적된 해저파이프라인에 붕괴까지 유발할 수 있을 만큼 심각할 수 있다. Miller(2001)는 제어 밸브와 관련된 밸브를 통과하는 유체 운동 에너지의 양을 제한함으로써 음향 압력 파를 완화하는 연구를 수행하기도 했다.

유체 유동으로 인한 진동은 파이프라인 내부와 외부 유체에 의하여 발생할 수 있다. 유동 유기 진동으로 인한 구조적 손상은 파이프라인 성능과 신뢰성에 영향을 미치는 공통적인 문제이다.

내부 유동의 경우, 파이프라인 진동은 비정상 유동(unsteady flow), 유동 방향 변화, 파이프라인 지름 변화, 제어 밸브의 빠른 개폐 등으로 인해 발생하며 내부 유체 유속의 영향도 받는다. 고압의 오일 및 가스를 운반하는 해양 플랫폼 해저파이프라인과 급격한 곡률 변화를 가지는 해저파이프라인에서 내부 유체 유동에 의한 진동이 잘 발생할 수 있다. 파이프라인에서 내부 교란된 유체 유동(disturbed internal flow) 주파수가 해저파이프라인의 고유 진동수와 일치할 때 큰 진폭의 진동이 발생한다. 유동 유기 진동은 파이프라인 지지 구조에 손상을 입히거나 배관 자체의 파열을 유발할 수 있으며, 이 경우 운용 중비(shutdown)와 심각한 환경 문제가 발생할 수 있다.

해류와 파도로 인해 해수 유동이 해저파이프라인과 교차할 때 진동이 발생할 수 있고 이런 현상을 와류유기 진동(VIV, vortex-induced vibration)이라고 하며, 해저파이프라인에 VIV가 발생하지 않도록 설계해야 한다.

해저파이프라인의 과대 진동 응답으로 인한 구조 피로 파손을 방지하기 위하여 파이프라인의 고유 진동수가 파동 및 와류 방출(vortex shedding) 진동수와 일치하지 않도록 파이프라인의 자유경간 길이(free span length)를 신중하게 선택해야 한다. 즉, 해저파이프라인 주변 유체의 유속을 고려하여 허용 자유경간 길이를 결정하는 것이 중요하다.

6.2 단순보 이론을 이용한 진동 해석

파이프라인 진동을 분석하는 간단하고 효과적인 접근법은 파이프라인을 지지하는 양단 지지점 사이의 긴 파이프라인을 긴 보로 간주하는 것이다(그림 6.1). 양단의 지지점 사이 단위 파이프라인(pipeline segment)을 미소 변위를 가정한 오일러 보로 간주하면, 파이프라인의 면외 굽힘 변위(u)를 도출하기 위한 자유 굽힘 변위의 지배 방정식은 식 (6.1)과 같이 표현될 수 있다.

$$EI\frac{\partial^4 u}{\partial x^4} + m_e\frac{\partial^2 u}{\partial t^2} = 0 \tag{6.1}$$

여기서 E와 I는 해저파이프라인 재료의 탄성 계수와 해저파이프라인 단면의 면

그림 6.1 양단에 지지된 해저파이프라인(Guo et al., 2013)

적2차모멘트이다. 또한 m_e는 해저파이프라인 단위길이당 질량이다. 식 (6.1)은 파이프라인 고유 진동수를 결정하는 데 사용된다. 즉 식 (6.1)은 4차 편미분 파동 방정식(wave equation)이므로 식 (6.2)와 같은 일반해를 가진다. 식 (6.2)를 삼각 함수로 표현하면 식 (6.3)과 같다. 여기서 B_1-B_4는 경계 조건으로부터 결정되는 계수이다. 파이프라인의 일반적인 경계 조건은 양단 단순 지지, 양단 고정 지지, 양단 탄성 지지로 분류되거나 이들의 조합으로 분류된다.

$$u = A_1 e^{i(kx-wt)} + A_2 e^{-i(kx+wt)} + A_3 e^{(kx-iwt)} + A_4 e^{-(kx+iwt)} \qquad (6.2)$$

$$u = [B_1 \sin(kx) + B_2 \sinh(kx) + B_3 \cos(kx) + B_4 \cosh(kx)] e^{-iwt} \qquad (6.3)$$

여기서 K_s는 파이프라인의 진동 파수(flexural wave number), w는 원주파수를 나타낸다. 또한 i는 허수이다. 예를 들어, 해저파이프라인의 양단이 콘크리트 블록 등에 의해 지지되는 경우, 양단 고정 경계 조건으로 간주될 수 있다. 파이프라인이 고르지 않은 해저에 놓여 있다면 경계 조건은 양단 단순 지지 조건으로 간주될 수 있다. 인접한 파이프라인의 강성을 고려해야 할 경우 탄성 지지 조건을 적용할 수 있다.

6.2.1 양단 단순 지지 경계 조건인 경우의 고유 진동수

양단 단순 지지의 경우 지지점에서 변위와 모멘트는 0이다. 따라서 식 (6.4)는 성립한다. 식 (6.4)를 식 (6.3)에 대입하여 정리하면 $B_2 = B_3 = B_4 = 0$이 되며 식 (6.5)로 정리된다. 식 (6.5)를 만족하는 파수를 k_n이라면 식 (6.6)과 같이 표현된다. 식 (6.6)을 만족하는 n은 1, 2, 3, …이지만 저차의 고유 진동수가 중요하기 때문에 통상 1, 2, 3차를 사용한다. 식 (6.6)을 식 (6.3)에 대입하면 고유 진동수를 식 (6.7)과 같이 표현 가능하다.

$$u|_{x=0} = u|_{x=L} = EI \frac{\partial^2 u}{\partial x^2}\Big|_{x=L} = 0 \qquad (6.4)$$

$$\sin kL = 0 \qquad (6.5)$$

$$k_n = \frac{n\pi}{L} \qquad (6.6)$$

$$w_n = k_n^2 \sqrt{\frac{EI}{m_2}} \qquad (6.7)$$

6.2.2 양단 고정 지지 경계 조건인 경우의 고유 진동수

양단 고정 지지의 경우 지지점에서 변위와 경사가 0이다. 따라서 식 (6.8)이 성립한다. 이를 식 (6.3)에 대입하여 정리하면 $B_1 = B_3 = 0$이 되며, 이때 특성 방정식(characteristic equation)은 식 (6.9)로 정리된다. 식 (6.9)의 행렬식(determinant)은 0이어야 하므로, 이는 식 (6.10)과 같이 표현된다. 식 (6.10)은 식 (6.11)과 같이 표현되고, 이를 만족하는 파수를 k_n이라면 식 (6.12)와 같이 표현된다. 식 (6.12)를 만족하는 n은 1, 2, 3, …이지만 저차의 고유 진동수가 중요하기 때문에 통상 1, 2, 3차를 사용한다. 식 (6.12)를 식 (6.7)에 대입하면 양단 고정 지지 조건에 대한 고유 진동수를 얻을 수 있다.

$$u|_{x=0} = u|_{x=L} = \frac{\partial u}{\partial x}\Big|_{x=0} = \frac{\partial u}{\partial x}\Big|_{x=L} = 0 \tag{6.8}$$

$$\begin{bmatrix} \sinh(kL) - \sin(kL) & \cosh(kL) - \cos(kL) \\ \cosh(kL) - \cos(kL) & \sinh(kL) + \sin(kL) \end{bmatrix} \begin{matrix} B_2 \\ B_4 \end{matrix} = 0 \tag{6.9}$$

$$\cosh(kL)\cos(kL) = 1 \tag{6.10}$$

$$\tan\frac{kL}{2} = \pm\tanh\frac{kL}{2} \tag{6.11}$$

$$k_n \cong \frac{\pi}{2L}[3.011, 5, 7, \ldots, (2n+1)] \tag{6.12}$$

$$w_n = k_n^2 \sqrt{\frac{EI}{m_2}} \tag{6.13}$$

6.3 파이프라인의 자유경간 길이

파이프라인의 안전한 운용을 위해 서로 다른 운용 환경에서 파이프라인의 공진에 의한 피로 파손을 피하기 위해 자유경간 길이는 허용 범위 내로 설계 및 운용되어야 한다. 노르웨이 선급(DNV, Det Norske Veritas) 설계 가이드라인(DNV, 1998)에 따라 허용되는 자유경간 길이는 식 (6.14)와 같다.

$$L = \left(\frac{EI}{m_e}\right)^{\frac{1}{4}} \sqrt{\frac{CV_rD}{2\pi V_0}} \tag{6.14}$$

$$V_r = \frac{2\pi V_0}{w_1 D} \tag{6.15}$$

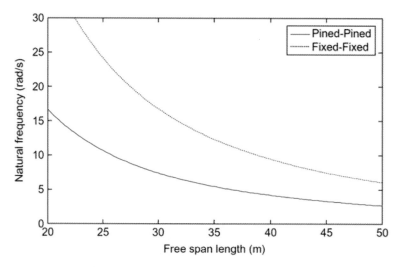

그림 6.2 1차 고유 진동수와 자유경간 길이의 관계(Guo et al., 2013)

여기서 V_r은 감소 속도, D는 파이프라인의 외경, V_0는 외부 유체 유동 속도, w_1은 지지된 파이프라인의 1차 고유 진동수, C는 경계 조건 상수이다. C를 $(k_1 L)^2$으로 정의하면, 양단 단순 지지 조건의 경우 C를 식 (6.6)에 대입하면 $C = \pi^2$, 양단 고정 지지 조건의 경우 C를 식 (6.12)에 대입하면 $C = (1.505\pi)^2$이 된다.

그림 6.2는 1차 고유 진동수와 자유경간 길이의 관계를 두 가지 경계 조건에 대하여 도시하고 있다. 이때 가정한 파이프라인 재료의 탄성 계수와 밀도는 각각 210 GPa, 7.8 ton/m³이고 파이프라인의 외경과 두께는 각각 0.5 m, 0.02 m이다. 또한 내부 유체의 밀도는 1 ton/m³으로 가정하였다.

6.4 파이프라인 진동에 미치는 여러 인자

6.4.1 내부 유체 유속의 영향

파이프라인을 지나는 내부 유체의 유속으로 인한 파이프라인의 고유 진동수를 추정하는 식은 식 (6.16)과 같다. 식 (6.16)에서 w_n^F는 유속을 고려한 파이프라인의 1차 고유 진동수이며, w_n은 유속없는 내부 유체일 때의 고유 진동수이다. 또한 V_1은 내부 유체의 유속이며 V_c와 b는 식 (6.17), (6.18)을 참조한다.

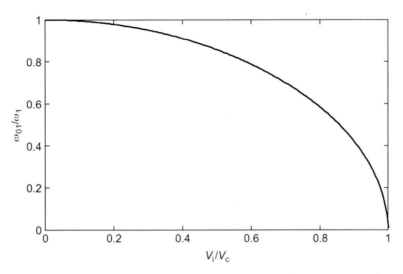

그림 6.3 내부 유체의 유속을 고려한 고유 진동수 변화(Guo et al., 2013)

$$\frac{w_n^F}{w_n} = (b - \sqrt{b^2 - 4[1 - (\frac{V_1}{V_c})^2][4 - (\frac{V_1}{V_c})^2]})^{\frac{1}{2}} \tag{6.16}$$

$$V_c = (\frac{\pi}{L})\sqrt{\frac{EI}{m_f}} \tag{6.17}$$

$$b = 8.5 - (\frac{V_1}{V_c})^2(2.5 - \frac{128m_f}{9\pi^2 m_e}) \tag{6.18}$$

여기서 m_f는 단위파이프라인길이당 유체의 질량을 나타낸다. 내부 유체의 유속을 고려한 고유 진동수의 변화를 그림 6.3에 예시적으로 나타내었다. 이 그림으로부터 알 수 있는 사실은 파이프라인 내부 유체의 유동 속도는 고유 진동수를 상당히 감소시킬 수 있는 것으로 나타났다. 특히 높은 유속으로 인하여 고유 진동수가 감소하여 자유 진동 길이를 증가시킬 수 있으므로, 이를 반드시 고려해야 한다.

6.4.2 축 하중의 영향

Xu et al.(1999)은 축 하중 Γ가 작용할 때 고유 진동수의 변화를 식 (6.19)와 같이 제시하였다. 여기서 P_E는 임계 좌굴 하중으로서 식 (6.20)과 같다. DNV(1998)은 유효 길이를 식 (6.21)과 같이 제시하였다.

$$w_n^T = w_n \sqrt{(1 - \frac{\Gamma}{P_E})} \tag{6.19}$$

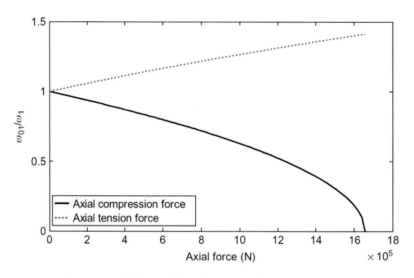

그림 6.4 축 하중을 고려한 고유 진동수 변화(Guo et al., 2013)

$$P_E = \frac{n^2\pi^2 EI}{L_{eff}^2} \tag{6.20}$$

$$L_{\mathrm{eff}} \cong \begin{cases} 1.12L & \dfrac{L}{D} \leq 40 \\ 1.12 - 0.001\left(\dfrac{L}{D} - 40\right) & 40 \leq \dfrac{L}{D} \leq 160 \\ 1.00 & \dfrac{L}{D} > 160 \end{cases} \tag{6.21}$$

식 (6.19)에 의하면 파이프라인에 압축이 작용할 경우 고유 진동수가 감소하고, 인장이 작용할 경우 고유 진동수가 증가한다. 이러한 현상을 그림 6.4에 도시하였다.

6.4.3 부가수 질량의 영향

해저파이프라인 외부 유체로 인한 부가수 질량은 질량 산정 시 반드시 고려되어야 한다. 단위길이당 부가수 질량의 경험식을 식 (6.22)에 나타내었다. 부가수 질량 효과(식 (6.22)), 유속 효과(식 (6.16)), 축 하중 효과(식 (6.19))를 모두 고려하여 고유 진동수와 유효 길이를 표현하면 식 (6.23) 및 (6.24)와 같다.

$$m_a = \frac{\pi}{4} C_a \rho_0 D^2 \tag{6.22}$$

$$w_n^0 = k_n^2 \sqrt{\frac{EI}{m_e + m_a}(b - \sqrt{b^2 - 4[1 - (\frac{V_1}{V_c})^2]})(1 - \frac{\Gamma}{P_E})} \qquad (6.23)$$

$$L_{eff} = (\frac{EI}{m_e + m_a})^{1/4} \sqrt{\frac{C}{w_n^0}} \qquad (6.24)$$

6.4.4 외부 유체 유속의 영향

VIV는 해저파이프라인 피로 손상의 주요 원인 중 하나로 널리 인식되어 있음으로 VIV에 의한 진동을 이해하는 것은 매우 중요하다. VIV의 중요 파라미터는 와류 방출 빈도이다. 와류 방출 빈도는 무차원수(strouhal number, S)에 의하여 식 (6.25)와 같이 표현된다.

$$f_s = \frac{SV_0}{D} \qquad (6.25)$$

여기서 V_0는 외부 유체의 유속이다.

실험에 의하면 해저파이프라인의 크로스 플로우 공진(cross-flow resonance)은 와류 방출 주파수에서 발생하고, 인라인 공진(in-line resonance)은 와류 방출 주파수의 두 배에서 발생한다(Blevins, 1990). 따라서 와류 방출 주파수가 파이프라인 고유 진동수의 약 절반인 경우 선내 공진에 의한 진폭이 증가한다. 외부 유속이 더 증가하면 크로스 플로우 진동이 시작하고, 와류 방출 주파수가 파이프라인의 크로스 플로우 공진 주파수로 고정된다. 크로스 플로우 공진으로 인한 증폭된 변위 응답은 파이프라인에 피로 손상을 일으킬 수 있다. 따라서, 파이프라인 설계에서 유속별로 허용 가능한 파이프라인 자유경간 길이를 결정하는 것이 중요하다.

아음속 유동(subsonic flow)에서 원형 단면 파이프라인에 대한 와류 방출은 레이놀즈 수(R_n, Reynolds number)의 함수이다. R_n은 관성력(inertia force)과 유동 점성력(flow viscosity)의 비이다. 와류 방출은 R_n에 따라 다음의 네 가지로 분류된다.

- 아임계 영역 이하(below subcritical region, $R_n < 300$): 와류가 생성되고 선형적으로 증가하고, 더 증가할 경우 파이프라인 주변 유동이 깨져서 난류가 됨
- 아임계 영역(subcritical region, $300 < R_n < 1.5 \times 10^5$): 와류 방출이 확실해지고 주기적임

- 천이 영역(transition region, $1.5 \times 10^5 < R_n < 3.5 \times 10^6$): 주기적인 방출이 교란되고 방출 주파수 대역이 넓어지고, VIV가 덜 중요함
- 초임계 영역(supercritical region, $R_n < 3.5 \times 10^6$): 난류 경계층에서 주기적인 방출이 다시 설정됨

해저파이프라인 진동의 다른 중요 파라미터는 안정성 파라미터 K_s 이다(Sumer and Fredsøe, 1995). K_s 는 와류유기 진동의 최대 진폭을 결정하는 인자이다.

$$K_s = \frac{4\pi\zeta_s(m_e + m_a)}{\rho_0 D^2} \tag{6.26}$$

여기서 ζ_s 는 구조 감쇠 계수(structural damping coefficient)이다.

와류 방출은 크로스 플로우 진동을 일으키는 양력(lift force)을 생성한다. 또한 파이프라인의 인라인 진동을 유발하는 관성력(inertia force) 및 항력(drag force)을 생성한다. 와류 방출에 의한 단위길이당 양력이 주기적이라면 식 (6.27)로 쓸 수 있다. 단위길이당 관성력과 항력은 식 (6.28)과 (6.29)에 제시되었다.

$$F_L = \frac{1}{2} C_L \rho_0 V_0^2 D sin(w_s t) \tag{6.27}$$

$$F_I = \frac{\pi}{4}(1 + C_a)\rho_0 D^2 V_0 \tag{6.28}$$

$$F_D = \frac{1}{2} C_D \rho_0 D |V_0 - \frac{\partial u}{\partial t}|(V_0 - \frac{\partial u}{\partial t}) \tag{6.29}$$

여기서 C_L, C_D, w_s 는 각각 양력계수(lift coefficient), 항력계수(drag coefficient), 와류 방출 주파수이다.

식 (6.27)~(6.29)를 단순보의 지배 방정식 (6.1)의 우변에 대입하여 정리하면 크로스 플로우 진동 또는 인라인 진동에 대한 지배 방정식을 얻을 수 있다. 이러한 방법은 모두 일차원 단순보를 대상으로 유도되었기 때문에 좀 더 정확한 공진 현상을 구현하기 위해서는 3차원 파이프라인 형상에 대한 모델링이 요구된다.

6.5 해저파이프라인 진동 제어

해저파이프라인에 진동의 발생을 회피하거나 완화하기 위해 해저파이프라인 시스템이나 유체 유동 조건을 변화시켜야 한다. 해저파이프라인 진동을 완화하는 가장 간단한 방법은 진동의 원인을 제거하는 것이다. 유체가 펌프 케이싱을 통해 유동할 때 공동 현상을 피하기 위해 항상 펌프 흡입이 유효 흡입 양정(NPSH, net positive suction head)이 되도록 하는 것이다.

진동 원인을 제거하는 것은 현실적으로 비실용적이거나 비경제적인 경우가 많다. 이러한 경우 진동 경로를 따라 파이프라인 진동을 완화해야 한다. 예를 들어, 펌프의 출구와 파이프를 연결하는 유연한 커플링(flexible coupling)을 사용하면 파이프라인 진동을 억제할 수 있다.

내부 유체 유동에 의해 발생하는 해저파이프라인 진동은 유동 속도를 최적화함으로써 가능하다. 또한 엘보우(elbow), 굽힘(bend), T분기(tee branch) 등으로 인한 유동 방향의 변화 또는 유동 방해를 최소화하기 위한 파이프라인 시스템 설계를 최적화함으로써 완화할 수 있다. 파이프라인의 밴드는 허용 반지름 이상으로 설계하여 내부 유동에서 발생하는 난류를 줄여야 한다. 왕복 운동으로 인해 파이프라인을 통해 흐르는 압력 맥동(pressure pulsation)은 방출 맥동 감쇠기(discharge pulsation damper), 압축기, 서지 드럼(surge drum)과 같은 유동 균일화 장치를 사용하여 감쇠시켜야 한다.

내부 유체 유동의 압력 맥동 주파수가 파이프라인의 음향 주파수(acoustic frequency)와 일치 할 때, 분기 출구(branch outlet)나 밸브 등으로 인한 와류 방출은 파이프라인에서 심한 진동을 유발할 수 있다. 이러한 유형의 진동은 와류를 유발하는 분기 입구 또는 밸브를 제거함으로써 완화될 수 있다.

이외에도 다음과 같은 방법을 이용하여 와류 유기 진동을 억제할 수 있다.

- 높은 감쇠 계수를 가지는 재료를 사용하여 파이프라인의 구조 감쇠를 증가
- 파이프라인의 공진 응답을 피하기 위해 감소 속도를 1 이하로 유지
- 와류 방출을 최소화하고 항력을 감소시키는 유선형 횡단면을 설계
- 나선형 스트레이크(helical strake), 천공관(perforated shroud) 등의 와류 억제 장치 도입

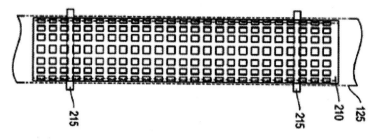

그림 6.5 축하중을 고려한 고유 진동수 변화(US6685394)

6장 파이프라인 진동

7장

손상 및 수리

해저파이프라인에 손상이 발생할 경우에는 막대한 경제적, 환경적 피해가 뒤따른다. 해저파이프라인이 손상되는 원인은 주로 다음과 같다.

- 선박의 앵커에 의한 손상
- 어선의 어구에 의한 손상
- 부식에 의한 손상
- 쇄굴에 의한 손상
- 무거운 낙하물에 의한 손상
- 해저지반 변형에 의한 손상
- 빙산에 의한 손상
- 부설 시 손상
- 운용 중 과대 압에 의한 손상
- VIV 진동 및 피로에 의한 손상

선박의 앵커에 의한 해저파이프라인 손상은 가장 많이 발생한다. 해저파이프라인이 설치되어 있는 경로상에 선박의 앵커가 투묘되어 다시 주묘 현상으로 이어지며, 주묘 궤적에 해저파이프라인이 있을 경우 앵커 플룩(fluke) 끝단이 해저파이프라인에 손상을 발생시킨다. 만약 해저파이프라인 직경이 앵커 크기보다 상대적으로 작을 경우 앵커링 과정에서 해저파이프라인이 끌려가서 좌굴 변형이 생길 수

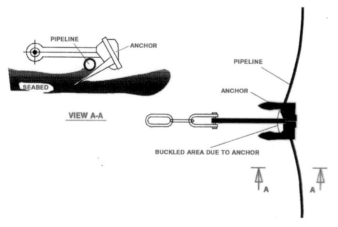

그림 7.1 선박의 앵커에 의한 해저파이프라인 손상

있고 나아가 심각한 파손까지 발생시킬 수 있다. 그림 7.1은 선박의 앵커에 의해 해저파이프라인이 끌리는 현상을 보여준다. 해저파이프라인 노선이 항로를 지나갈 경우 그 지역을 항해하는 가장 큰 선박의 최대 앵커 관입 깊이 이하로 해저파이프라인을 매설하여 해저파이프라인을 보호해 준다. 앵커에 의한 해저파이프라인 피해 자료를 조사해 보면 주로 대형 정기선보다 소/중형 살물선이나 연안선, 어선, 터그보트 등의 순으로 피해가 더 많이 발생했다는 것을 알 수 있다. 물론 선박이 커지면 앵커의 크기도 커지므로 대형 선박에 의한 피해는 더 심각하다. 같은 앵커라도 지반의 토질 성분에 따라 그 관입 깊이가 다르다. 예를 들어 같은 앵커라도 연약 점토질에서는 모래층보다 관입 깊이가 현저히 깊기 때문에 이런 토질학적 특성을 고려하여 해저파이프라인의 보호대책이 마련되어야 하고 매설 깊이가 결정되어야 한다. 동일한 토질조건과 같은 사양을 갖고 있는 앵커라 할지라도 관의 직경에 따라 그 피해정도가 다르게 발생한다. 즉, 직경이 작은 파이프라인이 큰 파이프라인보다 그 손상 정도가 훨씬 심각하다.

선박의 앵커에 해저파이프라인이 걸려서 손상이 될 경우 그 손상 정도는 파이프라인의 크기, 피복두께, 닻의 종류, 끄는 힘 등에 따라 다르게 나타날 수 있다. 해저파이프라인의 외부 피복만 벗겨지고 강관에는 피해가 없는 경우가 가장 적은 피해라 할 수 있다. 손상의 종류를 살펴보면 그림 7.2와 같다.

- 제1의 경우 : 선박의 앵커에 의해 해저파이프라인 외부 피복이 손상된 경우이고, 단순히 콘크리트 피복만 손실이 된 경우와 그 밑에 부식방지 피복이 손상된 경우로 나눌 수 있다. 만약 콘크리트 피복만 일부 유실되었지만 외력에 의한 안정성만 확보된다면 큰 문제는 없다. 그러나 부식방지 피복이 훼손되었다면 손상된 부분을 수리하여야 한다. 해저파이프라인의 부식은 또 다른 손상의 원인을 제공하고 이로 인해 균열이 발생해 유체가 유출된다면 경우에 따라 매우 심각한 상황이 발생될 수 있기 때문이다.

- 제2의 경우 : 해저파이프라인의 외부 피복이 손실되고 강관 자체에 부분적으로 손상이 발생한 경우이다. 물론 수리가 필요하지만 내부의 유체가 흐르는 데 큰 지장이 없고 피깅(pigging)도 가능한 피해 정도이다. 외부적으로 수리가 필요하나 파이프라인 자체를 수리하거나 교체하는 대형 사고는 아닌 경우이다. 또한 내부의 유체가 밖으로 유출되는 손상이 아니기 때문에 환경적인 피해가 없고 주변의 생태계에도 큰 영향을 미치지 않는다.

- 제3의 경우 : 이 경우는 제2의 경우와 같으나 강관이 심하게 찌그러져서 내부 유체 흐름에 영향을 미치는 경우이다. 해저파이프라인 내부 청소나 검사를 하

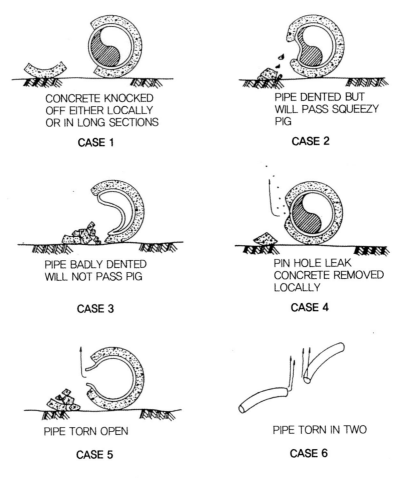

CONCRETE KNOCKED
OFF EITHER LOCALLY
OR IN LONG SECTIONS

CASE 1

PIPE DENTED BUT
WILL PASS SQUEEZY
PIG

CASE 2

PIPE BADLY DENTED
WILL NOT PASS PIG

CASE 3

PIN HOLE LEAK
CONCRETE REMOVED
LOCALLY

CASE 4

PIPE TORN OPEN

CASE 5

PIPE TORN IN TWO

CASE 6

그림 7.2 해저파이프라인 손상 분류

기 위한 피그도 사용할 수 없는 정도의 피해이다. 물론 다행히 파이프가 파괴되지 않아 내부의 유체가 밖으로 유출되지는 않은 경우이지만 수리가 요구된다.

• 제4의 경우 : 이 경우는 해저파이프라인의 외부 피복이 일부 훼손되고 강관이 크게 훼손되지 않았지만 구멍이 생겨서 내부 유체가 외부로 유출되는 경우이다. 내부 유체의 유출은 경우에 따라 큰 피해를 발생시킬 수 있다. 특히 환경적, 생태학적 피해로 인해 그 주변 해역이 크게 오염될 수 있다. 압력이 높은 해저파이프라인일 경우 이로 인해 더 큰 손상이 해저파이프라인에 발생될 수 있으므로 신속한 수리가 요구된다. 단, 공업용수나 식수 등 환경적인 피해가 예상되지 않는 유체를 수송하는 해저파이프라인일 경우는 그 피해 정도를 고려한 후 수리 여부를 결정할 수도 있다.

- 제5의 경우 : 이 경우는 해저파이프라인 강관이 크게 손상되어 내부의 유체가 외부로 유출되는 경우 이고 제4의 경우보다 피해가 심각하다. 근본적인 수리 및 복구가 요구되는 경우이다.
- 제6의 경우 : 해저파이프라인이 완전히 절단되어 분리된 경우로 시급한 수리 가 요구된다.

해저파이프라인 손상을 수리하기 위해서는 여러 가지 방법이 고려되어야 하며, 그 수리 비용은 손상의 정도와 수리 방법에 따라 크게 달라질 수 있다. 그러나 해저파이프라인의 수리비 중 대부분의 경우 자재비는 매우 미비하고 수리에 필요한 장비, 잠수 장비, 지원 선박, 동원 인원 등의 비용이 훨씬 많이 차지한다. 또한 단순히 수리 비용뿐만 아니라 수리 기간 중 전체 시스템이 중단됨으로 인해 발생하는 손해도 감안해야 하고, 경우에 따라서는 해양오염에 따른 막대한 피해보상 금액이 발생하기도 한다.

선박의 앵커에 의한 피해 이외에 어선의 어구에 의한 손상은 주로 해저 바닥을 긁으며 고기를 잡는 어구가 해저파이프라인에 걸릴 경우 발생한다. 해저파이프라인이 어로구역에 설치될 경우에는 이 지역에서 사용되는 가장 큰 어로가 관입할 수 있는 해저면 이하로 해저파이프라인이 매설되도록 설계하여야 한다. 부식에 의한 손상은 강관의 두께가 얇아져서 구멍이나 균열이 발생하여 내부 유체가 외부로 유출되는 경우이다. 또한 두께가 얇아짐으로 내압이나 외압을 견디지 못하고 균열이나 파열되는 경우도 발생할 수 있다.

쇄굴에 의한 손상은 해저파이프라인 밑의 토사가 유체의 소용돌이나 해류, 지반 침하 등으로 유실되어 자유경간이 발생하는 경우이다. Westerhorstmann et al.(1992)은 해저면 손상에 의해 파이프 사이 간격이 벌어져 자유경간이 발생하고 이로 인해 해저파이프라인에 미치는 연구를 소개하였다. 자유경간의 길이가 허용 길이 이상일 경우 VIV에 의한 진동파괴, 또는 자중을 못 견디어 좌굴이 발생하고 심한 경우 균열이 생겨 파괴되는 경우이다. 이런 자유경간은 지역에 따라 아주 빈번히 생기기도 하고 계절에 따라 혹은 지반 운동에 따라 그 발생 지역과 범위가 달라진다. 그러므로 쇄굴이 빈번히 발생하는 지역은 필히 1년에 1-2번씩 해저파이프라인의 노선을 따라 검사를 실시하여 문제가 없는지 확인이 요구된다.

낙하물에 의한 손상은 무거운 장비나 침몰선 등에 의해 해저파이프라인이 손상을 입는 경우이다. 또는 수심이 얕은 지역에서 선박이 해저파이프라인 위에 그라운딩(grounding)이 될 경우에도 발생될 수 있다. 운용 중 과대압에 의한 손상은 허용압력 이상으로 내부압이 증가될 경우 균열이나 파열에 의해 해저파이프라인이 손상되는 경우이다. 빙산에 의한 손상은 주로 빙하가 있는 지역인 러시아 북부, 미국 알라스카와 캐나다의 북부 빙하 출몰지역, 핀란드 등에서 발생할 수 있으며, 빙산이 해안으로 밀려와서 해저면을 헤치면서 빙산의 킬(keel)이 해저파이프라인을 손상시키는 경우이다.

부설 시 손상은 해저파이프라인을 설치하는 도중에 허용응력 이상이 발생하여 좌굴이 되거나 파괴되어 발생하는 손상을 의미한다. 실제로 현장에서 해저파이프라인 부설 중 손상이 발생하여 수리하는 경우가 많다. 따라서 이러한 경우를 방지하기 위해 사전 연구가 진행되어야 한다. Andrew et al.(1999), Jo et al.(2000)는 설치 시 발생하는 변형에 대해 연구를 소개하였다. S 부설법으로 해저파이프라인을 설치할 경우 주된 손상 원인은 해저면과 접촉하는 곳에서의 과대 응력 발생과 스팅어 끝단에서 파이프라인이 허용반경 이하로 굽힘이 발생할 경우 국부 과대응력으로 좌굴이 발생하는 경우로 부설선의 심한 상하운동이나 비정상적인 전진속도에 의해 발생한다.

7.2 해저파이프라인 수리

해저파이프라인에 손상이 발생하면 그 정도에 따라서 시급히 수리를 해야 하는 경우가 발생한다. 심각한 손상을 방치할 경우 더 큰 2, 3차 피해가 초래될 수도 있고 이런 피해는 경제적, 환경적, 생태학적으로 큰 영향을 미칠 수 있다. 국내외 사례에서와 같이 원유의 해양 유출이 발생할 경우 엄청난 위험이나 재난을 초래할 수 있고 피해복구에 천문학적인 비용이 발생하기도 한다. 해저파이프라인의 수리 방법은 여러 가지가 있으나 손상의 종류, 환경조건, 경제성 등을 고려하여 적합한 수리 방법이 결정되어야 한다. 부설 중에 발생한 손상은 대개 해저파이프라인을 해상 작업선 위로 끌어올려 손상된 구간을 잘라내고 새로운 강관을 용접한 후 다시 설치한다. 다른 방법으로는 잠수부에 의해 해저에서 손상된 해저파이프라인 구간을 잘라내고 그 공간을 스풀피스로 교체할 수도 있으나 부설선상의 수리 작업보다 그 공정이 훨씬 복잡하고 시간적으로나 경제적으로 불리하다.

해저파이프라인 손상을 수리하는 방법은 다음 요소들을 고려하여 결정한다.

• 대상 지역의 해양환경(파도, 조류, 바람, 수심, 온도, 제한요소 등)
• 해저파이프라인의 직경, 종류, 피복, 내부 압력
• 내부 유체 종류 및 사양

- 손상의 원인과 위치
- 손상의 형태와 정도
- 장비 및 전문인원 동원성
- 대상 지역에서 가능한 장비의 작업 기간

운용되고 있는 해저파이프라인에 손상이 일어나면, 즉각 운용을 중지하고 사고 조사를 통해 그 손상과 피해 정도를 파악해야 한다. 이 조사를 통해 원인도 밝혀내고 앞으로 발생할 추가적인 피해도 예측되어야 하며 이에 따른 수리 계획과 복구 대책이 마련되어야 한다.

7.3 수리 방법

해저파이프라인의 수리에는 여러 가지 방법이 사용되어 왔으며, 이러한 방법은 해상과 해저에서의 수리 방법으로 구분된다. 해저 수리 방법은 수중 고압산소 용접, 스플릿 슬리브 클램프(split-sleeve clamp), 스풀피스를 이용하는 기계적인 연결을 포함한다.

해상 용접 수리 기술은 해저파이프라인의 직경이 비교적 작고, 수심이 얕고, 해상 조건이 양호한 지역에서 적용될 수 있다. 북해에서는 수중 고압산소 용접이 널

그림 7.3 스풀피스 설치(Dwinirestu)

그림 7.4 해저 용접(ABJ Wedling)

리 사용되는데, 그 이유는 대 직경 해저파이프라인, 깊은 수심, 악천후 때문에 수리할 해저파이프라인 끝단부를 수면까지 들어올리기 어렵기 때문이다. 해저파이프라인의 연결에 이용되는 기계적 연결 장치는 파이프라인의 수리에도 사용된다. 그림 7.3은 해저파이프라인 수리에도 같은 방법으로 사용되는 스풀피스의 설치 모습을 나타내고 있다. 그림 7.4에서는 잠수부들이 해저파이프라인의 수리를 위해 해저에서 용접 중인 모습을 보여주고 있다.

7.3.1 해상 용접

손상된 해저파이프라인을 수면 위로 들어올리기 위해 대빗이나 크레인이 사용된다. 일단 수면 위로 해저파이프라인을 올리고 손상된 부분을 제거한 후 부설선의 일반 용접 장비를 사용하여 용접을 한다. 이 방법을 적용할 경우 기술적으로 어려운 부분은 수리선박이 해양상태에 따라 움직이는 상태에서 용접을 해야 하는 것이다. 즉 선박의 움직임에도 용접이 가능하고 불량이 발생하지 않도록 하는 특수 장치가 요구된다. 해저파이프라인을 들어서 수리선박에 고정시킨 후 두 파이프라인의 끝단 사이의 간격에 맞는 스풀피스를 끼워 넣어 양 끝단을 용접한다. 용접 후 NDT 검사를 하여 용접 상태를 검사하여 합격하면 부식테이프 피복을 한 후 해저면까지 해저파이프라인을 다시 내려 보낸다.

대빗 리프팅을 이용하는 개념도 및 순서를 그림 7.5, 7.6에 나타내고 있다. 이 방법의 작업 순서는 다음과 같다.

- 해저파이프라인의 손상 범위를 조사하고 측량한다.
- 적합한 수리 범위와 수리 절차를 계획한다.
- 현장으로 수리선박을 이동시켜 해저파이프라인이 손상된 지역 근처에 계류시킨다.
- 해저파이프라인의 수리 구간을 결정한다. 만약 해저파이프라인이 묻혀 있다면 핸드 제트(hand jets)를 사용하여 손상부 양쪽으로 약 200~300m 정도의 단면의 토사를 제거한다. 이 길이는 수심과 파이프라인의 직경 그리고 해상에서 용접에 요구되는 직렬각도에 따라 달라진다.
- 손상된 구간을 잘라내고, 필요하다면 해저파이프라인의 물을 뺀다. 손상되어 잘린 해저관은 회수한다.
- 해저파이프라인 양단에 리프팅 케이블(lifting cable)을 부착시킨다. 위치와 개수는 엔지니어링 분석 결과에 따른다.
- 해석 결과에 따라 각각의 대빗 케이블(davit cable)을 당김으로써 해저파이프라인의 양단을 수면까지 들어올린다.
- 해저파이프라인 양단부를 용접을 위해 절단하고 청소한다.
- 양단을 연결하기 위해 직선, 혹은 곡선으로 된 스풀피스를 만들어 해저파이프라인 양단 사이에 용접시키고 검사한 후 피복한다.
- 좌현이나 우현으로 계류삭을 따라 부설선을 이동시키면서 해저파이프라인이 해저에 도달할 때까지 천천히 내린다.
- 해저파이프라인에 대해 수압시험을 실시하고, 필요하다면 다시 트랜치 구간에 묻고 백필링을 하거나 락범으로 해저파이프라인을 보호한다.

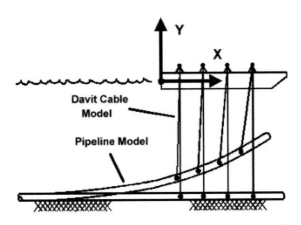

그림 7.5 대빗 리프팅 개념도(YSK Ocean Engineering)

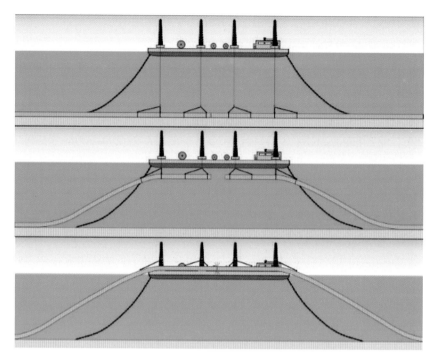

그림 7.6 대빗 리프팅 순서(YSK Ocean Engineering)

플랫트폼의 라이저나 라이저 근방의 해저파이프라인이 손상되면 해상 수리 방법이 사용되는데, 이 방법은 부설선의 대빗으로 해저파이프라인의 한쪽 끝을 해상까지 끌어올려서 라이저의 아래쪽과 해저파이프라인을 연결한 후 내린다. 해상 용접 방법은 100m까지의 수심에 효율적이며 적용될 수 있고, 해저파이프라인 직경이 작거나, 인양 작업 시 응력을 조정할 수 있도록 부력장치가 부착되어 있다면 그 이상의 수심에서도 사용 가능하다. 직경이 큰 해저파이프라인일 경우 양끝을 동시에 수면까지 인양하여 용접하기 위해 두 척의 수리선박을 사용하기도 한다.

7.3.2 수중 고압산소 용접(hyperbaric welding)

수중 고압산소 용접은 손상된 해저파이프라인 단면을 잠수부가 절단하여 회수하고, 필요한 길이의 스풀피스를 사용하여 해저에서 용접으로 연결시키는 방법이다. 스풀피스는 해상 작업선에서 주로 제작하며 제작 후 해저에 내린 다음 해저파이프라인의 양 끝단에 연결된다. 용접 작업은 그림 7.7과 같이 물이 들어오지 않는 압력상태의 용접실 내부에서 행해진다. 이 방법은 수심이 깊어 해상 용접이 불가능한 곳이나 라이저, 탭 밸브(tap valve), 혹은 해저파이프라인이 서로 교차하여 수면 위로 올리는 데 문제가 있는 경우 사용된다. 보통 수중 고압산소 용접에 의해 해저 파이프라인을 수리할 경우에는 정렬 장치, 용접실, 트랜스퍼 벨(transfer bell) 등이 사용된다. 해상 지원선박은 이러한 작업에 필요한 장비를 갖춘 다이빙 전용선이나 이런 다이빙을 지원할 수 있는 부설선이 동원된다. 수리작업공정은 다음과 같다.

- 해저파이프라인의 손상 정도와 범위를 조사 및 측량한다.
- 수리공정과 장치를 계획한다.
- 현장으로 작업선을 이동시켜 손상된 지역 부근에 계류한다. 해저파이프라인이 묻혀있다면 손상된 부분 양쪽으로 해저파이프라인을 파헤친다.
- 손상된 해저파이프라인을 가스버너 등을 이용해 절단한 뒤 절단 부위를 회수 한다.
- 필요한 스풀피스의 길이를 측정한 후 해상의 수리선박에서 가공한다.
- 스풀피스를 해저잠수부에 전달하여 손상된 해저파이프라인의 양단 사이에 위 치시킨다.
- 정렬틀을 용접해야 할 해저파이프라인 부위에 위치시킨다.
- 용접실을 내려 정렬틀 상부에 위치시킨다.
- 용접실에 압축공기를 넣고 수중용접사들이 용접실에 들어가서 해저파이프라인 양끝을 자르고 용접에 필요한 약 1 m의 스풀피스를 제 위치에 놓은 다음 물 이 없는 상태에서 용접을 하고 방호 피복을 한다.
- 정수압 시험을 하고 해저파이프라인을 원래 설계상태로 복구한다. 즉 경우에 따라서 요구되는 매설심도를 만족시키거나 수리를 위해 제거했던 락범이나 사 석을 덮어 주어야 한다.

그림 7.7 welding habitat(Quora)

7.3.3 기계식 연결기(mechanical connectors)

해상 용접은 해양 환경과 수심에 영향을 많이 받고, 해양 환경에 영향을 덜 받는 수중 용접은 특수 장비가 필요하고 용접 절차서를 제작하는 기간이 오래 걸리고 또한 방법 자체가 고가이기 때문에 기계식으로 연결하는 방법들이 많이 개발되었다. 기계식 연결장치는 해저파이프라인 손상부 사이를 한 개의 스풀피스와 두 개의 기계식 연결기를 같이 사용하여 수리한다. 기계식 연결기는 해저파이프라인에 부착시키기 위한 장치, 축 방향 길이를 맞추는 설비, 각도 조정을 위한 스위블 등을 포함한다. 그림 7.8에 현장에서 사용되는 기계식 연결기를 보여주고 있다. 기계식 수리를 위해 필요한 기본 장비는 계류시설, 잠수보조설비, 용접설비, 크레인, 지원 작업선이 포함된다. 작업 공정은 다음과 같다.

- 해저파이프라인의 손상 범위를 측량, 조사한다.
- 수리 공정을 계획하고 수리에 필요한 장비, 장치를 계획한다.
- 현장으로 작업선을 이동시켜 손상된 지역 부근에 계류한다.
- 해저파이프라인이 묻혀 있는 경우 손상된 부분의 양쪽으로 해저파이프라인을 파헤친다.
- 손상된 부분을 잘라내고 회수한다.
- 해저파이프라인 끝단을 약간 들을 수 있는 장치나 A-프레임을 위치시킨다.
- 해저면에서 해저파이프라인 끝을 조금 들어 올리고 피복을 제거한다.
- 절단된 해저파이프라인 양단에 연결부품을 고정시킨다.
- 작업선 위에서 필요한 스풀피스의 길이를 측정하고 제작한다.
- 스풀피스와 연결부품을 해저관과 정렬시키고 연결장치와 파이프를 연결하고 이상이 없는지 시험을 실시한다.
- 해저파이프라인을 해저면까지 내린다.

그림 7.8 Mechanical connector(Ennsub)

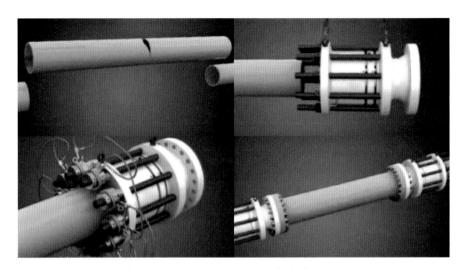

그림 7.9 Mechanical connector 순서도(hydratight)

• 수압시험을 하고 필요하면 다시 보호공법을 적용한다.

그림 7.9에서 기계식 연결장치를 사용하는 전반적인 순서도를 보여주고 있다.

그림 7.10과 7.11은 Gripper와 HydroTech Connector 기계식 연결장치를 보여
준다.

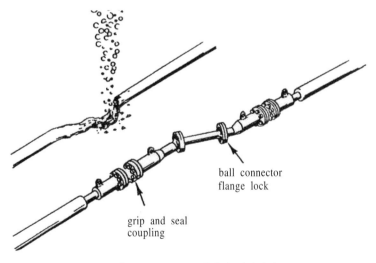

그림 7.10 Gripper 기계식 연결장치

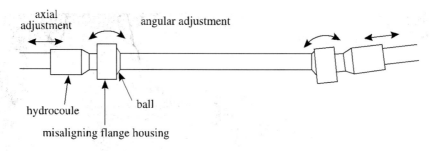

그림 7.11 HydroTech 기계식 연결장치

7.3.4 클램프(clamps)

클램프는 상대적으로 가벼운 해저파이프라인 손상을 수리하는 방법으로 개발되었다. 클램프는 이전에 소개한 각종 수리 방법보다 간단하고 가격이 저렴하다는 장점이 있다. 그러나 모든 손상에 이 방법을 적용할 수는 없다. 클램프를 사용하여 손상 부위를 수리하려면 우선 해저파이프라인을 해저면에 완전히 노출시켜야 한다. 클램프는 보통 축 방향으로 반으로 분리되며 여러 개의 스터드와 너트로 결합되게 구성되어 있다. 해저에 사용되는 클램프는 해저파이프라인에 조립이 용이하도록 힌지로 되어 있다. 클램프를 열려진 상태로 와이어에 연결하여 해저면에 내려서 해저파이프라인에 둘러서 잠그고 연결 부분에 장착시킨다. 그 후 스터드와 너트를 끼워 팩킹이 압축되도록 조인다. 클램프는 해저파이프라인의 손상이 미비하고 낮은 압력에서 조금 누수될 경우 적용될 수 있다. 그림 7.12는 ennsub사의 sealing clamp의 모습을 보여주고 있다.

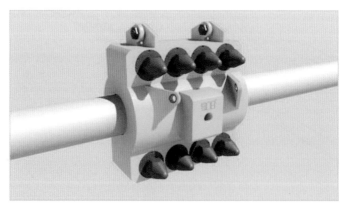

그림 7.12 Sealing clamp

그림 7.13 Flexible pipe(Technip)

7.3.5 유연한 파이프 수리(flexible pipe repair)

유연한 파이프는 고가의 수리선박이나 장치가 필요 없고 연결부의 정렬도 (alignment)에 관계없이 유연하게 형태를 만들 수 있기 때문에 수리는 물론 라이 저나 해저파이프라인의 일부로 사용되고 있다. 유연한 파이프는 기계식 연결기에 연결될 수 있도록 끝부분이 플랜지로 마감되어 있다. 수리에 필요한 펌피스를 현 장에서 만드는 다른 방법과 달리 유연한 파이프 수리는 필요한 길이만큼 사전에 주문을 하여 공장에서 만들어 와야 한다. 보통 손상된 부분의 길이보다 더 길게 주 문을 하는데 제작사에 주문 시 손상된 길이, 외경, 플랜지 종류 등을 통보하여 이 에 따라 제작을 한다. 유연한 파이프 수리는 정렬축이나 각도를 조정할 수 있으므 로 연결하기 전에 해저파이프라인 끝의 위치 조정이 필요 없으며, 파이프 자체가 유연하기 때문에 작업성이 뛰어나다. 그러나 고압의 기체나 산성이 많은 유체일 경우에는 적용에 제한이 있으므로 그 제품의 성능과 신뢰성을 확인하고 적용해야 한다. 그림 7.13은 Technip사에서 제작한 유연한 관의 모습을 보여주고 있다.

7.4 기계식 수리 장비 비축 계획

기계식 연결기는 대구경 해저관의 경우 4~6개월 정도의 생산시간을 가져야 하므로, 해저파이프라인의 응급수리에 필요한 연결 부품은 수요를 예상하여 미리 비축하여야 한다. 또한 해저파이프라인 직경에 따라 여러 가지 규격의 연결 부품이 필요하게 된다. 대다수의 대규모 해저파이프라인 운영자들은 이러한 비축 계획을 수립하고 있다. 미국 멕시코만에서 해양 사업을 하는 대부분의 정유 회사(oil companies)들은 해저파이프라인을 수리하는데 필요한 연결 부품들의 공동 비축계획에 참여하고 있으며, RUPE(respose to under-water pipeline emergencies) 계획에 의거 6 inch에서 36 inch 직경의 해저파이프라인 수리에 필요한 부품과 각 해저파이프라인 규격에 대해 최소 3개의 기계식 연결기와 부속품들을 저장하고 있다.

7.5 수리 방법 비교

해저파이프라인 수리 방법 결정 시에 영향을 미치는 요소는 해양환경, 해저파이프라인 사양, 예상 수리 기간, 수리 단가, 장비의 이용 가능성 등이다. 표 7.1에는 해상 용접, 고압산소 용접, 기계식 연결기에 의한 수리 방법들의 장단점들을 비교, 분석하였다. 고압산소 용접은 숙련된 잠수용접사, 필요한 조작 장치와 용접실, 그리고 수리할 해저파이프라인의 강관 두께, 재질등급, 용접봉 가스혼합 등에 대한 공인된 용접 절차가 필요하다.

해상 용접 공법은 고가의 해상 보조 장비가 필요하다. 해저파이프라인을 들어올리는 지원선박이 필요하며 수심이 깊고 해저파이프라인의 직경이 클 경우는 대빗 장비를 갖춘 최소 2대의 부설선이 필요하다. 물론 해저파이프라인 주변의 토사정

표 7.1 해저파이프라인 수리 방법의 장·단점

구분 / 수리 방법	해상 용접 (surface welding)	고압산소 용접 (hyperbaric welding)	기계식 연결기 (mechanical connectors)
수리 방법	용접에 의한 연속적 연결	용접에 의한 연속적 연결	연속적인 연결 불가능
단가	보통	높다	낮다
수리 기간	보통	길다	비교적 짧다
날씨 영향	매우 크다	적다	적다
수심	$\leq 300\ ft$	$\leq 2000\ ft$	$\leq 1000\ ft$

리나 리프팅 케이블 연결 등 일부 공정에서 다이버의 지원을 받아야 하나, 수중 고압산소 용접같이 특수 다이빙 장비는 필요하지 않다. 해상 용접 공법은 해저파이프라인 직경과 수심에 제한을 받는다. 이 공법이 직경 30inch 이상의 해저파이프라인이나 수심 100 m 이상에 적용된 적이 있지만, 일반적으로는 약 20 inch 직경 이하 100 m 이하의 수심에서 사용된다. 이 방법은 파이프의 외경, 작업선의 크기, 해양 조건, 수면에 인양해야 할 해저파이프라인의 수중 중량 등에 의해 제한된다. 해상 용접 공법의 가장 큰 단점은 해저파이프라인이 매설되어 있는 경우 해상까지 인양하기 위해 파손된 지점의 양쪽으로 500 ft 혹은 그 이상의 길이까지 파내야 하며 해저파이프라인을 재설치할 때 파낸 구간을 다시 굴착하여 매설해야 하는 점이다.

기계식 연결기를 사용하는 방법은 소형 작업선을 동원하여 작업이 가능하나 잠수사가 작업할 수 있는 지원 장비가 있어야 한다. 이 방법은 제작자에 따라 그 장치사양이 달라지며 해저에서의 설치 작업 시 연결기를 지지할 장비와 A-프레임 등이 필요하다. 기계식 연결기의 가장 큰 단점은 연결 부품의 제작에 수개월이 소요되기 때문에 필요하다면 해저파이프라인의 크기별로 연결 부품을 보관하면 시간과 비용을 절감할 수 있다. 하지만 가동 중인 해저파이프라인이 파손되어 급히 수리해야하는 경우 이런 보관의 어려움 때문에 기계식 연결 방법을 사용할 수 없는 경우도 있다.

고압산소 용접은 수리에 드는 비용이 높고 작업 시간도 오래 걸린다. 수중 고압산소 용접 방법은 특수 용접 장비, 정렬 장치, 용접실 등이 필요하다. 고압산소 용접은 북해에서 300 m 이상의 수심에서 실시된 적이 있다. 해저파이프라인 수리 방법들을 기술적으로 비교한 결과를 표 7.2에 정리하였다. 해저파이프라인 수리는 경험이 많고 숙련된 전문 업자와 잠수부의 기술에 따라 품질이 결정된다. 물론 시간은 바로 돈이므로 숙련된 사람과 성능 좋은 장비를 사용하여 작업 시간을 줄이므로 신뢰성과 경제성을 확보할 수 있다. 그러므로 해저파이프라인의 수리 시에는 전문 업자의 경험과 신뢰도, 숙련도 등이 상당히 중요하다.

해상 용접 공법은 해양 환경에 가장 큰 영향을 받는다. 해저파이프라인의 양 끝단을 수면까지 들어올릴 때 매달린 부분이 외력에 의해 복잡한 운동이 발생하기 때문이다. 이 방법은 일반적으로 양호한 해상 상태에서 실시되며, 두 척의 부설선으로 해저파이프라인을 인양하여 작업할 때에는 특히 주의를 해야 한다. 기계식 연결 방법과 고압산소 용접 방법 등의 해저 수리 방법은 해상 용접보다 기후 조건의 영향을 적게 받는다. 반면에 해저의 기계식 연결 방법에 사용되는 대부분의 작업선은 해상 수리에 필요한 대형 작업선보다 그 크기가 작으므로 기후의 영향을

표 7.2	해저파이프라인 수리 방법 비교		
구분 / 수리 방법	해상 용접 (surface welding)	고압산소 용접 (hyperbaric welding)	기계식 연결기 (mechanical connectors)
해상 장비	부설선	특수잠수 지원선박	작업선 또는 잠수 지원선박
특수 장비	대빗	정렬틀, 용접실 등	제조회사에 따라 다름
제한 조건	천해 또는 비교적 작은 구경의 파이프	1000 ft + W.D. 잠수용접사 숙련도	잠수부의 능력
날씨 영향	크다	보통	적다
장점	고품질 용접	용접을 이용한 수리	비교적 빠르고 저렴
단점	긴 구간 제팅, 굴착, 복 구 작업	비싼 수리 비용, 긴 수리 시간, 숙련된 용접 잠수부	연결기 보유가 필수, 긴 제작 시간

받기 쉽다.

대부분의 해저파이프라인 설치회사는 해상 용접 수리를 할 수 있는 장비를 보유하고 있다. 해상 용접에는 해저파이프라인의 끝단을 수면까지 안전하게 인양하기 위하여 정확한 응력해석이 필요하다. 고압산소 용접은 정렬틀, 용접실, 잠수장비 등이 동원되며 용접절차를 작성하는데 많은 시간이 소요되나 만약 수리대상의 해저파이프라인과 같은 용접절차서를 획득하였다면 동일하게 사용할 수 있고 준비기간을 줄일 수 있다. 기계식 연결기는 제작 기간이 약 3~4개월 소요되는 점을 인식하여 이에 대비하여야 한다. 일반적으로 해상 용접법이 가장 신속하고 그 다음으로 기계식 연결기를 사용하는 방법이다. 수중 고압산소 용접 공법은 많은 시간이 소요되며 비용도 많이 든다. 수리 기간과 비용 산정은 동원되는 장비, 손상 구간, 동원 인원, 수심, 기후 및 해상 상태 등 여러 가지를 고려하여 결정하여야 한다.

8장

예비 커미셔닝
(Pre-comissioning)

8.1 서론

—

8.2 예비 커미셔닝을 위한 각종 시험

　　해저파이프라인 시스템은 제작부터 설치까지 일련의 테스트를 통과해야 한다. 공장 승인 시험(FAT, factory acceptance test)과 같은 검사는 주로 육상 제작 야드에서 수행되기도 한다. FAT는 주로 계약서의 도면, 사양 및 요구 사항에 따라 시스템의 검사(inspection), 시험(testing) 및 보고(reporting)으로 구성된다.

　　해저파이프라인 수압시험(hydrotest)은 해상에서 실시되며 전수 검사 또는 부분 검사를 실시하는 과정이다. 수압시험은 해저파이프라인의 기계적 강도와 연결의 무결성을 확인하기 위하여 수행된다. 수압시험은 예비 커미셔닝 활동(pre-commissioning activities)의 일환으로 간주될 수 있다.

　　해저파이프라인 설치와 모든 연결 작업(tie-in)이 완료된 후 예비 커미셔닝이 실시된다. 예비 커미셔닝은 해저파이프라인 시스템의 전체적인 완결성(system integrity)을 평가하는 것이 목적이다. 즉 이를 통하여 환경과 사람의 안전도를 확인하고, 시스템의 운용 제어(operational control)가 완벽한지를 확인할 수 있다.

　　해저파이프라인 시스템은 일반적으로 해저파이프라인과 라이저(riser)로 구성된다. 점퍼(jumper)는 일반적으로 그림 8.1과 같이 해저파이프라인-라이저 또는 해저파이프라인-커넥터를 연결하는 데 사용된다. 이때 점퍼는 주로 PLET(pipeline end termination)을 통하여 해저파이프라인에 연결된다. 점퍼는 강체형과 유연형이 있으며, 짧은 해저파이프라인이라고 생각할 수 있다. PLET은 해저파이프라인 커넥터 또는 해저파이프라인 밸브를 지원하는 데 사용된다(그림 8.1).

　　해저파이프라인 시스템은 다양한 끝단 연결부가 있을 수 있으므로, 연결부에서 정해진 안전도(level of safety)에 따른 누설 검토가 필요하다. 또한 해저파이프라인은 운송과 설치 중에 손상을 입을 가능성이 있으므로 손상으로 인하여 감소한 강도에 대한 검토가 요구되고 실제 운용되기 전에, 압력 시험(pressure test)을 통하여 이러한 모든 강도와 누설에 대한 검증이 요구된다. 해저파이프라인은 제작과 설치 중에 오물이 해저파이프라인 내부에 잔존할 수 있으며, 이러한 잔존물이 운용 전에 제거되지 않으면 밸브나 초크(choke)를 막히게 하는 원인이 될 수 있다. 또한 제작, 운송, 설치 중에 발생한 해저파이프라인의 찌그러짐과 같은 구조 손상은 향후 운용 중에 원유와 같은 내부 유체 흐름을 방해할 수 있고 운용 중 내부 잔존물 제거를 위한 피그의 운용을 제한할 수 있다.

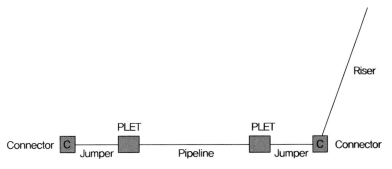

그림 8.1 해저파이프라인 시스템의 대표적 개략도(Guo et al., 2013)

8.2 예비 커미셔닝을 위한 각종 시험

예비 커미셔닝은 유체 주입(flooding), 청소/측정(cleaning and gauging), 수압시험(hydrotest), 누설시험(leak test)으로 분류가 가능하다.

8.2.1 유체 주입과 청소/측정

해저파이프라인 내부는 청결하고 잔존물이 없어야 하며, 설계 압력에 견딜 수 있어야 하고 이런 확인 절차는 일반적으로 특수 처리 유체(treated fluid)를 해저파이프라인에 주입한 후 청소 피그를 해저파이프라인 안에서 쏴주어 잔존물을 제거하고 이후 게이징 피그를 사용하여 내부 지름(bore or internal diameter)을 측정한다. 그러나 기술의 발달로 최근에는 청소 및 게이징을 한 번에 수행할 수 있는 단일 피그도 사용된다.

정리하자면, 유체 주입, 청소/측정 작업의 주요 목적은 다음과 같다.
• 해저파이프라인 내부 청결도 검증
• 내부 구조적 결함 여부 검증

해저파이프라인 수압시험용 유체로서 필터로 정수된 해수가 주로 사용된다. 즉 해수 속의 부유 물질을 제거할 수 있는 필터가 요구되며, 대략 50~100 μm 이상의 입자를 필터링한 후 사용한다. 해저파이프라인에 주입되는 물의 양을 측정하려면 정확도가 높은 유량계를 사용하여 주입되는 물의 양을 정확하게 파악하고 누설되는 물의 양도 파악을 해야 한다. 시험용 유체에 살생물제(biocide)와 같은 화학 물질이 시험 조건에 따라 일정 농도로 물에 주입된다. 특수 처리 유체를 장시간 해저

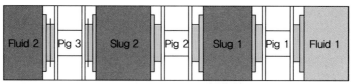

Pig 1: Cleaning pig   Fluid 1: Filtered seawater
Pig 2: Cleaning pig   Fluid 2: Chemically treated, filtered seawater
Pig 3: Gauging pig   Slug 1: Chemically treated seawater
                               Slug 2: Chemically treated seawater

그림 8.2 청소/계측 연속 피그의 대표적 개략도(Guo et al., 2013)

파이프라인 내부에 방치할 경우에는 방식제(corrosion inhibiter)와 산소흡입제 (oxygen scavenger)를 주입하기도 한다. 주입된 모든 화학 물질은 물과 반응하여 고형물을 형성하지 않아야 한다. 그림 8.2와 같이 해저파이프라인을 유체로 채우는 동안, 유체 슬러그로 분리된 연속 피그(pig train)가 지정된 최소 속도로 해저파이프라인을 통과한다. 피그의 개수는 해저파이프라인 내부 상태에 따라 증가할 수 있다. 청소를 위한 가장 좋은 방법은 디스크(disc), 원추 컵(conical cup), 스프링 장착 브러시(brush), 바이패스 포트(bypass port)를 이용하는 것이다. 디스크는 고형물을 밀어낼 때도 효과적이며, 원추 컵은 향상된 밀봉 특성과 내마모성을 제공한다. 스프링 장착형 브러시는 해저파이프라인 벽에 생성된 부식을 제거하는 역할을 한다. 바이패스 포트는 일부 유체가 피그를 선행하도록 하여 피그 전방 고형물을 최소화한다. 청소 피그는 금속성 잔존물 제거를 위하여 자성을 가지는 부분이 필요하다. 양방향 피그는 일방향으로 막혀서 고착되었을 때 출발 방향으로 돌아올 수 있는 장점이 있다. 게이징 피그는 구조적 손상이나 내부 장애물의 여부를 판단하는데 사용된다. 구조적 손상은 통상 좌굴, 충격에 의한 국부 손상(local dent) 등을 의미한다. 피그의 이동 속도는 대략 5~10 km/h 정도이지만, 수직으로 내려가는 경우에는 중력으로 인하여 이동 속도의 증가도 가능하다.

8.2.2 수압시험과 누설시험

수압시험은 주로 해저파이프라인 또는 단위 파이프(pipe section) 또는 파이프 스트링(pipe string)에 대하여 기계적 강도를 확인하기 위해 수행된다. 수압시험은 특정 내부 압력을 가하여 압력의 감소가 있는지 확인하기 위하여 압력을 일정 시간 유지한다. 일정 시간 내에 압력이 감소하면 누설이 존재하는 것으로 간주된다. 압력 유지 시간 이후 압력을 해제하면 육안 검사가 수행된다. ASME B31.4, ASME B31.8 및 API RP 1110과 같은 산업 표준은 가스 및 액체 해저파이프라인의 압력 테스트 수행 방법에 대한 지침을 제공한다.

수압시험을 수행하기 앞서, 시험 절차 및 장비에 대한 시방서(specification)가 필요하고 다음과 같은 요구 사항을 포함한다.

- 단위 파이프 또는 해저파이프라인의 길이, 지름, 연결 등
- 주입 유체의 종류(해저파이프라인에는 해수를 주로 이용)
- 살생제 및 방식제와 같은 화학 약품의 종류
- 화학 약품별 주입량과 절차(순서)
- 가압 절차(압력 크기, 압력 지속 시간, 가압 속도 등)
- 제압 절차(제압 속도, 제수 속도 등)
- 시험에 사용될 장비 목록
- 압력 계측 결과

수압시험 및 누설시험을 위한 압력은 통상 설계 내부 압력의 1.25배 이상이 되도록 권장된다. 또한 수압시험 및 누설시험 지속 시간은 각각 최소 4시간 및 1시간 이상이 요구된다.

시험에 사용되는 장비는 대략 다음과 같다.
- 피그를 움직일 수 있는 충분한 속도가 가능한 대용량 펌프
- 지정한 크기 이상의 불순물을 필터링할 수 있는 해수 필터
- 주입된 해수의 양을 측정하는 수량계
- 화학 제품 주입 펌프
- 가압 중 압력 변화가 가능한 해저파이프라인 내부 가압 펌프
- 수압 계측용 압력계(0.1% 재현 정확도를 가져야 함)
- 유체 온도계(0.05℃ 이상의 분해능을 가져야 함)
- 대기 온도계
- 감압 밸브
- 피그 원격 신호 시스템

8.2.3 해저파이프라인 제수(dewatering), 건조(drying), 배기(purging)

해양의 가스 운송 해저파이프라인의 경우 수압시험 및 누설시험 후 가스를 운송하기 전에 반드시 해저파이프라인을 제수, 건조, 배기해야 한다. 해양 원유 운송 해저파이프라인의 경우 내부 유체는 일반적으로 원유가 물을 배제(displacement)

하므로 해저파이프라인 내부를 건조시킬 필요는 없다.

시험 후에 해저파이프라인에서 제수를 하지 않을 경우 원유와 같은 탄화수소 (hydrocarbon)가 운송될 때 해저파이프라인 내부에 수화물(hydrate)이 형성될 수 있다. 또한 해수가 탄화수소와 반응하여 산(acid)과 기타 부식 화합물(corrosive compounds)을 형성할 수 있고, 이는 해저파이프라인 내부를 부식시킬 수 있기 때문이다. 탄화수소가 이산화탄소를 함유할 경우 부식에 더욱 취약해지므로 제수는 예비 커미셔닝의 중요한 단계이다. 해저파이프라인이 매우 짧으면 제수하지 않고 수화물 형성을 억제하기 위한 메탄올 또는 글리콜을 주입하는 경우도 있다.

대표적 탈수 시스템은 배수(displaced water) 운송 장치, 탈수 피그, 유량 제어 밸브 등이다. 탈수 피그의 주요 기능은 물을 효율적으로 이동시켜 건조를 위한 습기를 적게 남도록 하는 것이다. 비교적 짧은 해저파이프라인의 경우, 기계식 피그를 사용하는 데, 질소 가스를 이용하여 구동되는 경우가 많다. 긴 해저파이프라인의 경우, 여러 개의 피그와 유체 슬러그가 포함될 수 있다. 유체 슬러그는 피그와 해저파이프라인 사이의 밀봉(seal)에 윤활을 제공하고 질소와 같은 구동 가스가 밀봉 사이로 누설되어 전방으로 이동하는 것을 방지한다. 이와 같이 긴 해저파이프라인에 사용되는 연속 피그의 속도는 해저파이프라인 출구에서의 유량을 조절하고 입구에서의 가스 압력을 조절하여 제어가 가능하다.

Zeepipe 시스템(Falk et al., 1994)은 10개의 연속 피그를 사용한바 있으며, 각각은 다양한 유체에 의하여 분리되어 있었다. 그림 8.3은 제수를 위한 6개의 연속 피그를 나타낸다. 수성 젤(water-based gel) 형태의 슬러그가 맨 앞에 있으며, 이는 젤 슬러그가 마찰을 감소시키고 첫 번째 피그를 윤활하기 위해서이다. 뒤에는 2개의 메탄올 슬러그가 있으며 이는 연속 피그 뒤에 제수되지 못한 물의 이동을 막기 위해 사용되었다. 또한 후방 2개의 메탄올 젤 슬러그는 입구에서 작용하는 가스가 출구로 누설되는 것을 막는 역할도 수행한다.

연속 피그에서 젤 슬러그의 성능은 탈수 작업의 효율성에 영향을 미친다. 주로 수성 젤과 메탄올 젤이 많이 사용되며, 수성 젤은 폴리머(polymer)와 가교제

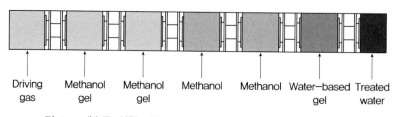

Driving gas   Methanol gel   Methanol gel   Methanol   Methanol   Water-based gel   Treated water

그림 8.3 제수를 위한 연속 피그의 대표적 개략도(Guo et al., 2013)

(cross-linker)의 혼합물이다. 젤 슬러그는 다음의 기능 요구 사항을 만족시켜야 한다(Schreure et al., 1994).

- 젤은 구동 가스의 전방 누설과 내부 해수 후방 누설을 최소화하여야 함.
- 젤의 재료는 해저파이프라인 재료 및 피그 재료와 화학적으로 적합해야 함.
- 젤은 좋은 전단 및 농도 희석 특성(좋은 유변학(rheology) 특성)을 가져야 함.
- 젤은 화학적으로 안정해야 해서 몇주 정도 피그 운용이 가능해야 함.

프로피린(propylene)이나 에틸린(ethylene) 등 석유화학 유체를 전송하는 해저파이프라인은 수압시험 후 내부를 건조시켜 주어야 한다. 이런 유체들은 일정한 습도를 만족시켜야 한다. 천연가스 해저파이프라인도 하이드래이트(hydrates)가 형성되는 것을 막기 위해 건조시켜 주어야 한다. 건조 정도를 평가하기 위해 이슬점(dew point)의 개념이 사용된다. 석유화학 유체일 경우 $-80°F$의 이슬점을, 프로피린 해저파이프라인일 경우 $-70°F$의 이슬점이 요구되고 이산화탄소 유체일 경우 $-40°F$의 이슬점이 요구된다. 일반적으로 천연가스 분야에서는 건조도를 백만 입방 피트의 가스 안에 있는 물의 양(lb)으로 정의하고 있다. 이슬점은 대기압에서 가스로부터 물방울이 생기는 온도로 정의할 수 있다. 예를 들어 대기압 하에서 $-39°F$에서 가스로부터 물방울이 생기고 그 양이 백만 입방 피트 안에 7 lb로 측정되었다고 하면, 그 가스는 7 lb의 물이 백만 입방 피트 안에 생길 때 이슬점은 $-39°F$라고 말할 수 있다.

해저파이프라인을 건조시키기 위해 여러 가지의 매개체가 사용될 수 있다. 예를 들어 슈퍼 건조 공기(super dry air), 메탄올(methanol), 나이트로젠(nitrogen), 샌드블래스트, 진공 등의 방법으로 관내를 건조시킬 수 있다. 해저파이프라인에 흐르는 유체의 종류, 요구되는 건조 등급에 따라 위 방법 중 한 가지 또는 두 가지 이상 복합적인 방법을 사용하여 건조할 수 있다. 어떤 방법을 택하든지 건조하기 전에 해저파이프라인 내부를 깨끗이 청소해야 한다. 만약 녹이나 이물질이 해저파이프라인 내부에 남아 있으면 수분이 이런 곳에 갇혀서 오랜 시간이 지나는 동안 녹이 진행되어 내부벽 부식 및 손상의 원인이 될 수 있다.

슈퍼 건조 공기 방법은 우선 소프트 폼 피그(soft foam pigs)를 공기로 관내로 밀어 넣어 시험용수 제거 후 남아 있는 물들을 모두 흡수한다. 이후 와이어 브러시 피그(wire brush pigs)를 쏘아 내부 벽에 남아 있는 불순물들을 제거한다. 피그를 쏘기 전에 무게를 재고 수거한 후 무게를 잰다. 여러 번 피그를 쏘는 동안 피그의 무게는 쏘기 전과 수거한 후의 무게가 거의 비슷하게 된다. 피그의 색깔을 통해 얼

마나 내부가 깨끗해졌는지 간접적으로 판단할 수 있는 기준이 된다. 피그를 쏘면서 이슬점을 측정하여 원하는 이슬점이 도달하였는지 계측한다. 이 방법은 해저파이프라인을 빈 상태로 어느 일정 기간 방치할 경우 내부 부식으로부터 효과적으로 유지시킬 수 있다.

슈퍼 건조 공기 방법의 주요 장단점은 다음과 같다.

- 잔존 해수를 완벽히 해저파이프라인에서 제거 가능
- 이슬점(결로점)을 −68℃까지 저하 가능
- 상대적 짧은 건조 시간
- 짧은 해저파이프라인에 적합(길이가 매우 긴 해상 해저파이프라인에 적합하지 않음)

메탄올 건조는 메탄올의 흡습성을 이용한 방법이다. 해저파이프라인 내부에 남아 있는 습기를 메탄올이 지나가면서 흡수하여 건조시키는 방법이다. 피그 뒤에 메탄올을 채우고 다시 피그를 장착하여 공기나 가스로 피그를 밀어 메탄올 배치(batch)를 전진시킨다. 배치의 수를 여러 개 사용할 수도 있다. 메탄올이 고가이므로 경우에 따라서는 메탄올과 물을 98% 비율로 혼합하여 사용하기도 한다. 해저파이프라인 끝 부분에서는 이미 메탄올이 많은 양의 물을 흡수하였기에 건조를 충분히 못하는 경우도 발생하므로 이점을 유의해서 원하는 이슬점이 확보될 수 있도록 조치해야 한다. 메탄올 건조의 위험성은 가스와 공기가 만날 경우 폭발이 발생할 수 있으므로 메탄올 배치 뒤에 나이트로젠을 사용하여 완충 공간을 배치시킨다. 사용한 메탄올을 수거할 수 있는 장치와 실행 계획이 사전에 치밀하게 만들어져야 한다.

나이트로젠 건조는 슈퍼 건조 공기 건조 방법과 유사하나 비용이 고가이다. 슈퍼 건조 공기보다 약 2배 정도 비싸다. 천연가스 건조 방법은 많은 양의 가스가 필요하며 건조 시간이 오래 소요되고 해저파이프라인 내부가 아주 깨끗한 상태로 유지되어 있어야 적용이 가능하다. 장점은 상대적으로 저렴하다는 것이다. 진공 건조는 아주 오랜 시간이 소요되며 해저파이프라인 내부의 물이 모두 제거된 상태에서 적용한다. 해저파이프라인 안을 청소한 후 공기나 가스로 폼 피그를 쏘아 내부의 물기를 제거한 후 사용한다. 진공 건조 후에도 원하는 이슬점을 얻지 못하면 메탄올이나 슈퍼 건조 공기를 사용하여 추가로 건조를 시킨다.

해저파이프라인 내부 압력이 주변 온도(ambient temperature)에서의 포화 증기압(saturated vapor pressure)까지 감소되면 물이 저온에서 비등(boiling) 된다는 사

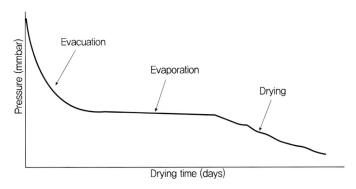

그림 8.4 진공 건조를 위한 압력 변화도(Guo et al., 2013)

실에 근거하여 진공 건조 작업이 수행된다. 즉 해저파이프라인 내부 압력을 감소시켜 잔존 해수를 비등시킨 후 가스 상태로 해저파이프라인 내부로부터 진공 펌프를 이용하여 제거할 수 있다. 일반적인 진공 건조 압력 곡선이 그림 8.4에 나와 있다. 진공 건조 공정은 세 단계로 나눌 수 있다.

첫 번째는 진공 단계로 해저파이프라인에서 공기를 제거하여 내부 압력을 대기압에서 포화 증기압으로 감소시키는 단계이다.

두 번째는 비등 단계이다. 포화 증기압은 해저파이프라인 주변 온도의 함수이며 내부 압력이 포화 증기압에 가까워지면 물은 증발하기 시작하고 압력은 일정하게 유지된다. 즉 압력 감소와 수증기가 평형을 유지하게 된다. 이 증기는 진공 펌프에 의해 해저파이프라인 외부로 배출된다. 배출은 해저파이프라인 내부 잔존 해수가 모두 증발할 때까지 계속된다.

세 번째 건조 단계로 해저파이프라인 내부의 모든 잔존 해수가 증발하면 평형을 유지할 해수가 없는 상황이어서 해저파이프라인의 압력은 감소하기 시작하며, 해저파이프라인 내부가 진공 상태로 유지된다. 수분 증발을 위해서 열 입력이 필요하며, 해저파이프라인의 경우 열은 주변의 해수로부터 얻을 수 있다. 만약 해저파이프라인이 보온되었을 경우 주변 해수로부터 해저파이프라인으로의 열전달 과정이 매우 느릴 수 있다. 따라서 진공 펌프의 용량은 해저파이프라인 주변 유체로부터 증발열을 흡수하는 속도보다 내부 잔존 유체가 빠르게 증발하지 않도록 결정되어야 한다. 그렇지 않으면 해저파이프라인 내부에 잔존 유체가 얼음으로 변할 수 있다.

진공 건조 공법의 주요 장단점은 다음과 같다.

• 해저파이프라인 내부 잔존 해수를 완벽하게 제거 가능

- 매우 낮은 이슬점 가능
- 큰 공간이 요구되지 않음
- 건조 장비로부터 폐기물이 생성되지 않음
- 건조 시간이 오래 걸림
- 지름이 작은 해저파이프라인에는 부적합

건조한 후 질소를 사용하여 배기하는 이유는 해저파이프라인 내부 건조를 한 번 더 검증하고, 원유나 가스와 같은 탄화수소의 처음 운송 시 만약의 폭발에 대비하기 위함이다.

9장

유지보수

9.1.1 서론

피그라는 용어의 어원은 원래 청소용으로 지푸라기를 와이어로 묶어서 사용하였는데, 이를 사용하여 파이프 내부를 청소하면 마치 돼지의 울음소리 같이 시끄러운 소리를 내는 데서 비롯되었다고 한다. 요즘에 피그는 해저파이프라인 내부 청소나 기타 작업을 수행하는 장치를 의미한다. 유체를 사용하여 파이프를 통해 피그를 운용하는 과정을 피깅 작업이라고 한다. 처음에는 해저파이프라인에서 내부의 퇴적물 제거나 청소를 위해 개발되었지만, 오늘날 피그는 여러 가지 목적으로 해저파이프라인 운용 기간 동안 다양한 단계에서 사용된다. 예를 들어 해저파이프라인 건설 중에 내부 잔존물의 제거, 측정, 청소, 주입, 탈수에 사용된다. 오일 송유관의 왁스를 제거하고 가스 송유관의 액체를 제거함으로서 오일이나 가스의 계량을 증명할 수 있다. 피깅은 파이프 두께 측정, 길이 측정, 토사 매장(burial) 여부와 같이 탐지의 기능도 한다. 피깅은 또한 해저파이프라인의 내부 표면을 부식 방지제로 피복하고, 다른 유지보수 작업 중에 압력을 견디기 위한 장치로 사용된다.

피깅 시스템은 피그, 론처(launcher), 리시버(receiver)를 포함한다. 해저파이프라인에 피그가 사용되는 3가지 이유는 다음과 같다.

- 해저파이프라인 내부의 서로 다른 운반물(product)을 분리
- 필요 없는 물질의 청소/제거
- 해저파이프라인 내부 검사를 수행

피그의 사용 목적별로 세분화하면 다음과 같다.
- 유체의 분리
- 내부 청소(불순물이나 퇴적물 제거)
- 게이징(좌굴 조사)
- 파이프라인내 장애물 위치 추적
- 액체 제거
- 가스 제거
- 파이프라인의 높이, 위치, 노선 조사
- 내부 검사 및 촬영
- 내부 피복

- 부식 방지 피복
- 유체의 원활한 흐름
- 부식 검사, 균열 및 두께 측정

또한 피그의 종류는 크게 3가지로 나뉘어진다.
- 유틸리티 피그 : 청소, 분리, 제수
- ILI(in-line inspection) : 해저파이프라인 내부 상태 파악
- 젤 피그 : 제수, 청소, 건조 등을 위하여 보조적으로 사용

기본적인 피그의 사용 순서를 정리하면 다음과 같다.
① 공사파편 : 해저파이프라인 내부의 공사파편(construction debris) 등을 제거한다. 이때 일반적인 폼 피그가 사용된다.
② 게이징 : 해저파이프라인에 좌굴이 발생하였는지 검사하는 것으로 게이징 피그나 캘리퍼(calliper) 피그가 사용된다.
③ 청소 : 해저파이프라인 내부의 녹, 먼지, 기타 불순물이나 오염 물질을 제거하고 청소하는 것으로 부러시 피그가 사용된다.
④ 플러딩 : 해저파이프라인 내부에 수압검사를 위해 물을 채우는 과정으로 폼 피그를 사용하여 기포를 제거한다.
⑤ 시험용수제거 : 수압검사 후 용수를 제거하는데 폼 피그를 사용한다.

9.1.2 유틸리티 피그

다용도 피그는 그 목적에 따라 두 그룹으로 나눌 수 있다.
- 해저파이프라인에서 고체 또는 반고체 퇴적물이나 파편을 제거하는 청소 피그
- 해저파이프라인에서 액체를 밀어 내거나 두 가지 다른 유체 사이의 경계면을 제공하기 위해 밀봉을 할 수 있는 밀봉 씰링 피그

이 두 종류 내에서 구형 피그(sphere pig), 폼 피그(foam pig), 맨드릴 피그(mandrel pig) 및 고체 주철 피그(solid cast pig)와 같은 다양한 형태의 피그를 구별하기 위해 더 세분화할 수 있다.

(1) 구형 피그

구형 고체거나 글리콜 또는 물로 팽창된 구로 만들어진다. 그림 9.1은 구형 피그의 예를 보여준다. 구형 피그는 오랫동안 밀봉 피그로 사용되어 왔다. 구형 피그

(a) 다양한 구형 피그   (b) 피그 지름 측정

그림 9.1 다양한 지름을 가지는 구형 피그

는 용해성, 팽창성, 고체, 폼 구형 등 네 가지 기본 유형이 있다. 용해형 구형 피그는 일반적으로 미세 결정 왁스 및 파라핀 억제제를 넣어서 원유 해저파이프라인에 사용된다. 이는 보통 몇 시간 내에 용해된다. 용해 속도는 유체 온도, 유체 이동, 마찰 및 원유로의 흡수성에 따라 달라진다. 해저파이프라인에 피그를 사용해 보지 않았다면, 용해성 피그를 사용하는 것이 좋다. 이는 해저파이프라인 내부에서 마모되어 사라지므로, 유동을 방해하지 않는다. 팽창성 구형 피그는 용도에 따라 폴리우레탄, 네오프렌, 니트릴(nitrile) 등의 다양한 탄성 중합체(elastomer)로부터 제조된다. 팽창성 구형 피그는 액체로 팽창시키는데 사용되는 충진 밸브를 가진다. 구는 물 또는 물+글리콜로 채우고 원하는 크기로 팽창되지만, 공기로 팽창시켜서는 안된다. 팽창성 피그의 지름은 해저파이프라인 내부 지름에 비하여 1~2% 더 팽창된다. 팽창성 구형 피그는 사용 중 마모되는 경우 크기를 조정하여 수명이 연장 가능하다. 고체 구형 피그는 크기를 조정할 수 없으며, 팽창 구형 피그에 비하여 수명이 짧다. 작은 구형 피그의 경우 고체 구형 피그로 제작되는 경우가 많으며, 고체 구형 피그를 팽창시킬 필요가 없다.

(2) 폼 피그

폼 피그는 폴리우레탄 폼으로 제작되며, 내마모성을 높이기 위하여 내마모성 폴리우레탄 재질로 피복할 수 있다. 청소작업의 효율을 높이기 위하여 와이어 브러시를 표면에 붙일 수 있다. 폼 구형 피그는 가볍고 경제적이며 팽창될 필요가 없다. 이 피그는 작은 반지름을 가지는 코너를 움직일 수 있고, 분기를 통하여 지름이 다른 해저파이프라인을 이동할 수도 있다. Polly-Pigs라고도 알려진 폼 피그는 폴리우레탄 폼으로 성형되어 폴리우레탄 스트립 또는 연마 재료(abrasive material)를 표면에 붙이기도 한다. 그림 9.2는 폼 피그의 다양한 형상을 보여준다.

폼 피그는 저밀도(32 kg/), 중밀도(80~130 kg/)에서부터 고밀도(150 kg/이상)와

(a) 다양한 폼 피그

(b) 폼 피그 발사

그림 9.2 폼 피그

같이 다양한 밀도의 폴리우레탄 폼으로 제작되며, 일반적 형상은 총알 모양이다. 폼 피그 길이는 지름의 두 배 정도이며, 유연하게 압축과 확장이 가능하다. 폼 피그는 다양한 지름의 해저파이프라인을 통해 이동이 가능하며, 90°의 굴곡 부분도 통과할 수 있다. 밸브를 65% 정도 개방하면, 밸브 통과도 가능하다. 폼 피그의 단점은 일회용이고, 수명이 짧으며, 산도(acid concentration)가 높으면 수명이 좀 더 단축된다는 것이다. 대신 폼 피그는 가격이 저렴하며, 해저파이프라인 검사, 건조, 청소, 침전물 제거가 가능하다는 것이 장점이다. 또한 응축수 제거를 위한 습식 가스 해저파이프라인, 다중 지름을 가지는 해저파이프라인에 적합하다. 와이어 브러시 피복 또는 실리콘 카바이드 피복은 해저파이프라인 청소 효율을 높이기 위하여 사용된다.

(3) 맨드릴 피그(mandrel pig)

맨드릴 피그는 중앙에 맨드릴이라 불리는 튜브를 가지며, 작업별 용도에 맞는 부품이 맨드릴에 조립된다. 그림 9.3은 다양한 맨드릴 피그를 보여준다. 맨드릴 피

(a) 다양한 맨드릴 피그

(b) 사용 후 맨드릴 피그

그림 9.3 맨드릴 피그

그에는 해저파이프라인을 청소하기 위해 와이어 브러시 또는 폴리우레탄 블레이드가 장착되어 있다. 맨드릴 피그는 청소용과 밀봉용이 있으며, 두 가지 기능을 동시에 수행하는 혼합형도 있다. 청소나 밀봉을 위한 브러시 등을 교체하여 맨드릴 피그를 재사용도 가능하다. 청소용 피그는 강력 청소를 위하여 와이어 브러시 또는 폴리우레탄 블레이드를 장착하며, 장기간 사용이 가능하다.

(4) 고체 주조 피그

고체 주조 피그의 주재료는 폴리우레탄이다. 그러나 네오프렌, 니트릴, 비톤(viton), 고무 탄성체 등도 소형 피그에서 사용된다. 그림 9.4는 일부 고체 주조 피그를 보여준다. 고체 주조 피그는 브러시와 함께 사용도 가능하지만, 주로 밀봉 목적으로 사용된다. 고체 주조 피그는 원래 주조품이어서 한 개의 몸체로 구성되지만, 최근 교체 가능한 밀봉 부품을 가진 피그도 있다. 맨드릴 피그의 청소/밀봉 부품 교체 비용이 비싸기 때문에 고체 주조 피그를 사용하며, 최대 36 inch 지름도 제작된다. 이는 정유(등유, 가솔린, 디젤 등)를 운반하는 해저파이프라인에서 내부 액체를 제거하는데 매우 효과적이며, 습식 가스 운반용 해저파이프라인에서 응축수를 제거하고, 원유 해저파이프라인에서 퇴적된 파라핀을 제거한다.

9.1.3 ILI 피그

ILI 피그는 그림 9.5와 같이 초음파 도구이다. 초음파 ILI 도구는 금속 손실을 측정하고 해저파이프라인의 균열을 탐지하는데 사용된다. 초음파 공구는 민감도 및 높은 정확도가 요구될 때 특히 적합하다. 또한 해저파이프라인의 파이프 두께 측정에도 광범위하게 적용된다. ILI 피그는 다음과 같은 작업에 사용된다.

(a) 다양한 고체 주조 피그

(b) 고체 주조 피그 스펙 예

그림 9.4 고체 주조 피그

(a) ILI 피그의 예

(b) 초음파 ILI 피그 삽입

그림 9.5 ILI피그

- 파이프의 지름/형상/곡률 측정
- 프로파일 조사 및 계측
- 온도/압력 계측
- 금속 표면 손상/부식 감지
- 사진 촬영
- 균열/누설 감지
- 퇴적 왁스 측정
- 운반물 샘플 채취

9.1.4 젤 피그

젤 피그는 초기 시운전 중 또는 유지 보수 프로그램의 일환으로 해저파이프라인 작업에 사용하기 위해 개발된 연속 젤이다(그림 9.6). 대부분의 해저파이프라인 젤은 수성이지만 화학 물질도 젤로 만들 수 있으며, 디젤도 젤로 만들어진다. 젤로

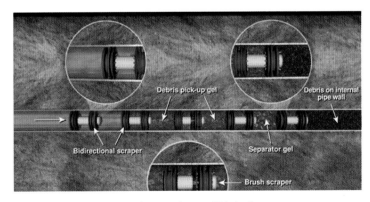

그림 9.6 피그 트레인의 예

변형된 디젤은 일반적으로 가스 해저파이프라인에서 부식 억제제를 운반하는데 사용된다. 해저파이프라인에 사용되는 젤에는 네 가지 주요 유형이 있다.

- 배치 젤(batching gel, 분리 젤(separator gel)으로도 불림)
- 파편 픽업 젤(debris pickup gel)
- 탄화수소 젤(hydrocarbon gel)
- 탈수 젤(dehydrating gel)

젤 피그는 펌프를 이용하여 유체를 수송하는 해저파이프라인을 통하여 내부로 삽입될 수 있다. 젤 피그는 해저파이프라인에서 배치 젤을 대신하여 때로는 단독으로 사용되기도 하며, 다양한 유형의 일반 피그와 함께 사용이 가능하다. 일반 피그와 함께 사용 시 일반 피그의 전반적인 성능을 향상시키면서 일반 피그의 압착(sticking) 위험을 상당히 감소시킨다. 젤 피그의 장점 중 또 한 가지는 일반 피그와 달리 마모되지 않는다는 것이다. 반면, 젤 피그는 내부 유체에 의하여 희석될 수 있다. 따라서 피그 트레인(pig train)을 설계할 때 피그가 내부 유체를 잔존(fluid bypass)하지 못하도록 피그의 순서나 피그의 종류 등이 배치되어야 한다.

9.1.5 피그 론처와 리시버

피그를 운용하기 위해서는 일반적으로 특수하게 설계된 론처와 리시버가 필요하다. 론처와 리시버는 해저파이프라인의 상부(upstream)와 하부(downstream)에 각각 설치된다. 론처와 리시버 사이의 거리는 펌프나 압축기의 위치, 작동 절차 그리고 피그에 사용되는 재료에 의해 결정된다. 원유 해저파이프라인에서는 론처와 리시버 사이의 거리는 500 km까지 길어질 수 있으며, 피그를 통해 운반/제거되는 모래, 왁스 등 물질의 양에 따라 론처와 리시버 사이의 거리가 결정된다. 가스 운송 해저파이프라인의 경우 윤활유의 양에 따라 론처와 리시버 사이의 거리가 결정되며, 160 km까지 길어질 수 있다.

액체 및 가스 운송을 위한 피그 론처의 일반적인 구성은 그림 9.7(a) 및 (b)와 같다. 피그 배럴과 감소기를 통하여 피그를 출발시킬 수 있다. 가스 운송용 해저파이프라인에 적용하는 론처에서 피그 배럴은 10개 이상의 구형 피그를 수용할 만큼 충분히 길어야 하고, 지름은 해저파이프라인보다 약 25 mm 정도까지 커질 수 있다.

그림 9.8(a)와 (b)는 각각 액체 및 가스 운송용 해저파이프라인에 적용되는 피그 리시버의 일반적인 그림이다. 그림 9.8(a)에서 수평 피그 배럴은 돌아온 피그를 저

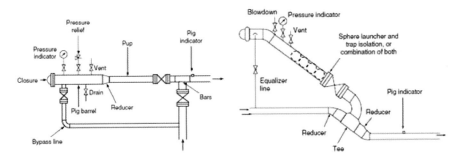

(a) 액체 운송용 해저파이프라인　　　　　(b) 가스 운송용 해저파이프라인

그림 9.7 피그 론처의 구성

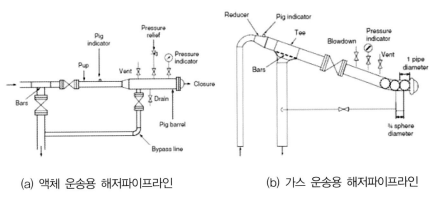

(a) 액체 운송용 해저파이프라인　　　　　(b) 가스 운송용 해저파이프라인

그림 9.8 피그 리시버의 구성

장 유지시킨다. 수평 배럴의 지름은 통상 해저파이프라인의 지름보다 50 mm 크다. 원유 해저파이프라인 리시버에 사용되는 수평 배럴도 10개 이상의 구형 피그를 수용할 만큼 길게 설계한다. 그림 9.8(b)에서 경사 피그 배럴은 해저파이프라인의 지름보다 25 mm 큰 직경을 사용하고 배럴의 길이는 10개 이상의 구형 피그를 수용할 수 있을 만큼 길어야 한다.

9.1.6 피그의 선택

해저파이프라인의 효율성은 운용의 지속성과 경제성을 의미하며, 피깅의 목적은 해저파이프라인의 효율성을 확보하고 유지하는 것이다. 해저파이프라인에서 특정 작업에 사용되는 피그를 선택하기 위한 기준 중에서 피그의 목적에 따른 기준은 제거/배출되어야 하는 물질의 종류/위치/부피, 정보 수집 피그로부터 얻을 정보 유형, 그리고 피그의 운용 목표 등이다. 피깅 특성에 따른 기준은 피깅에 요구되는 압력과 피그의 속도이다. 해저파이프라인 특성에 따른 기준은 해저파이프라인 유체의 종류, 해저파이프라인 최소/최대 내부 지름, 피그 실행 최대 거리, 최소 굽힘 반지름 및 굽힘 각도, 밸브 종류, 분기 상세 등이 있을 수 있다.

(1) 청소 피그의 선택

청소 피그는 해저파이프라인의 고형 이물질을 제거하도록 설계되었다. 이를 활용하여 해저파이프라인의 효율을 높이고 운용 비용을 낮출 수 있다. 청소 피그는 해저파이프라인의 내벽을 긁어서 고형 이물질을 제거하는 와이어 브러시가 부착되어 있으며, 14 inch 이하의 피그는 일반적으로 회전식 와이어 휠 브러시를 사용한다. 이 회전식 와이어 휠 브러시는 교체하기 쉽고 저렴하며, 특수 회전 브러시는 일부 대형 피그는 마모를 보정할 수 있는 마모 보정 브러시(wear-compensating brush)를 가지고 있다. 이러한 브러시는 필요에 따라 개별적으로 교체할 수 있으며 판 스프링, 외팔보 스프링, 코일 스프링 등에 장착된다. 와이어 브러시가 마모되면 스프링의 힘으로 파이프 브러시가 파이프 벽에 지속적으로 접촉할 수 있게 한다. 청소 피그는 다양한 브러시 재질을 사용할 수 있다. 브러시는 통상 탄소강으로 제작되며 스테인레스강도 재료로 사용된다. 내부 피복이 된 해저파이프라인의 경우, 플라스틱이 브러시의 재료로 사용되기도 한다. 파라핀, 진흙 등의 부드러운 침전물을 제거해야 할 때는 우레탄 블레이드를 사용하는 것이 권장된다. 바이패스 포트(bypass port)는 피그의 몸체나 앞부분에 설치된다. 이 포트는 해저파이프라인 내부 유체를 제어하는데 사용된다. 즉 포트가 피그의 몸체에 있으면 유체가 브러시를 잘 통과할 수 있다. 해저파이프라인의 유체가 이 피그의 앞부분에 있는 포트를 통과 할 때, 피그 앞쪽의 잔존물을 제거하는데 도움을 주며, 피그 플러그는 유체 바이패스를 조절하는데 사용된다. 청소용 피그에서 밀봉은 탄성중합체 컵(elastomer cup) 또는 탄성중합체 디스크(elastomer disk)가 사용되는데, 이는 부드러운 침전물을 밀봉/제거하기 위한 용도로 사용된다. 탄성중합체는 주로 폴리우레탄을 의미한다. 폴리우레탄은 내마모성이 뛰어나지만 온도 범위가 제한적이다. 네오프렌, 니트릴, 비톤 등의 탄성중합체는 고온 상태에서 적용 가능하다.

(2) 검사 피그(gauging pig)의 선택

검사 피그는 해저파이프라인을 설치한 후 내부 장애 요인이 있는지 확인하기 위해 사용된다. 여기서 의미하는 장애 요인은 부분 개폐 밸브, 굽힘으로 인한 내부

그림 9.9 검사 피그의 예

접힘, 과도한 하중에 의한 타원화, 암반과의 충돌로 인한 덴트(dent), 어선 닻 등에 의한 충격 손상, 지진 유기 좌굴 등을 의미한다.

검사 피그는 일반 피그의 전방 또는 후방에 장착될 수 있고, 연강 또는 알루미늄 판으로 만들어 진다(그림 9.9). 검사 피그의 외경(바깥 지름)은 해저파이프라인 안 지름의 90~95% 수준이다. 검사 피그는 일반적으로 설치 공사 후에 실행하거나 부식 검사 피그를 작동하기 전에 수행된다.

(3) 측정 피그(caliper pig)의 선택

측정 피그는 해저파이프라인 내부 형상을 측정하는 데 사용된다. 측정 피그는 그림 9.10과 같이 피그 컵에 장착된 다수의 센서가 있으며, 이 센서는 피그 몸체 안의 기록 장치에 연결된다. 측정 피그 몸체는 일반적으로 내경의 약 60%이지만 탄성중합체 컵을 사용하여 피깅 시 압착의 위험을 최소화한다. 측정 피그는 매우 고가이므로, 내부에 압착 또는 고착될 경우 큰 경제적 손실이 있을 수 있다.

(4) 배수 피그(displacement pig)의 선택

배수 피그는 밀봉 메커니즘을 기반으로 하나의 유체를 다른 유체로 대체하는 것으로 양방향 배수 피그 또는 단방향 배수 피그가 있다. 해저파이프라인의 시험과

1. Transmission disc
2. array of sensing fingers
3. Odometer wheel
4. Locator unit
5. Drive cup
6. Digital data recorder

그림 9.10 측정 피그의 예

(a) 대형 양방향 피그의 예 (b) 원추형 컵의 예

그림 9.11 양방향 배수 피그의 예

시운전 단계에 주로 사용된다. 그림 9.11과 같이 양방향 피그는 장애물을 만났을 때 론처에 되돌려 보낼 수 있다. 배수 피그는 시험을 마친 후 해저파이프라인 내부 유체를 배수할 경우에도 사용된다. 밀봉 효율을 높이기 위하여 다중 주름이 있는 원추형 컵(multi-lipped conical cup)이 있는 피그가 많이 사용된다(그림 9.11(b)).

9.2 ## 상태 기반 유지보수(condition-based maintenance)

9.2.1 서론

해저파이프라인은 운용 시간이 증가함에 따라 기능적 및 구조적으로 취약해진다. 따라서 해저파이프라인의 상태 및 신뢰성을 보장하고 수명 주기 동안 설계된 기능을 유지하기 위해서는 유지 관리가 필수적이다. 해저파이프라인 유지 관리는 기술적인 부분뿐만 아니라 관리적인 부분에서 수행되어야 한다. 유지보수는 고장 수리(corrective maintenance)에서 소위 예측 유지보수(predictive maintenance)라고도 불리는 상태 기반 유지보수(condition-based maintenance, CBM)와 사전 유지보수(proactive maintenance)로 진화하고 있다. 최근에는 자기 유지 보수(self-maintenance) 또는 자가 치료(self healing)와 같은 새로운 개념이 유지보수의 주제가 되어가고 있다.

고장 수리는 장비의 반응에 기반한 유지보수 방법이다. 이는 고장난 해저파이프라인을 수리하는데 적용된다. 반면, CBM이나 사전 유지보수는 심각한 고장을 회피하기 위하여 적용되는 방법이다. 즉 이들 방법은 고장이 발생하기 전에 수행되어야 하는 것이다. 사전 유지보수는 해저파이프라인의 사용 년수나 내부 유체의 종류, 유동 특성 등을 검토하여 수행되며, CBM은 해저파이프라인의 건전도를 기반으로 수행된다. CBM은 다른 유지보수 정책과 비교하여 매우 적절한 유지보수

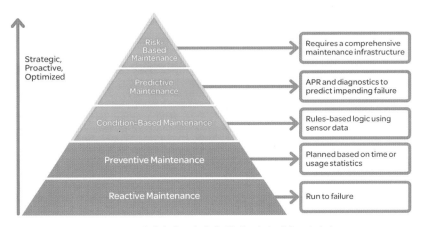

그림 9.12 해저파이프라인의 상태 기반 예측 피라미드

솔루션으로 간주되므로 해저파이프라인 뿐만 아니라 대부분의 엔지니어링 자산 관리(engineering asset management, EAM)에 널리 사용되고 있다. 이렇게 CBM이 널리 사용되는 이유는 상태 모니터링 기술(condition monitoring techni- que)의 발달에 기인한다. CBM은 비정상적인 상태 모니터링 데이터가 감지될 때 유지보수를 수행하므로, 유지보수 활동의 최소화가 가능하고 유지보수 비용을 감소시킨다.

그러나 비정상 감지와 운용 실패 사이가 짧을 경우 상태 모니터링 데이터만으로 유지 관리 활동을 미리 계획하고 최적화하기 어렵다. 이를 위하여 장기적인 해저파이프라인 건전성 예측이 요구된다. CBM은 일반적으로 해저파이프라인 건전성 평가/예측과 유지보수 결정 최적화의 총 두 단계로 구성된다. 여기서는 일반적으로 사용되는 해저파이프라인 상태 모니터링 방법, 신호 처리 기술, 상태 평가 및 예측 방법, 유지보수 결정 최적화 방법 등에 설명한다. 유지보수 관리자는 해저파이프라인 건전성 상태 평가 및 예측을 통해 현재와 미래의 동향을 파악해야 한다. 해저파이프라인 건전도를 설명하는데 일반적으로 사용되는 두 가지 중요한 용어는 결함(fault)과 고장(failure)이다. 해당 구성 요소나 하위 시스템이 지정된 수준보다 낮은 조건을 갖지만 해저파이프라인 시스템이 여전히 주요 기능을 수행할 수 있을 때, 해저파이프라인은 결함을 가지고 있다고 말할 수 있다. 반면, 해저파이프라인 시스템이 주요 기능을 수행하기 어려울 때 고장이라고 말할 수 있다. 그림 9.12는 해저파이프라인의 상태 기반 예측피라미드를 보여준다.

CBM에서 유지보수가 요구되는 시스템 또는 자산은 크게 3가지로 구성된다. 비선형 자산 또는 개별 자산은 분명한 물리적 구분이 가능하며 하위 구성 자산을 가진다. 예를 들어 자동차 엔진이 비선형 자산이며, 많은 하위 구성 요소를 가진다.

반면, 선형 자산 또는 연속 자산은 케이블, 해저파이프라인, 도로 등과 같이 물리적으로 매우 긴 형상을 가진 자산을 의미한다. 이러한 선형 자산의 경계는 유지보수 관리자나 운용자에 의하여 결정된다. 둘이 조합된 형태를 조합 자산(hybrid asset)이라고 한다. 해저파이프라인을 포함하는 석유 생산을 위한 해양 구조물은 조합 자산으로 분류된다.

9.2.2 데이터 수집

상태 모니터링은 CBM에서 가장 중요한 단계 중 하나이며 주요 단계이다. 정보를 바탕으로 유지보수 의사 결정을 내릴 수 있도록 자산의 작동 상태에 대한 직접적인 정보를 제공한다. 상태 모니터링은 통합 진단 프로세스(diagnosis process)의 일부분이며, 두 가지 주요 프로세스로 구성된다.

- 데이터 수집(data collection)
- 데이터 처리 및 분석(data processing and analysis)

데이터 처리 및 분석에서 얻어진 중요한 정보를 신뢰할 수 있는 사전 진단 프로세스(prognosis process)에 사용된다. 상태 모니터링 및 진단에서 데이터 처리를 위한 국제 표준은 잘 정의되고 문서화되어 있다(ISO 13374-1 : 2003b (E); ISO / FDIS 13374-2 : 2006 (E)).

(1) 진동 신호 분석

진동 기법은 상태 모니터링 기법 중에서 가장 고전적인 방법으로 간주된다. 진동의 주요 원인은 기계 구성 요소의 불균형, 정렬 불량, 풀려진 볼팅, 마모나 처짐 등이 될 수 있다. 진동 측정의 매개 변수는 신호의 주파수 내용에 따라 변위, 속도 또는 가속도가 된다. 진동 측정에는 에디 전류 프로브(eddy current probe), 자석 픽업(magnetic pickup), 속도 픽업(velocity pickup), 가속도계(accelerometer)와 같은 근접 또는 접촉 센서가 일반적으로 사용된다. 특히, 가속도계는 모든 형태와 크기의 진동 측정에 가장 많이 사용되는 센서이며 매우 큰 동적 범위와 넓은 주파수 범위를 가지고 있다. 신뢰할 수 있는 상태 모니터링 데이터를 얻으려면 모니터링 중인 시스템에 가속도계를 장착하는 방법이 중요하다. 가속도계는 항상 센서의 계측 방향이 신호 방향과 일치하도록 시스템의 진동 표면에 견고하게 장착되어야 한다. 가속도계는 데이터 요구 사항에 따라 영구적으로 장착되거나 일시적으로 장착될 수 있다.

(2) 음향 신호 분석

음향 신호는 공기 기인 소음(음압 레벨)과 구조물 기인 소음(진동)을 의미한다. 측정 방법은 진동 신호 측정과 유사하다. 마이크는 음향 측정의 주요 측정 센서이다. 마이크는 일반적으로 콘덴서 마이크, 동적 마이크, 세라믹 마이크로폰 등이 있을 수 있다.

(3) 초음파 신호 분석

초음파는 통상 가청 주파수 이상(일반적으로 20 kHz와 100 kHz 사이의 주파수이지만, 수 MHz 이상일 수도 있음)의 음파 신호를 의미한다. 초음파는 공기 기인 또는 구조 기인일 수 있다. 헤테로다인(heterodyne)은 감지된 초음파 신호를 가청 신호로 변환한다. 헤테로다인 신호는 증폭기로 강화되어 표준 헤드폰을 사용하여 청취 가능하고, 또는 변환기를 통해 디스플레이 패널에서 판독할 수도 있다. 신호음의 변화나 디스플레이에 나타나는 신호의 RMS(root mean square)의 변화는 시스템의 이상이나 결함이 발생한 경우 감지된다. 최근 초음파 신호는 일반적으로 시스템이 악화되거나 마모된 부품을 감지하는데 사용된다. 불안정하게 설치된 밸브를 통해 압축 유체(압축 공기 또는 유압 오일)의 누출, 윤활의 불량, 표면 진동 등을 감지하는데 사용된다. 초음파 음향은 해저파이프라인의 조건을 측정하기 위한 방법이며, 비교적 높은 정확성과 신뢰성을 가진 비파괴 검사 기술이다.

엔지니어는 초음파 장치 헤테로다인 소리를 듣고 현장에서 결함을 감지할 수 있다. 초음파 기술의 주요 단점은 거리에 민감하다는 것이다. 즉, 신호음의 원인이 해저 등과 같이 접근하기 어려운 경우 신호의 감도는 감소할 수 밖에 없으므로 해저파이프라인에서 초음파 신호 분석을 선호하지는 않는다. 초음파 장치는 일방향성을 가지기 때문에 탐지 방향이 매우 중요하다. 압전 센서(piezoelectric sensor) 및 광섬유 센서(fiber optic sensor)는 초음파 센서에 사용되는 가장 일반적인 센서이다. 압전 센서는 센서 소자 크기가 작기 때문에 광섬유 센서보다 일반적이며 저렴하다. 압전 센서의 또 다른 장점은 50 kHz ~ 2 MHz의 넓은 작동 주파수 범위를 갖는다는 것이다. 반면 광섬유 센서는 낮은 민감도 범위와 낮은 주파수 범위(200 kHz 미만)에 제한된다.

(4) 음향 방출 분석

음향 방출(acoustic emission, AE)은 재료 내부에 빠른 응력의 재분배시 발생하는 일시적으로 생성된 탄성파이다. 즉 외부 자극(압력, 온도의 변화)을 기계 시스템에 부여하면 이는 응력파(stress wave)를 발생시키고 응력파는 시스템 표면에 도달하여 AE 센서로 기록할 수 있다. 이러한 AE의 원인(source)은 균열 발생(crack initiation), 파괴(fracture), 전위(dislocation), 용융(melting), 쌍정(twinning), 상 변화(phase transform) 등 매우 다양하다. AE 기법은 높은 주파수 범위(일반적으로 100 kHz 이상이고 수 MHz까지 가능)에서 작동한다는 점을 제외하고는 초음파 기법과 유사하다. Choi et al.(2000), Kim et al.(2001)은 실린더 형상에 작용하는 응력파에 대한 연구를 소개하였다.

9.2.3 데이터 처리 및 분석

(1) 시간 파형 분석

시간 영역에서 계측된 데이터를 통계적으로 분석하는 방법이다. 예를 들어 평균(mean), 평균 제곱근 편차(root mean square, RMS), 파정(peak), 파저(crest), 표준편차(standard deviation), 왜도(skewness), 첨도(kurtosis) 등이 고장 진단과 경향성 분석을 하는데 사용될 수 있다.

(2) 주파수 분석

계측된 시간 데이터는 고속 푸리에 변환(fast Fourier transform)을 통하여 주파수 데이터로 변환된다. 이러한 주파수 데이터를 분석하는 방법을 스펙트럼 분석(spectrum analysis)이라고 한다. 그림 9.13과 같이 기계 부품이나 구성 요소별로 신호의 주파수가 다르기 때문에, 스펙트럼 분석의 장점은 주파수 영역에서 이상이나 결함의 원인을 용이하게 분석할 수 있다는 점이다.

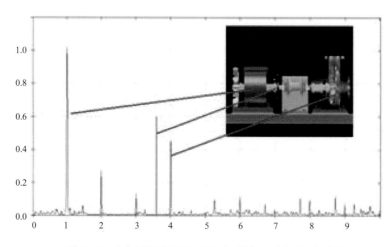

그림 9.13 기계 부품의 진동 신호에 대한 주파수 분석 사례

(3) 시간−주파수 분석법

시간 - 주파수 분석은 시간에 따른 스펙트럼 성분의 점진적인 변화를 포착한다. 분석된 파형의 에너지는 시간 및 주파수 영역 모두에 표시되어 보다 정확한 오류 진단을 위해 신호 특성을 나타낸다. 단기 푸리에 변환(short time Fourier transform, STFT)과 웨이블렛(wavelet) 분석은 일반적으로 사용되는 시간 - 주파수 분석법이다. 웨이블렛 분석에서 저주파 신호의 경우 주로 FFT와 같은 주파수 분석법을 사용하고, 고주파수 신호의 경우 시간 파형 분석법을 많이 사용한다. 따라서 장주기 저주파수와 단주기 고주파수 신호에 적합한 방법이다(그림 9.14).

9.2.4 진단과 사전 진단

진단 및 사전 진단은 CBM에서 중요한 부분이다. 이 두 가지 기법은 접근 방식이 다르며 서로 다른 목표를 가지고 있지만 두 가지 방법은 서로 완전히 단절될 수는 없다. 진단은 시스템의 상태 모니터링 데이터 분석을 통해 시스템의 오류를 감지하고 식별한다. 따라서 진단은 수동적인 사후 분석 기술이다. 반면 사전 진단은 임박한 결함을 미리 예측하여 현재의 건전도에 기초하여 잔여 유효 수명 또는 시스템 고장의 가능성을 구체화하고 추정한다. 사전 진단은 검사 간격을 결정하고 유지보수 비용을 최소화하며 예상치 못한 시스템 오류를 줄이기 위한 유지 관리 의사 결정을 돕는 능동적 사전 분석 기술이다. 사전 진단은 진단보다 효과적인 접

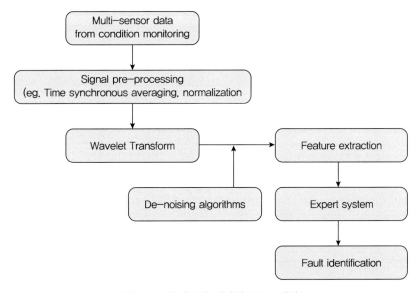

그림 9.14 웨이블렛 기반의 CBM 개략도

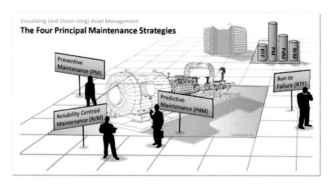

그림 9.15 CBM을 위한 4대 요구 사항

근 방법으로 간주된다. 그러나 고장이나 파손 징후를 감지하는 기술에는 한계가 있다. 시스템에서 예상치 못한 오류를 완전히 제거할 수는 없기 때문이다. 또한 통계적 사전 진단 모델을 기반으로 한 예측은 신뢰도가 100%가 아니며 입력 신호 오류에 대한 조기 경고를 제공하지 못할 수 있다. 그러므로 진단은 유지보수 의사 결정 지원을 제공하는데 필요한 도구로 간주된다. 진단은 정확한 상태 정보를 제공하므로 보다 신뢰성있는 사전 진단 모델을 구축하는데 사용된다. 그림 9.15는 CBM을 위한 4대 요구사항을 보여준다.

진단 및 사전 진단 접근법은 자산 수명 주기 결정에서 장기간 적절한 정보를 산출하지 못하는 단점이 있다. 장기적인 자산 운영 및 유지보수 계획은 종종 엔지니어링 자산의 파손 모드보다는 전체적인 성능 저하에 대한 장기 예측이 요구되기 때문이다. 상태 기반 예측 접근법(condition-based prediction approach, CBPA)은 이러한 필요에 따라 사용될 수 있다.

9.2.5 상태 기반 건전도 예측 기법(CBPA)

CBM은 예측한 건전도에 의거하여 유지보수를 결정하며, 마르코프 체인(Markov chain) 모델은 건전도 예측 기법 중 가장 널리 사용되는 방법이다. 마르코프 체인 모델은 미래의 건전도 상태를 결정할 때 과거 건전도 상태에 기반하기 때문에 미래 상태는 과거 상태에 종속적이다.

해저파이프라인과 같은 시스템의 성능이나 기능은 운용 시간의 증가에 따라 점진적이고 연속적으로 감소한다. 이러한 성능 저하 프로세스를 열화 프로세스라고도 한다. 이러한 열화 프로세스를 표현하기 위해서, 시간에 따른 성능 저하를 이산화하여 표현하며, 열화 과정은 유한한 개수의 상태로 분리된다.

시스템의 현재 상태는 이산화된 두 개의 개별 시점 사이의 상태에 존재하게 되며, 운용 시간의 증가에 따라 시스템의 상태가 현재 상태로 유지 또는 저하된 상태로 이동(천이)을 결정하게 된다.

이산화된 상태의 개수는 성능 저하 특성, 모니터링 방법, 데이터 가용성 등에 의하여 결정된다. 많은 개수로 이산화될수록 열화 프로세스의 특징을 충분히 나타낼 수 있지만, 개수가 많으면 각 상태의 천이를 위해서 더 많은 과거 정보가 요구되기 때문에 상태의 이산화 개수를 적절히 조절할 필요가 있다. 실제 엔지니어링에서는 양호 상태와 고장 상태의 두 가지 상태만을 사용하기도 한다.

시스템의 상태 변경 여부를 계산하기 위한 시간 간격을 결정해야 한다. 시간 간격은 주로 열화 프로세스의 속도, 데이터 수집 간격 등에 의하여 결정된다. 시간 간격이 너무 작으면 계산된 천이 확률이 매우 낮을 수 있고, 너무 크면 신뢰도가 낮아진다. 시간 간격은 검사 간격과 동일하므로 모든 관측 자료를 상태 천이 확률의 추정에 사용할 수 있다.

9.2.6 의사 결정

CBM 의사 결정을 위해서는 첫째 모니터 해야 할 시스템의 유형이 존재해야 하고, 수집해야 할 데이터, 수집 빈도 및 저장 기간 등을 결정할 필요가 있다. 여기에 더불어 증상 분석과 고장 특성 분석 등이 동시에 요구된다. 다음 유지보수 유형 및 성능 저하 임계값을 결정해야 한다(그림 9.16).

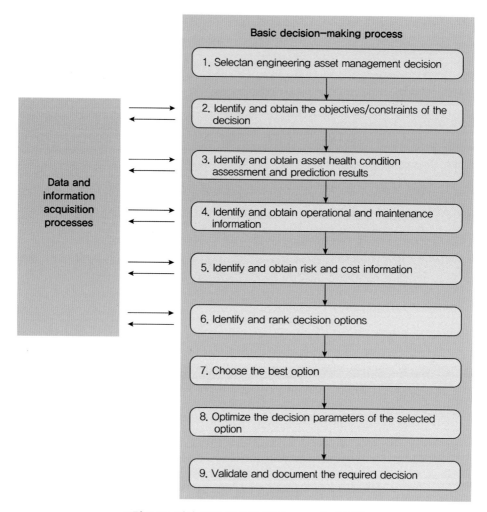

그림 9.16 의사 결정 과정의 예(Guo et al., 2013)

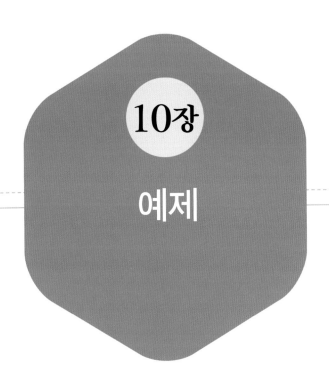

10장

예제

파도입자 변위 및 파력 계산

Ⓐ 다음 환경 조건에서 파도입자의 변위를 계산하고 수심에 대하여 도시하시오.

Ⓑ 최대 항력과 최대 관성력을 주기에 대하여 구하고 합력을 도시하시오.

- 파고(H): 35 ft
- 주기(T): 12 sec
- 수심(d): 85 ft
- 구조물 외경(D): 4 ft

풀이

Ⓐ

(1) 파이론 산정

$$\frac{H}{gT^2} = \frac{35}{32.2 \cdot 12^2} = 0.0076$$

$$\frac{d}{gT^2} = \frac{85}{32.2 \cdot 12^2} = 0.0183$$

→ 스톡스 3차 파이론을 사용해야 한다.

※계산의 편의를 위하여 선형파 이론을 적용하였다.

(2) 파장(L) 산정

$$L = \frac{gT^2}{2\pi} tanh\left(\frac{2\pi d}{L}\right) 이므로, \ L = 551.5 \ ft$$

→ $d/L = 0.15$ ∴ 천이구역의 공식을 사용한다.

(3) 수심에 따른 최대 수평 입자 변위와 최대 수직 입자 변위의 계산

$$\xi = -\frac{H}{2}\frac{\cosh[2\pi(z+d)/L]}{\sinh(2\pi d/L)}sin\theta$$

$$\zeta = \frac{H}{2}\frac{\sinh[2\pi(z+d)/L]}{\sinh(2\pi d/L)}cos\theta$$

각 변위는 $sin\theta$와 $cos\theta$가 1인 경우에 최대이며 표 10.1과 같다.

표 10.1	수심에 따른 최대 수평 및 수직 입자 변위	
수심 (z)	최대 수평 입자 변위 (ξ)	최대 수직 입자 변위 (ζ)
0	23.40	17.50
−15	20.73	13.74
−30	18.68	10.38
−45	17.17	7.32
−60	16.16	4.48
−75	15.63	1.77
−85	15.53	0.00

장축이 ξ이고 단축은 ζ인 타원을 각 수심에 대하여 도시하면 그림 10.1과 같다.

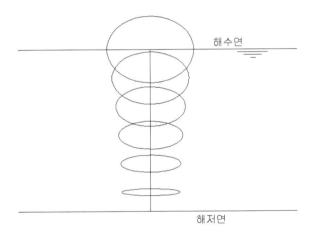

그림 10.1 파도입자의 수심에 대한 변위

풀이

Ⓑ

(1) 파도입자의 최대 속도 및 가속도 계산

선형파 이론에서 파도입자의 최대 속도와 가속도는 아래와 같다. ($z = H/2$일 때 최대)

$$u = \frac{H}{2}\frac{g\,T}{L}\frac{\cosh[2\pi(z+d)/L]}{\cosh(2\pi d/L)}cos\theta = 14.33\cos\theta\,[ft/s^2]$$

$$a_x = \frac{g\pi H}{L} \frac{\cosh\left[2\pi(z+d)/L\right]}{\cosh\left(2\pi d/L\right)} sin\theta = 7.51\sin\theta\,[ft/s^2]$$

(2) 유체력 계수 선정

유체력 계수는 레이놀즈 수를 기준으로 표 10.2에서 선정할 수 있다.

$$Re = \frac{u \cdot D}{\nu}$$
$$= \frac{14.33 \cdot 4}{1.0 \cdot 10^{-5}}$$
$$= 5.73 \cdot 10^6$$

$$C_D = 0.70$$
$$C_M = 1.5 \quad (Re > 5 \cdot 10^5)$$

표 10.2 일반적인 유체력 계수

Re	C_D	C_L	C_M
$Re < 5.0 \times 10^4$	1.3	1.5	2.0
$5.0 \times 10^4 < Re < 1.0 \times 10^5$	1.2	1.0	2.0
$1.0 \times 10^5 < Re < 2.5 \times 10^5$	$1.53 - \dfrac{Re}{3 \times 10^5}$	$1.2 - \dfrac{Re}{5 \times 10^5}$	2.0
$2.5 \times 10^5 < Re < 5.0 \times 10^5$	0.7	0.7	$2.5 - \dfrac{Re}{5 \times 10^5}$
$5.0 \times 10^5 < Re$	0.7	0.7	1.5

(3) 파력 산정

모리슨 방정식을 사용하여 주기에 따른 항력과 관성력을 산정하였으며 그 결과는 표 10.3과 그림 10.2에 도시하였다.

$$F_T = F_D + F_I = \frac{1}{2} C_D\, A\, \rho\, D\, u^2 + C_M \rho\, V a$$

표 10.3 파력 산정

주기(T)	속도(u)	가속도(a)	항력(F_D)	관성력(F_I)	합력(F_T)
0	14.330	0.000	17939.3	0.0	17939.3
1	12.410	3.755	13454.5	4416.7	17871.1
2	7.165	6.504	4484.8	7649.9	12134.7
3	0.000	7.510	0.0	8833.4	8833.4
4	−7.165	6.504	−4484.8	7649.9	3165.1
5	−12.410	3.755	−13454.5	4416.7	−9037.8
6	−14.330	0.000	−17939.3	0.0	−17939.3
7	−12.410	−3.755	−13454.5	−4416.7	−17871.1
8	−7.165	−6.504	−4484.8	−7649.9	−12134.7
9	0.000	−7.510	0.0	−8833.4	−8833.4
10	7.165	−6.504	4484.8	−7649.9	−3165.1
11	12.410	−3.755	13454.4	−4416.7	9037.8
12	14.330	0.000	17939.3	0.0	17939.3

주기에 대한 파력 곡선

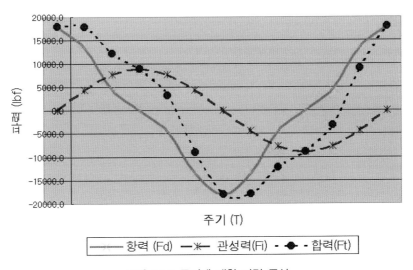

그림 10.2 주기에 대한 파력 곡선

아래와 같은 조건을 기준으로 해저파이프라인의 최소 두께를 산정하시오.

- 설계압력(p_d): 150 bar (15 MPa)
- 수심(h): 70 m
- 해수 밀도(ρ_w): 1025 kg/m^3
- 중력가속도(g): 9.81 m/s^2
- 표준 외경(D_s): 16 inch (406.4 mm)
- 재료 등급: API 5L X60
  - SMYS: 415.0 MPa
  - SMTS: 520.0 MPa
  - 영률(E): 207,000 MPa
  - 푸아송 비(ν): 0.3
  - 스틸 밀도(ρ_{steel}): 7,850 kg/m^3
  - 제조방법: ERW
- 두께 제작공차(t_{fab}): +12.5, -10%
- 진원도(f_0): 1.5%
- 부식여유(t_{corr}): 6 mm
- 최대온도(T): 150°C
- 안전등급: Low

풀이

(1) 파열

부가압력은 설계압력의 1.1배이며, 해저파이프라인의 수심이 일정하므로 부가압력(p_{inc})과 국부부가압력(P_{li})이 같다고 가정한다.

$$
\begin{aligned}
p_{inc} &= p_d \cdot \gamma_{inc} \\
&= 15 \cdot 1.1 \\
&= 16.5\,[MPa]
\end{aligned}
$$

재료의 강도(f_{cb})는 온도에 따른 강도저하($f_{y/u,temp}$)와 재료강도계수(α_U, 0.96)를 반영하여 산정하며, 온도에 따른 강도저하는 그림 10.3의 그래프에서 최대온도인 150°C에 해당하는 50 MPa을 적용하였다.

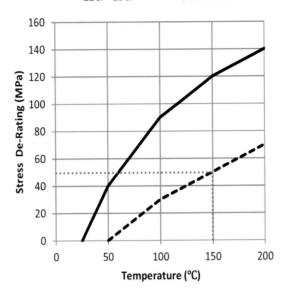

그림 10.3 Proposed de-rating values for yield stress of C-Mn, 13Cr, 22Cr and 25Cr(DNV, 2013)

$$f_y = (SMYS - f_{y,temp}) \cdot \alpha_U$$
$$= (415.0 - 50) \cdot 0.96$$
$$= 350.4 [MPa]$$

$$f_u = (SMTS - f_{u,temp}) \cdot \alpha_U$$
$$= (520.0 - 50) \cdot 0.96$$
$$= 451.2 [MPa]$$

$$f_{cb} = Min\left(350.4; \frac{451.2}{1.15}\right)$$
$$= 350.4 [MPa]$$

해저파이프라인의 저항압력(P_b)은 아래와 같다.

$$p_b(t) = \frac{2 \cdot t_1}{D - t_1} \cdot f_{cb} \cdot \frac{2}{\sqrt{3}}$$
$$= \frac{2 \cdot t_1}{0.4064 - t_1} \cdot 350.4 \cdot \frac{2}{\sqrt{3}}$$

외압(p_e)은 수심으로부터 아래와 같이 산정한다.

$$p_e = \rho_w \cdot g \cdot h$$
$$= 1025 \cdot 9.81 \cdot 70$$
$$= 0.7 [MPa]$$

내압에 의해 해저파이프라인이 파열되지 않는 최소두께는 아래와 같이 산정한다. 여기에서 재료저항계수(γ_m)는 1.15이며, 안전등급 저항계수(γ_{SC})는 1.046이다.

$$p_{li} - p_e \leq \frac{p_b(t_1)}{\gamma_m \cdot \gamma_{SC}}$$

$$16.5 - 0.7 \leq \frac{1}{1.15 \cdot 1.046} \cdot \frac{2 \cdot t_1}{0.4064 - t_1} \cdot 350.4 \cdot \frac{2}{\sqrt{3}}$$

$$0.0092m \leq t_1$$

$$\therefore t = t_1 + t_{fab} + t_{corr}$$
$$= 0.0092 + 0.00092 + 0.006$$
$$= 0.0161[m]$$

(2) 국부좌굴

탄성붕괴압력(p_{el})과 소성붕괴압력(p_p)은 아래와 같다. ERW로 제조하였으므로 제조계수(α_{fab})는 0.93을 사용하였다.

$$p_{el}(t) = \frac{2 \cdot E \cdot \left(\dfrac{t}{D}\right)^3}{1 - \nu^2}$$

$$= \frac{2 \cdot 207000 \cdot \left(\dfrac{t}{0.4064}\right)^3}{1 - 0.3^2}$$

$$= 6777942 \cdot t^3$$

$$p_p(t) = f_y \cdot \alpha_{fab} \cdot \frac{2 \cdot t}{D}$$

$$= 350.4 \cdot 0.93 \cdot \frac{2 \cdot t}{0.4064}$$

$$= 1603.7 \cdot t$$

해저파이프라인에 국부좌굴이 발생하지 않으려면 아래와 같이 붕괴압력(p_c)이 외압을 충분히 견딜 수 있도록 설계해야 한다.

$$p_e - p_{\min} \leq \frac{p_c(t_1)}{\gamma_m \cdot \gamma_{SC}}$$

$$0.7 \leq \frac{p_c(t_1)}{1.15 \cdot 1.046}$$

$$p_c(t_1) \geq 0.842[MPa]$$

붕괴압력은 탄성붕괴압력, 소성붕괴압력으로부터 아래와 같이 산정하며, 붕괴압력의 최소 조건을 대입하면 해저파이프라인에 국부좌굴이 발생하지 않는 최소 두께를 산정할 수 있다.

$$\left(p_c(t_1) - p_{el}(t_1)\right) \cdot \left(p_c(t_1)^2 - p_p(t_1)^2\right) = p_c(t_1) \cdot p_{el}(t_1) \cdot p_p(t_1) \cdot f_0 \cdot \frac{D}{t_1}$$

$$\left(0.842 - 6777942 \cdot t_1^3\right) \cdot \left(0.842^2 - (1603.7 \cdot t_1)^2\right)$$
$$= 0.842 \cdot \left(6777942 \cdot t_1^3\right) \cdot (1603.7 \cdot t_1) \cdot 0.015 \cdot \frac{0.4064}{t_1}$$

$$t_1 \geq 0.00521\,[m]$$

$$\therefore t = t_1 + t_{fab} + t_{corr}$$
$$= 0.00521 + 0.000521 + 0.006$$
$$= 0.0117\,[m]$$

Table E-6C—Plain-end Line Pipe Dimensions, Weights per Unit Length, and Test Pressures for Sizes $6^5/_8$ through 80 (SI Units)

(1)	(2)	(3)	(4)	(5)		(6)	(7)	(8)	(9)	(10)	(11)	(12)	(13)	(14)	(15)
	Specified Outside Diameter D	Specified Wall Thickness t	Plain-end Weight per Unit Length w_{pe}	Calculated Inside Diameter[a] d					Minimum Test Pressure[b] (kPa × 100)[c]						
Size	(mm)	(mm)	(kg/m)	(mm)		Grade A	Grade B	Grade X42	Grade X46	Grade X52	Grade X56	Grade X60	Grade X65	Grade X70	Grade X80
16	406.4	8.7	85.32	389.0	Std.	53	62	106	115	131	140	151	163	176	201
					Alt.	66	77	106	115	131	140	151	163	176	201
16	406.4	9.5	92.98	387.4	Std.	58	68	115	126	143	153	165	178	192	207
					Alt.	73	85	115	126	143	153	165	178	192	219
16	406.4	10.3	100.61	385.8	Std.	63	73	125	137	155	166	178	193	207	207
					Alt.	79	92	125	137	155	166	178	193	208	238
16	406.4	11.1	108.20	384.2	Std.	68	79	135	147	167	179	192	207	207	207
					Alt.	85	99	135	147	167	179	192	208	224	250
16	406.4	11.9	115.77	382.6	Std.	73	85	144	158	179	192	206	207	207	207
					Alt.	91	106	144	158	179	192	206	223	240	250
16	406.4	12.7	123.30	381.0	Std.	78	90	154	168	191	205	207	207	207	207
					Alt.	97	113	154	168	191	205	220	238	250	250
16	406.4	14.3	138.27	377.8	Std.	87	102	173	190	207	207	207	207	207	207
					Alt.	109	127	173	190	215	231	248	250	250	250
16	406.4	15.9	153.11	374.6	Std.	97	113	193	207	207	207	207	207	207	207
					Alt.	121	141	193	211	239	250	250	250	250	250
16	406.4	17.5	167.83	371.4	Std.	107	125	207	207	207	207	207	207	207	207
					Alt.	134	156	212	232	250	250	250	250	250	250
16	406.4	19.1	182.42	368.2	Std.	117	136	207	207	207	207	207	207	207	207
					Alt.	146	170	232	250	250	250	250	250	250	250
16	406.4	20.6	195.98	365.2	Std.	126	147	207	207	207	207	207	207	207	207
					Alt.	157	183	250	250	250	250	250	250	250	250
16	406.4	22.2	210.33	362.0	Std.	136	158	207	207	207	207	207	207	207	207
					Alt.	170	193	250	250	250	250	250	250	250	250
16	406.4	23.8	224.55	358.8	Std.	145	169	207	207	207	207	207	207	207	207
					Alt.	182	193	250	250	250	250	250	250	250	250
16	406.4	25.4	238.64	355.6	Std.	155	181	207	207	207	207	207	207	207	207
					Alt.	193	193	250	250	250	250	250	250	250	250
16	406.4	27.0	252.61	352.4	Std.	165	192	207	207	207	207	207	207	207	207
					Alt.	193	193	250	250	250	250	250	250	250	250
16	406.4	28.6	266.45	349.2	Std.	175	193	207	207	207	207	207	207	207	207
					Alt.	193	193	250	250	250	250	250	250	250	250
16	406.4	30.2	280.17	346.0	Std.	185	193	207	207	207	207	207	207	207	207
					Alt.	193	193	250	250	250	250	250	250	250	250
16	406.4	31.8	293.76	342.8	Std.	193	193	207	207	207	207	207	207	207	207
					Alt.	193	193	250	250	250	250	250	250	250	250
18[d]	457.0	4.8	53.53	447.4	Std.	26	30	52	57	64	69	74	80	86	99
					Alt.	33	38	52	57	64	69	74	80	86	99
18[d]	457.0	5.6	62.34	445.8	Std.	30	35	60	66	75	80	86	93	101	115
					Alt.	38	44	60	66	75	80	86	93	101	115
18[d]	457.0	6.4	71.12	444.2	Std.	35	41	69	75	85	92	99	107	115	131
					Alt.	43	51	69	75	85	92	99	107	115	131
18[d]	457.0	7.1	78.77	442.8	Std.	39	45	77	84	95	102	109	118	128	146
					Alt.	48	56	77	84	95	102	109	118	128	146
18	457.0	7.9	87.49	441.2	Std.	43	50	85	93	106	113	122	132	142	162
					Alt.	54	62	85	93	106	113	122	132	142	162
18	457.0	8.7	96.18	439.6	Std.	47	55	94	103	116	125	134	145	156	179
					Alt.	59	69	94	103	116	125	134	145	156	179
18	457.0	9.5	104.84	438.0	Std.	52	60	102	112	127	136	146	158	171	195
					Alt.	65	75	102	112	127	136	146	158	171	195

그림 10.4 API specification for line pipe dimensions(API, 2004)

(3) 최소 표준 두께

해저파이프라인이 내압에 의해 파열되지 않는 최소 두께는 0.0161 m이고, 외압에 의해 국부좌굴이 발생하지 않는 최소 두께는 0.0117 m이다. 따라서 해저파이프라인의 최소 두께는 16.1 mm이며, 그림 10.4의 API 5L에서 표준 외경이 16 inch이고 두께가 16.1 mm 이상인 최소 표준 두께는 17.5 mm이다.

예제 2의 해저파이프라인에 3 mm의 부식피복(3LPP)이 되어있을 때, 아래의 해양
환경에서 해저파이프라인에 작용하는 외력을 계산하시오.

- 최대온도(T): 150°C
- 해저파이프라인 외경(D): 0.4124 m
- 부식피복 두께(wt_{corr}): 3 mm
- 부식피복 밀도: 900 kg/m^3
- 해상상태 지속시간(T): 3 hr
- γ: 3.3
- 100년 주기파
  - 유의파고(H_s): 6 m
  - 첨두주기(T_p): 10 s
- 10년 주기파
  - 유의파고(H_s): 4 m
  - 첨두주기(T_p): 8 s
- 100년 재현주기 해류
  - 해저 1 m 위에서의 속도(V_{ref}): 0.6 m/s
- 10년 재현주기 해류
  - 해저 1 m 위에서의 속도(V_{ref}): 0.5 m/s
- 해저지반: medium sand
  - 평균입도: 0.5 mm
  - 해저거칠기계수(z_0): $4 \cdot 10^{-5}$ m
  - 마찰계수(μ): 0.6

풀이

영구 운용 조건의 해저파이프라인에 작용하는 하중은 100년 재현주기 환경하중을
적용하며, 근사적으로 아래의 두 하중조건 중에서 더 극한인 조합을 사용할 수 있다.

- 100년 주기파와 10년 재현주기 해류의 조합
- 10년 주기파와 100년 재현주기 해류의 조합

(1) 해류

아래와 같이 기준위치에서 해류의 유속으로부터 해저파이프라인에 작용하는 유속을 산정할 수 있다.

100년 재현주기 해류의 경우 다음과 같다.

$$V^* = V_r \cdot \left(\frac{\left(1 + \frac{z_0}{D}\right) \cdot \ln\left(\frac{D}{z_0} + 1\right) - 1}{\ln\left(\frac{z_r}{z_0} + 1\right)} \right) \quad .$$

$$= 0.6 \cdot \left(\frac{\left(1 + \frac{4 \cdot 10^{-5}}{0.4124}\right) \cdot \ln\left(\frac{0.4124}{4 \cdot 10^{-5}} + 1\right) - 1}{\ln\left(\frac{1}{4 \cdot 10^{-5}} + 1\right)} \right)$$

$$= 0.488 \, [m/s]$$

10년 재현주기 해류의 경우 다음과 같다.

$$V^* = V_r \cdot \left(\frac{\left(1 + \frac{z_0}{D}\right) \cdot \ln\left(\frac{D}{z_0} + 1\right) - 1}{\ln\left(\frac{z_r}{z_0} + 1\right)} \right)$$

$$= 0.5 \cdot \left(\frac{\left(1 + \frac{4 \cdot 10^{-5}}{0.4124}\right) \cdot \ln\left(\frac{0.4124}{4 \cdot 10^{-5}} + 1\right) - 1}{\ln\left(\frac{1}{4 \cdot 10^{-5}} + 1\right)} \right)$$

$$= 0.407 \, [m/s]$$

(2) 파랑

아래의 그래프를 통해 기준주기(T_n)로부터 유의유속(U_s)과 평균주기(T_u)를 산정할 수 있다.

$$T_n = \sqrt{\frac{d}{g}}$$

$$= \sqrt{\frac{70}{9.81}}$$

$$= 2.671 \, [s]$$

100년 주기파의 경우 다음과 같다.

$$\frac{T_n}{T_p} = \frac{2.671}{10}$$
$$= 0.267$$

$$\frac{U_s \cdot T_n}{H_s} = 0.089$$

$$U_s = 0.089 \cdot \frac{H_s}{T_n}$$
$$= 0.089 \cdot \frac{6}{2.671}$$
$$= 0.2 [m/s]$$

$$\frac{T_u}{T_p} = 1.14$$

$$T_u = 1.14 \cdot T_p$$
$$= 1.14 \cdot 10$$
$$= 11.4 [s]$$

10년 주기파의 경우 다음과 같다.

$$\frac{T_n}{T_p} = \frac{2.671}{8}$$
$$= 0.334$$

$$\frac{U_s \cdot T_n}{H_s} = 0.034$$

$$U_s = 0.034 \cdot \frac{H_s}{T_n}$$
$$= 0.034 \cdot \frac{4}{2.671}$$
$$= 0.0509 [m/s]$$

$$\frac{T_u}{T_p} = 1.23$$

$$T_u = 1.23 \cdot T_p$$
$$= 1.23 \cdot 8$$
$$= 9.84 [s]$$

100년 주기파의 설계진동속도와 설계진동속도주기는 다음과 같다.

$$\tau = \frac{T}{T_u}$$
$$= \frac{3 \cdot 3600}{11.4}$$
$$= 947$$

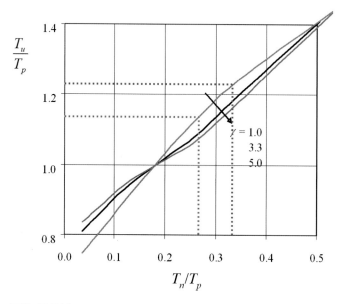

그림 10.5 Mean zero up-crossing period of oscillating flow T_u at sea bed level(DNV GL(b), 2017)

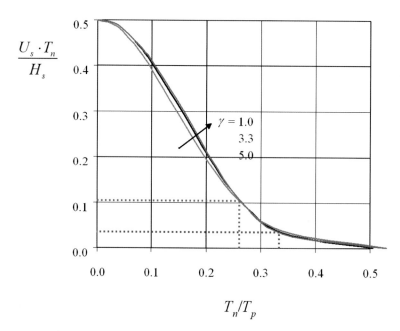

그림 10.6 Significant flow velocity amplitude Us at sea bed level (DNV GL(b), 2017)

$$U^* = U_s \cdot \frac{1}{2} \cdot \left(\sqrt{2 \cdot \ln\tau} + \frac{0.5772}{\sqrt{2 \cdot \ln\tau}} \right)$$
$$= 0.2 \cdot \frac{1}{2} \cdot \left(\sqrt{2 \cdot \ln947} + \frac{0.5772}{\sqrt{2 \cdot \ln947}} \right)$$
$$= 0.386 [m/s]$$

$$\frac{T_n}{T_u} = \frac{2.671}{11.4}$$
$$= 0.23 > 0.2$$

$$T^* = T_u$$
$$= 11.4 [s]$$

10년 주기파의 설계진동속도와 설계진동속도주기는 다음과 같다.

$$\tau = \frac{T}{T_u}$$
$$= \frac{3 \cdot 3600}{9.84}$$
$$= 1098$$

$$U^* = U_s \cdot \frac{1}{2} \cdot \left(\sqrt{2 \cdot \ln\tau} + \frac{0.5772}{\sqrt{2 \cdot \ln\tau}} \right)$$
$$= 0.0509 \cdot \frac{1}{2} \cdot \left(\sqrt{2 \cdot \ln1098} + \frac{0.5772}{\sqrt{2 \cdot \ln1098}} \right)$$
$$= 0.0992 [m/s]$$

$$\frac{T_n}{T_u} = \frac{2.671}{9.84}$$
$$= 0.27 > 0.2$$

$$T^* = T_u$$
$$= 9.84 [s]$$

100년 주기파와 10년 재현주기 해류의 조합인 경우에 파랑과 해류에 의한 물입자의 속도는 0.793 m/s이고, 10년 주기파와 100년 재현주기 해류의 조합인 경우에는 0.587 m/s이다. 따라서 가장 극한인 상황은 100년 주기파와 10년 재현주기 해류의 조합이며, 이를 기준으로 외력을 산정하였다.

(3) 피크하중계수 산정

피크하중계수는 단진동에 대한 크리건-카펜터 수(K*)와 정적진동속도비(M*)에 따라 표 10.4 및 10.5에서 선형 보간을 통해 산정한다.

표 10.4 Peak horizontal load coefficients(DNV GL(b), 2017)

C_Y^*		K*										
		2.5	5	10	20	30	40	50	60	70	100	≥140
	0.0	13.0	6.80	4.55	3.33	2.72	2.40	2.15	1.95	1.80	1.52	1.30
	0.1	10.7	5.76	3.72	2.72	2.20	1.90	1.71	1.58	1.49	1.33	1.22
	0.2	9.02	5.00	3.15	2.30	1.85	1.58	1.42	1.33	1.27	1.18	1.14
	0.3	7.64	4.32	2.79	2.01	1.63	1.44	1.33	1.26	1.21	1.14	1.09
	0.4	6.63	3.80	2.51	1.78	1.46	1.32	1.25	1.19	1.16	1.10	1.05
M*	0.6	5.07	3.30	2.27	1.71	1.43	1.34	1.29	1.24	1.18	1.08	1.00
	0.8	4.01	2.70	2.01	1.57	1.44	1.37	1.31	1.24	1.17	1.05	1.00
	1.0	3.25	2.30	1.75	1.49	1.40	1.34	1.27	1.20	1.13	1.01	1.00
	2.0	1.52	1.50	1.45	1.39	1.34	1.20	1.08	1.03	1.00	1.00	1.00
	5.0	1.11	1.10	1.07	1.06	1.04	1.01	1.00	1.00	1.00	1.00	1.00
	10	1.00	1.00	1.00	1.00	1.00	1.00	1.00	1.00	1.00	1.00	1.00

표 10.5 Peak vertical load coefficients(DNV GL(b), 2017)

C_Z^*		K*										
		2.5	5	10	20	30	40	50	60	70	100	≥140
	0.0	5.00	5.00	4.85	3.21	2.55	2.26	2.01	1.81	1.63	1.26	1.05
	0.1	3.87	4.08	4.23	2.87	2.15	1.77	1.55	1.41	1.31	1.11	0.97
	0.2	3.16	3.45	3.74	2.60	1.86	1.45	1.26	1.16	1.09	1.00	0.90
	0.3	3.01	3.25	3.53	2.14	1.52	1.26	1.10	1.01	0.99	0.95	0.90
	0.4	2.87	3.08	3.35	1.82	1.29	1.11	0.98	0.90	0.90	0.90	0.90
M*	0.6	2.21	2.36	2.59	1.59	1.20	1.03	0.92	0.90	0.90	0.90	0.90
	0.8	1.53	1.61	1.80	1.18	1.05	0.97	0.92	0.90	0.90	0.90	0.90
	1.0	1.05	1.13	1.28	1.12	0.99	0.91	0.90	0.90	0.90	0.90	0.90
	2.0	0.96	1.03	1.05	1.00	0.90	0.90	0.90	0.90	0.90	0.90	0.90
	5.0	0.91	0.92	0.93	0.91	0.90	0.90	0.90	0.90	0.90	0.90	0.90
	10	0.90	0.90	0.90	0.90	0.90	0.90	0.90	0.90	0.90	0.90	0.90

100년 주기파와 10년 재현주기 해류의 조합은 다음과 같다.

$$K^* = \frac{U^* \cdot T^*}{D}$$
$$= \frac{0.386 \cdot 11.4}{0.4124}$$
$$= 10.67$$

$$M^* = \frac{V^*}{U^*}$$
$$= \frac{0.407}{0.386}$$
$$= 1.054$$

$$C_Y^* = 1.72, \quad C_Z^* = 1.26$$

(4) 하중 산정

100년 주기파와 10년 재현주기 해류의 조합인 경우에 해저파이프라인에 작용하는 하중은 다음과 같다.

$$F_Y^* = \frac{1}{2} \cdot \rho_w \cdot D \cdot C_Y^* \cdot (U^* + V^*)^2$$
$$= \frac{1}{2} \cdot 1025 \cdot 0.4124 \cdot 1.72 \cdot (0.386 + 0.407)^2$$
$$= 228.6 [N/m]$$

$$F_Z^* = \frac{1}{2} \cdot \rho_w \cdot D \cdot C_Z^* \cdot (U^* + V^*)^2$$
$$= \frac{1}{2} \cdot 1025 \cdot 0.4124 \cdot 1.26 \cdot (0.386 + 0.407)^2$$
$$= 167.5 [N/m]$$

예제 2 및 3의 조건을 사용하여 해저파이프라인의 수직 안정성을 검토하시오.

풀이

(1) 해저파이프라인 무게 및 부력 산정

해저파이프라인의 자중은 파이프의 무게와 피복의 무게를 더해 산정한다. 해저 파이프라인에 부식이나 침식, 마모가 발생하는 경우에는 예상되는 평균 자중 손실을 고려해야 한다.

$$b = \rho_w \cdot \frac{\pi \cdot D^2}{4}$$
$$= 1025 \cdot \frac{\pi \cdot (0.4124)^2}{4}$$
$$= 136.9\,[kg/m]$$

$$w_{corr} = \rho_{corr} \cdot \frac{\pi \cdot (D^2 - (D - 2 \cdot wt_{corr})^2)}{4}$$
$$= 900 \cdot \frac{\pi \cdot (0.4124^2 - (0.4124 - 2 \cdot 0.003)^2)}{4}$$
$$= 3.47\,[kg/m]$$

$$w_{steel} = \rho_{steel} \cdot \frac{\pi \cdot ((D - 2 \cdot wt_{corr})^2 - (D - 2 \cdot wt_{corr} - 2 \cdot (t - t_{corr}))^2)}{4}$$
$$= 7850 \cdot \frac{\pi \cdot (0.4064^2 - (0.4064 - 2 \cdot (0.0175 - 0.006))^2)}{4}$$
$$= 112.0\,[kg/m]$$

$$w_s = w_{steel} + w_{corr} - b$$
$$= 112.0 + 3.47 - 136.9$$
$$= -21.43\,[kg/m]$$

(2) 수직 안정성

해저파이프라인의 수직 안정성을 확보하기 위해서는 해저파이프라인의 자중이 부력보다 1.1배 이상 커야 한다.

$$\gamma_W \cdot \frac{b}{w_s + b} \le 1.0$$

$$1.1 \cdot \frac{136.9}{-21.43 + 136.9} = 1.3 \;\; (> 1.0)$$

수직 안정성을 검토한 결과 해저파이프라인의 무게가 충분히 크지 않아 수직 안 정성을 만족하므로 콘크리트 피복을 적용해야 한다.

예제 5 ｜ 콘크리트 피복 두께 산정

예제 3의 해저파이프라인이 해저면 안정성을 확보할 수 있는 최소 콘크리트 피복 두께(wt_{conc})를 산정하시오. 단, 콘크리트의 밀도는 3040 kg/m^{3}이다.

풀이

(1) 수직 안정성

해저파이프라인에 콘크리트 피복을 적용하면 콘크리트의 무게와 부력을 추가적으로 산정해야 한다.

$$b = \rho_w \cdot \frac{\pi \cdot D^2}{4}$$
$$= 1025 \cdot \frac{\pi \cdot (0.4124 + 2 \cdot wt_{conc})^2}{4}$$

$$w_{conc} = \rho_{conc} \cdot \frac{\pi \cdot (D^2 - (D - 2 \cdot wt_{conc})^2)}{4}$$
$$= 3040 \cdot \frac{\pi \cdot ((0.4124 + 2 \cdot wt_{conc})^2 - 0.4124^2)}{4}$$

$$w_{corr} = 3.47 [kg/m]$$
$$w_{steel} = 112.0 [kg/m]$$
$$w_s = w_{steel} + w_{corr} + w_{conc} - b$$
$$= 112.0 + 3.47 + 3040 \cdot \frac{\pi \cdot ((0.4124 + 2 \cdot wt_{conc})^2 - 0.4124^2)}{4}$$
$$- 1025 \cdot \frac{\pi \cdot (0.4124 + 2 \cdot wt_{conc})^2}{4}$$

해저파이프라인이 수직 안정성을 확보하기 위해서 아래의 조건을 충족해야 한다.

$$\gamma_W \cdot \frac{b}{w_s + b} \leq 1.00$$

$$\therefore wt_{conc} \geq 0.0137 [mm]$$

(2) 수평 안정성

해저파이프라인에 콘크리트 피복을 적용하면 자중이 증가하면서 마찰저항이 커지고, 해저파이프라인의 외경이 증가하면서 외력이 커진다.

$$w_s = w_{steel} + w_{corr} + w_{conc} - b$$
$$= 112.0 + 3.47 + 3040 \cdot \frac{\pi \cdot ((0.4124 + 2 \cdot wt_{conc})^2 - 0.4124^2)}{4}$$
$$- 1025 \cdot \frac{\pi \cdot (0.4124 + 2 \cdot wt_{conc})^2}{4}$$

$$F_Y^* = \frac{1}{2} \cdot \rho_w \cdot D \cdot C_Y^* \cdot (U^* + V^*)^2$$
$$= \frac{1}{2} \cdot 1025 \cdot (0.4124 + 2 \cdot wt_{conc}) \cdot 1.72 \cdot (0.386 + 0.407)^2$$

$$F_Z^* = \frac{1}{2} \cdot \rho_w \cdot D \cdot C_Z^* \cdot (U^* + V^*)^2$$
$$= \frac{1}{2} \cdot 1025 \cdot (0.4124 + 2 \cdot wt_{conc}) \cdot 1.26 \cdot (0.386 + 0.407)^2$$

따라서 아래와 같이 수평 안정성을 확보할 수 있는 최소 두께를 산정할 수 있다. 여기에서 수평 안정성 안전계수는 0.95를 사용하였다.

$$\gamma_{SC} \cdot \frac{F_Z^*}{g \cdot w_s} \leq 1.0$$

$$0.95 \cdot \frac{F_Z^*}{9.81 \cdot w_s} \leq 1.0$$

$$\therefore wt_{conc} \geq 0.0144 [m]$$

$$\gamma_{SC} \cdot \frac{F_Y^* + \mu \cdot F_Z^*}{\mu \cdot g \cdot w_s} \leq 1.0$$

$$0.95 \cdot \frac{F_Y^* + 0.6 \cdot F_Z^*}{0.6 \cdot 9.81 \cdot w_s} \leq 1.0$$

$$\therefore wt_{conc} \geq 0.0294 [m]$$

산정된 콘크리트 피복의 두께 중 가장 두꺼운 0.0294 m를 적용해야 한다.

다음 요철지반에서의 응력을 계산하시오.

- 설계 조건: 해저파이프라인 외경 16 inch, 두께 0.75 inch, 해저파이프라인 중량 35 lb/ft
- 계산 항목:

Ⓐ 해저파이프라인 span 500 ft, 인장력 65 kip 해저파이프라인의 최대 휨응력

Ⓑ 철지의 높이 10 ft, 인장력 65 kip 해저파이프라인의 최대 휨응력

풀이

특성길이(L_c), 특성응력(σ_c), 무차원 인장력(β)을 아래와 같이 산정한다.

$$L_c = \left(\frac{EI}{W} \right)^{\frac{1}{3}} = 184 \ [\text{ft}]$$

$$\sigma_c = \frac{ER}{L_c} = 15,652,173 \ [\text{lb}/\text{ft}^2] = 108,696 \ [\text{psi}]$$

$$\beta = \frac{T}{L_c W} = 10$$

여기서, E = 탄성계수 (lb/ft^2)

EI = 해저파이프라인 강성 (lb-ft^2)

W = 해저파이프라인 수중 중량 (lb/ft)

R = 해저파이프라인 외반경 (ft)

T = 축 인장력 (lbs)

Ⓐ L = 500 ft, 무차원 span 길이 $L/L_c = 500/184 = 2.72$, $\beta = 10$에 대한 최대 무차원 응력은 $\sigma_m / \sigma_c = 0.23$

따라서, 최대 응력:

$$\sigma_m = 0.23 \ \sigma_c = 25,000 \ [\text{psi}]$$

Ⓑ 철 위치 $\delta = 10$ ft인 경우, 무차원 위치:

$$\delta/L_c \times 100 = 10/184 \times 100 = 5.43$$

$\beta = 10$의 최대 무차원 응력은 $\sigma_m / \sigma_c = 0.33$

$$\sigma_m = 0.33 \ \sigma_c = 0.33 \times 108,696 \ \text{psi} = 35,870 \ [\text{psi}]$$

예제 5의 해저파이프라인에 와류유기 진동이 발생하지 않는 최대 경간 길이를
계산하시오.

- 내부유체 최소 밀도(ρ_{cont}): 200 kg/m^3
- Pinned-pinned 경계 조건
- Very well defined 조건
- 극한유속($U_{extreme}$): 0.793 m/s
- 해저파이프라인과 해저지반의 거리(e): D
- 설치 시 온도: 10°C

풀이

(1) 기본 고유 진동수 산정

콘크리트의 강성 향상 계수는 아래와 같이 산정한다.

$$EI_{steel} = E_{steel} \cdot (\frac{\pi}{64} \cdot (D_s^2 - (D_s - 2 \cdot t)^2))$$
$$= 206000 \cdot (\frac{\pi}{64} \cdot (0.4064^2 - (0.4064 - 2 \cdot 0.0175)^2))$$
$$= 275.28 [MN/m^2]$$

$$EI_{conc} = E_{conc} \cdot (\frac{\pi}{64} \cdot (D^2 - (D^2 - 2 \cdot wt_{conc})^2))$$
$$= 50000 \cdot (\frac{\pi}{64} \cdot (0.4712^2 - 0.4124^2))$$
$$= 127.52 [MN/m^2]$$

$$CSF = k_c \left(\frac{EI_{conc}}{EI_{steel}}\right)^{0.75}$$
$$= 0.25 \left(\frac{127.52}{275.28}\right)^{0.75}$$
$$= 0.14$$

유효질량은 배관의 질량, 내부유체의 질량, 부가질량을 합산하여 산정한다. 여기
에서 해저파이프라인과 해저지반의 거리가 해저파이프라인의 외경과 같으므로 부
가 질량 계수는 1이다.

$$m_{conc} = \rho_{conc} \cdot \frac{\pi \cdot (D^2 - (D - 2 \cdot wt_{conc})^2)}{4}$$
$$= 3040 \cdot \frac{\pi \cdot (0.4712^2 - 0.4124^2)}{4}$$
$$= 124.05 [kg/m]$$

$$m_{corr} = 3.47 [kg/m]$$

$$m_{steel} = 112.0 [kg/m]$$

$$m_{cont} = \rho_{cont} \cdot \frac{\pi \cdot (D_s - 2 \cdot t)^2}{4}$$
$$= 200 \cdot \frac{\pi \cdot (0.4064 - 2 \cdot 0.0175)^2}{4}$$
$$= 21.67 [kg/m]$$

$$m_a = C_a \cdot \rho_w \cdot \frac{\pi \cdot D^2}{4}$$
$$= 1 \cdot \rho_w \cdot \frac{\pi \cdot D^2}{4}$$
$$= 1025 \cdot \frac{\pi \cdot 0.4712^2}{4}$$
$$= 178.74 [kg/m]$$

$$m_e = m_{steel} + m_{corr} + m_{conc} + m_{cont} + m_a$$
$$= 112.0 + 3.47 + 124.05 + 21.67 + 178.74$$
$$= 439.93 [kg/m]$$

유효축하중과 임계좌굴하중은 아래와 같이 산정한다. 해저파이프라인의 설치 과정에서 장력이 적용되지 않았다고 가정하여 유효부설장력(effective lay tension, H_{eff})은 고려하지 않았다. 여기에서 pinned-pinned 조건이므로 유효 경간 길이(L_{eff})는 경간 길이(L)와 같다.

$$S_{eff} = H_{eff} - \triangle p_i A_i (1 - 2\nu) - A_s E \triangle T \alpha_e$$
$$= -15 \cdot 10^6 \cdot \frac{\pi \cdot 0.3714^2}{4} \cdot (1 - 2 \cdot 0.3)$$
$$\quad - \frac{\pi \cdot (0.4064^2 - 0.3714^2)}{4} \cdot 207000 \cdot 10^6 \cdot 140 \cdot 1.17 \cdot 10^{-5}$$
$$= -7.9 \cdot 10^6$$

$$P_{cr} = \frac{(1 + CSF) C_2 \pi^2 EI}{L_{eff}}$$
$$= \frac{(1 + 0.14) \cdot 1 \cdot \pi^2 \cdot 275.28 \cdot 10^6}{L}$$
$$= \frac{3097.3 \cdot 10^6}{L}$$

정적 처짐은 아래와 같이 산정한다. 여기에서 q는 해저파이프라인의 수중 무게이다.

$$\delta = C_6 \cdot \frac{q \cdot L_{eff}^4}{EI \cdot (1 + CSF)} \frac{1}{\left(1 + \dfrac{S_{eff}}{P_{cr}}\right)}$$

$$= C_6 \cdot \frac{q \cdot L_{eff}^4}{EI \cdot (1 + CSF)} \frac{1}{\left(1 + \dfrac{S_{eff}}{P_{cr}}\right)}$$

$$= \frac{5}{384} \cdot \frac{(124.05 + 3.47 + 112 + 21.67 - 178.74) \cdot L^4}{275.28 \cdot 10^6 \cdot (1 + 0.14)} \frac{1}{\left(1 + \dfrac{-7.9}{3097.3/L}\right)}$$

$$= \frac{5 \cdot 82.45 \cdot L^4}{384 \cdot 275.28 \cdot 10^6 \cdot 1.14} \frac{1}{\left(1 + \dfrac{-7.9}{3097.3/L}\right)}$$

해저파이프라인의 기본 고유 진동수는 아래와 같이 근사적으로 산정할 수 있다.

$$f_1 \approx C_1 \cdot \sqrt{1 + CSF} \sqrt{\frac{EI}{m_e L_{eff}^4} \cdot \left(1 + \frac{S_{eff}}{P_{cr}} + C_3\left(\frac{\delta}{D}\right)^2\right)}$$

$$\approx 1.57 \cdot \sqrt{1 + 0.14} \sqrt{\frac{275.28 \cdot 10^6}{439.93 \cdot L^4} \cdot \left(1 + \frac{-7.9}{3097.3/L} + 0.8 \cdot \left(\frac{\delta}{0.4712}\right)^2\right)}$$

(2) 인라인 와류유기 진동

와류유기 진동 회피에서 극한 해양환경은 아래와 같이 극한 유속으로 나타낼 수 있다.

$$U_{extreme} = \max\left(U_{c,100-year} + U_{w,10-year}, \ U_{c,10-year} + U_{w,100-year}\right)$$
$$= 0.793 [m/s]$$

안정계수와 설계안정계수는 아래와 같이 산정한다. 여기에서 총모드감쇠비(total modal damping ratio, ζ_T)는 구조감쇠(structural damping, 0.005)를 적용하였다.

$$K_s = \frac{4\pi m_e \zeta_T}{\rho_w D^2}$$
$$= \frac{4\pi \cdot 439.93 \cdot 0.005}{1025 \cdot 0.4712^2}$$
$$= 0.1215$$

$$K_{sd} = \frac{K_s}{\gamma_k}$$
$$= \frac{0.1215}{1.0}$$
$$= 0.1215$$

설계안정계수가 0.4 미만이므로 감소된 유속에 대한 인라인 시작값은 아래와 같이 산정하였다.

$$V_{R,onset}^{IL} = \frac{1}{\gamma_{on,IL}} \quad (\text{for} \quad K_{sd} < 0.4)$$
$$= \frac{1}{1.1}$$
$$= 0.909$$

해저파이프라인이 아래의 조건을 만족하면 인라인 와류유기 진동은 발생하지 않는다. 일반적으로 인라인 와류유기 진동에서 정적 변위(static deflection, δ)는 무시한다.

$$f_{IL,1} > \frac{U_{extreme}\gamma_{f,IL}}{V_{R,onset}^{IL} \cdot D}$$

$$f_{IL,1} > \frac{0.793 \cdot 1.0}{0.909 \cdot 0.4712}$$

$$f_{IL,1} \approx 1.57 \cdot \sqrt{1+0.14} \sqrt{\frac{275.28 \cdot 10^6}{439.93 \cdot L^4} \cdot \left(1+\frac{-7.9}{3097.3/L}\right)} > 1.85$$

$$\therefore L < 26.3[m]$$

(3) 크로스 플로우 와류유기 진동

해저파이프라인이 아래의 조건을 만족하면 크로스 플로우 와류유기 진동은 발생하지 않는다.

$$f_{CF,1} > \frac{U_{extreme}\gamma_{f,CF}}{2D}$$

$$f_{CF,1} > \frac{0.793 \cdot 1.0}{2 \cdot 0.4712} = 0.8415$$

$$f_{CF,1} \approx C_1 \cdot \sqrt{1+CSF} \sqrt{\frac{EI}{m_e L_{eff}^4} \cdot \left(1+\frac{S_{eff}}{P_{cr}}+C_3\left(\frac{\delta}{D}\right)^2\right)}$$
$$\approx 1.57 \cdot \sqrt{1+0.14} \sqrt{\frac{275.28 \cdot 10^6}{439.93 \cdot L^4} \cdot \left(1+\frac{-7.9}{3097.3/L}+0.8 \cdot \left(\frac{\delta}{0.4712}\right)^2\right)} > 0.8415$$

$$\therefore L < 38.68[m]$$

피로 선별 지침 검토

예제 7의 해저파이프라인을 피로 선별 지침에 따라 검토하시오.

- 1년 주기파 유속: 0.0992 m/s
- 100년 재현주기 해류 유속: 0.488 m/s

풀이

(1) 인라인 와류유기 진동

해류유량비는 아래와 같다.

$$\overline{\alpha} = \frac{U_{c,100-year}}{U_{w,1-year} + U_{c,100-year}}$$
$$= \frac{0.488}{0.0992 + 0.488}$$
$$= 0.831$$

인라인 와류유기 진동에 대한 피로 선별 지침은 아래와 같다.

$$\frac{f_{IL,1}}{\gamma_{IL}} > \frac{U_{c,100-year}}{V_{R,onset}^{IL} \cdot D} \cdot \left(1 - \frac{L/D}{250}\right) \cdot \frac{1}{\overline{\alpha}}$$

$$\frac{f_{IL,1}}{1.4} > \frac{0.488}{0.909 \cdot 0.4712} \cdot \left(1 - \frac{L/0.4712}{250}\right) \cdot \frac{1}{0.831}$$

$$f_{IL,1} \approx 1.57 \cdot \sqrt{1.14} \sqrt{\frac{275.28 \cdot 10^6}{439.93 \cdot L^4} \cdot \left(1 + \frac{-7.9}{3097.3/L}\right)}$$
$$> \frac{1.4 \cdot 0.488}{0.909 \cdot 0.4712} \cdot \left(1 - \frac{L/0.4712}{250}\right) \cdot \frac{1}{0.831}$$

$$\therefore L < 29.82 [m]$$

(2) 크로스 플로우 와류유기 진동

감소된 유속에 대한 크로스 플로우 시작값은 아래와 같다. 여기에서 해저파이프라인과 해저지반의 거리가 해저파이프라인의 외경과 같으므로 해저 근접성 보정계수($\psi_{proxi,onset}$)와 굴착 보정계수($\psi_{trench,onset}$)는 1이다.

$$V_{R,onset}^{CF} = \frac{3 \cdot \psi_{proxi,onset} \cdot \psi_{trench,onset}}{\gamma_{on,CF}}$$
$$= \frac{3}{1.2}$$
$$= 2.5$$

크로스 플로우 와류유기 진동에 대한 피로 선별 지침은 아래와 같다.

$$\frac{f_{CF,1}}{\gamma_{CF}} > \frac{U_{c,100-year} + U_{w,1-year}}{V_{R,onset}^{CF} \cdot D}$$

$$\frac{f_{CF,1}}{1.4} > \frac{0.488 + 0.0992}{2.5 \cdot 0.4712}$$

$$f_{CF,1} \approx 1.57 \cdot \sqrt{1 + 0.14} \sqrt{\frac{275.28 \cdot 10^6}{439.93 \cdot L^4} \cdot \left(1 + \frac{-7.9}{3097.3/L} + 0.8 \cdot \left(\frac{\delta}{0.4712}\right)^2\right)}$$
$$> 1.4 \cdot \frac{0.488 + 0.0992}{2.5 \cdot 0.4712}$$

$$\therefore L < 42.37 [m]$$

예제 9 아노드 설계

예제 5의 해저파이프라인의 아노드를 설계하시오.

- 설계 수명(t_f): 25년

- 해저파이프라인 총 길이: 10 km

- 해수 온도: 20°C

- 해수 염도: 3%

- 아노드 재료: Al-Zn-In

- 아노드 밀도: 2750 kg/m^3

- 파이프와 아노드 사이의 절연층 두께: 10 mm

- 아노드 설치 공차: 2 mm

풀이

(1) 전류수요

평균피복붕괴계수(f_{cm})와 평균전류수요(I_{cm})는 아래와 같이 산정한다.

$$
\begin{aligned}
f_{cm} &= a + 0.5 \cdot b \cdot t_f \\
&= 0.001 + 0.5 \cdot 0.00003 \cdot 25 \\
&= 0.001375
\end{aligned}
$$

$$
\begin{aligned}
I_{cm} &= A_c \cdot f_{cm} \cdot i_{cm} \cdot k \\
&= \pi \cdot 0.4064 \cdot 10000 \cdot 0.001375 \cdot 0.130 \cdot 1 \\
&= 2.282 [A]
\end{aligned}
$$

평균전류수요와 설계 수명으로부터 아노드의 총 질량을 산정한다.

$$
\begin{aligned}
M &= \frac{I_{cm} \cdot t_f \cdot 8760}{u \cdot \epsilon} \\
&= \frac{2.282 \cdot 25 \cdot 8760}{0.8 \cdot 2000} \\
&= 312.35 [kg]
\end{aligned}
$$

최종피복붕괴계수와 총 최종전류수요는 아래와 같이 산정한다.

$$
\begin{aligned}
f_{cf} &= a + b \cdot t_f \\
&= 0.001 + 0.00003 \cdot 25 \\
&= 0.00175
\end{aligned}
$$

$$I_{cf} = A_c \cdot f_{cf} \cdot i_{cm} \cdot k$$
$$= \pi \cdot 0.4064 \cdot 10000 \cdot 0.00175 \cdot 0.130 \cdot 1$$
$$= 2.905[A]$$

(2) 아노드 수량 산정

아노드의 최소 개수는 해저파이프라인의 총 길이를 아노드의 최대 간격인 300 m로 나누어 산정한다.

$$N = \frac{10000}{300}$$
$$= 33.3 \approx 34[ea]$$

각 아노드의 질량은 앞에서 산정한 아노드의 총 질량을 아노드의 개수로 나누어 산정한다.

$$m = \frac{312.35}{34}$$
$$= 9.2[kg]$$

아노드의 길이는 아노드의 질량으로부터 아래와 같이 산정한다.

$$2750 \cdot \left(\frac{\pi(0.4712^2 - 0.4328^2)}{4} - 0.05 \cdot (0.4712 - 0.4328) \right) \cdot l = 9.2$$
$$l = 0.132$$

(3) 최종 아노드 전류 출력 검토

아노드의 최종노출면적(A)은 초기 조건에서 아노드와 배관이 접하는 면적과 동일하다고 가정하여 아래와 같이 산정한다.

$$A = \pi \cdot 0.4328 \cdot 0.132 \cdot \left(1 - \frac{4\sin^{-1}\left(\dfrac{0.05}{0.4328} \right)}{2\pi} \right)$$
$$= 0.166 m^2$$

최종 아노드 저항(R_{af})과 최종 아노드 전류 출력(I_{af})은 아래와 같이 산정한다. 여기에서 해수의 비저항은 그림 10.7에서 산정하였으며, 설계방식전위(E_c^0)와 설계 폐회로 아노드 전위(E_a^0)는 각각 -1.05 V와 -0.80 V를 사용하였다.

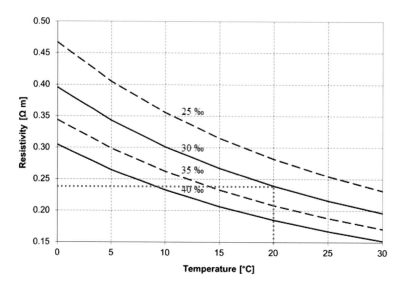

그림 10.7 Resistivity vs. temperature for salinity 25-40‰

$$R_{af} = 0.315 \cdot \frac{\rho}{\sqrt{A}}$$
$$= 0.315 \cdot \frac{0.24}{\sqrt{0.166}}$$
$$= 0.186$$

$$I_{af} = \frac{\triangle E_A}{R_{af}} = \frac{E_c^0 - E_a^0}{R_{af}}$$
$$= \frac{-0.80 + 1.05}{0.186}$$
$$= 1.344 [A]$$

총 최종전류수요를 공급하기 위한 아노드의 개수를 아래와 같이 산정하여 설계 수명이 지난 시점에서도 방식전류가 충분히 공급되는지 확인해야 한다.

$$N = \frac{I_{cf}(tot)}{I_{af}}$$
$$= \frac{2.905}{1.453}$$
$$= 2.16 [ea]$$

계산 결과 아노드가 3개만 있어도 필요한 방식전류를 공급할 수 있다. 따라서 설계 결과가 아노드의 총 질량과 최종전류수요를 모두 만족하는 것으로 확인되었다.

예제 10 해저파이프라인 풀링력 계산

아래 조건에 대해 해저파이프라인 풀링력을 계산하시오.

■ INPUT
- 해저파이프라인 사양(2기 파이프라인 번들)
  - 외경: 30 in (762 mm)
  - 두께: 17.5 mm
  - 피복 두께: 3.5 mm
  - 콘크리트 피복 두께: 70 mm
  - 강의 밀도: 7850 kg/m^3
  - 피복의 밀도: 940 kg/m^3
  - 콘크리트 밀도(실측값): 2300 kg/m^3
  - 해수 밀도: 1025 kg/m^3

- 설치 장비 및 구간 길이
  - 와이어의 무게는 와이어 부이를 사용하여 항상 25 ton을 유지토록 한다.
  - 와이어 종류: 6×37 IWRC
  - 최소 파단 한계력: 352 ton
  - 실제 와이어 한계력(Max. Wire Capa. ×0.65): 228.8 ton
  - 최대 윈치력: 350 ton
  - 실제 윈치력(Max. Winch Capa. ×0.65): 227.5 ton
  - 구간 길이: 2385 m
  - 최대 수심: 35.6 m

- 만조/간조 시 구간별 길이

풀링력을 산출하기 앞서 우선 해저파이프라인의 단위길이당 공기 중, 수중 무게를 계산하여야 한다. 본 예제에서는 해저파이프라인의 단위길이당 무게 계산 과정과 번들 빔의 무게 계산 과정은 생략한다. 해저파이프라인 2기가 번들된 해저파이프라인의 단위길이당 무게는 다음과 같다.

■ 총 무게 계산
- 단위길이당 공기 중 무게: 753.584 kg/m (2기의 경우, 1507.168 kg/m)
- 단위길이당 수중 무게: 88.4 kg/m (2기의 경우, 176.8 kg/m)

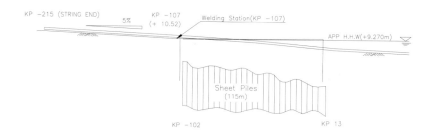

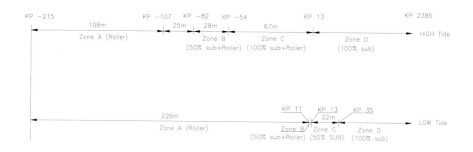

그림 10.8 만조/간조 시 구간별 길이

- 번들 빔(부이 미 장착)
  - 번들 빔 간격: 36 m
  - 번들 빔의 공기 중 무게: 223.33 kg/unit
  - 번들 빔의 수중 무게: 194.30 kg/unit

2기 번들된 해저파이프라인이므로 괄호 안의 값은 2배의 값이며 번들 빔의 무게는 한 단위당 무게를 번들 빔 간격으로 나누어 단위길이당 무게로 환산하여 2기 복합 해저파이프라인의 무게에 가산한다. 2기 복합 해저파이프라인의 총 무게는 다음과 같다.

- 단위길이당 총 공기 중 무게: 1513.372 kg/m
- 단위길이당 총 수중 무게: 182.2 kg/m

■ 풀링력 계산(부이 미장착)

- 만조 시

ZONE A : DRY WEIGHT ON ROLLERS   (133 m)

$$F_1 = 0.2 \times 1513.372 \times 133 = 40.256 (\text{ton})$$

ZONE B : HALF SUBMERGED WEIGHT ON ROLLER   (28 m)

$$F_2 = 0.2 \times \left(\frac{1513.372 + 182.2}{2} \right) \times 28 = 4.475 \,(\text{ton})$$

ZONE C : SUBMERGED WEIGHT ON ROLLER   (67 m)

$$F_3 = 0.2 \times 182.2 \times 67 = 2.441 \,(\text{ton})$$

ZONE D : SUB. WEIGHT ON SEA BOTTOM   (2157 m)

$$F_4 = (1.0 \times 182.2 \times 2157)(\text{kg}) + 25\,(\text{ton}) = 418.005\,(\text{ton})$$

최대 풀링력(만조 시)

$$P_{\text{Max}} = F_1 + F_2 + F_3 + F_4 = 465.177\,(\text{ton})$$

• 간조 시

ZONE A : DRY WEIGHT ON ROLLERS   (226 m)

$$F_1 = 0.2 \times 1513.372 \times 226 = 68.404\,(\text{ton})$$

ZONE B : HALF SUB. WEIGHT ON ROLLER   (2 m)

$$F_2 = 0.2 \times \left(\frac{1513.372 + 182.2}{2} \right) \times 2 = 0.334\,(\text{ton})$$

ZONE C-1 : HALF SUB. WEIGHT ON SEA BOTTOM   (22 m)

$$F_3 = 1.0 \times \left(\frac{1513.372 + 182.2}{2} \right) \times 22 = 18.647\,(\text{ton})$$

ZONE D : SUB. WEIGHT ON SEA BOTTOM   (2135 m)

$$F_4 = (1.0 \times 182.2 \times 2135)(\text{kg}) + 25\,($$

최대 풀링력(간조 시)

$$P = F_1 + F_2 + F_3 + F_4 = 501.382\,(\text{ton})$$

부이 없이 계산한 결과 2기의 복합 해저파이프라인을 풀링하기 위해서는 최소

510 ton 이상의 풀링력이 필요하므로 부이를 장착하여야 한다.

■ 부이 설계

필요 부이 용량 = 최대 견인력(부이 미 장착) − 설치 장비의 용량

= 501.382 − 220 = 281.382 ton

단위부이당 부력 용량 = 단위길이당 부력 × 부이의 길이

약 285 ton의 부력이 요구되며 사용 가능한 강관 부이를 설정한다. 일단 강관 부이의 직경이 정해지면 최대 수심에 따라 그 두께와 측면 판의 두께를 설계하고 그에 따라 공기 중 무게 및 수중 무게를 계산한다. 그 계산값은 다음 표 10.6과 같다. 안전 계수는 보통 1.33 이상을 사용하였으며 괄호 안의 값은 식에 의해 계산된 최소 필요값이다.

강관 부이의 개수(number)와 간격(space)은 다음과 같은 방법으로 구한다.

$$개수 = \frac{필요\ 부력}{강관\ 부이의\ 단위\ 부력} = \frac{281.382}{4.409} = 63.82 \approx 64(개)$$

$$간격 = \frac{해저파이프라인\ 총\ 길이}{개수} = \frac{2385}{64} = 37.266 \approx 38\ m$$

필요한 부이의 개수와 간격이 정해지면 그에 따른 실제 최대 풀링력을 재계산한다. 이때에는 번들 빔의 간격 변화, 각종 자재의 추가(볼트, 너트, 고무 밴드, 스풀 피스 등), 강관 부이의 측면 판 무게 포함 등 추가되는 모든 부품과 장치들을 반드시 고려하여야 한다.

표 10.6 부이 제원

강관 부이 두께(mm)	11.1 (8.5)
측면 판 두께(mm)	15 (11.4)
강관 부이의 공기 중 무게(Kg/m)	233.475
강관 부이의 부력(Kg/m)	600.954
강관 부이의 수중 무게(Kg/m)	367.479
강관 부이 길이(m)	12
강관 부이의 단위 부력(ton/unit)	4.409

김영표, 해저 배관 설계 및 시공 기술 동향, 기계저널, 54(1), 48-52, 2014.

산업통상자원부 (2016) "시추선 및 쇄빙선 관련 유럽 기술 동향"

조철희 (2001) "해저관로개론", 도서출판 대선

Andrew, P.C.A., Jo, Chul H. and Son, C.Y., "Large Deflection of Subsea Pipeline due to One Point Lifting", Journal of the Computational Structural Engineering Institue of KOREA, Vol.12, No.1, pp.75-82, March 1999.

Braestrup, M.W., Andersen, J.B., Andersen, L.W., Bryndum, M., Christensen, C.J., and Nielsen, N.J.R., Design and Installation of Marine Pipelines, Blackwell Science Ltd, 2005.

Choi, J. H., Kim, K.S., Jo, Chul H., Lee, O.S. and An, C. W., "A Study on Stress Wave propagation in stiffened Cylinder Subjected to a Strong Acoustic Wave", Key Engineering Materials, Vol. 183-187, pp.481-486, 2000.

Cox, H.D., Hammett, D.S., Ronald, D.J., and Shatto J.H.L., Tension pipe laying method, U.S. Patent 3331212, 1967.

DET NORSKE VERITAS(DNV), 2013, Sumarine Pipeline System, DNV-OS-F101

DET NORSKE VERITAS(DNV), 2014, Environmental Condition and Environmental Loads, DNV-RP-C205

DNV GL, 2016, Cathodic protection of submarine pipeline, DNVGL-RP-F103

DNV GL(a), 2017, Free Spanning Pipelines, DNVGL-RP-F105

DNV GL(b), 2017, On-Bottom Stability Design of Submarine Pipelines, DNVGL-RP-F109

DNV GL(c), 2017, Pipe-soil interaction for submarine pipelines, DNVGL-RP-F113

Gerwick, B.C., Construction of Marine and Offshore Structures, Third Edition. CRC Press, 2007.

Guo, B., Song, S., Ghalambor, A., Lin, T., 2013. Offshore Pipelines 2nd Edition Design, Installation, and Maintenance. Elsevier.

Guo, B., Song, S., Ghalambor, A., and Lin, T.R., Offshore Pipelines, Second Edition: Design, Installation, and Maintenance 2nd Edition, Gulf Professional Publishing, 2014.

Hong, W., Simulation of TDP Dynamics during S-laying of Subsea Pipelines, Master thesis, Norwegian University of Science and Technology, 2010.

Ivić, S., Čanađija, M., and Družeta, S., Static structural analysis of S-lay pipe laying with a tensioner model based on the frictional contact. Engineering Review, 34(3), 223-234, 2014.

Jaeyoung Lee, P.E., Introduction to offshore pipelines and risers, Lecture notes, Houston, Texas, 2009

Jang, S. W., Lee, S., Jo, Chul H. and Hong, S. G., "Flow Around Pipeline and Its Stability in Subsea Trench", Proceedings of The First National Congress on Fluids Engineering, pp. 307-310, September 2000.

Jaswar, K., SUBSEA PIPELINE DESIGN & APPLICATION, Lecture notes, Ocean & Aerospace Research Institute, Indonesia, 2016.

Jensen, G.A., Offshore Pipelaying Dynamics, Doctoral thesis, Norwegian University of Science and Technology, 2010.

Jeong, U.C., Park, C.W., Jo, Chul H. and Hong, S.G., "Experimental Study of Flow Patterns around Circular Body on Sea-Bed", 7th Symposium on Nonlinear and Free surface Flows, pp.21-24, Hiroshima, Oct. 1999.

Jo, Chul H. and Hong, S. G., "Study on Subsea Pipeline Thermal Expansion Analysis", Journal of Inha Industrial Science Technology research Venter, Vol. 27, pp. 551-556, Feb. 1999(a).

Jo, Chul H. and Hong, S. G., "Study on Subsea Pipeline Thermal Expansion", Journal of Korean Society of Coastal and Ocean Engineers, Vol. 11, No. 1, pp. 1-6, March 1999(a).

Jo, Chul H., Kim, K. S. and Hong, S. G., "Subsea Pipeline Stability in Various Trench Section", ISOPE(International Society of Offshore and Polar Engineering) Conference, Vol. 2, pp. 218-225, 2000.

Jo, Chul H., Han, B.H., Song, W.J., Jang I.S and Park, C.W., "Bundle Pipeline Installation Technique for a Curved Route", ISOPE(International Society of Offshore and Polar Engineering) Conference, Vol.2, pp.102-107, May

2000.

Jo, Chul H., Kim, K. S. and Hong, S. G., "Study on Drag Force of Subsea Pipeline in Trench", KCORE(The Korea Committee for Ocean Resources and Engineering) Annual Spring Conference, pp. 13-17, 2000(b).

Jo, Chul H., Min Kyoung H. and Shin, Young S., "Dual Offshore Pipeline Stability in Trench", ISOPE(International Society of Offshore and Polar Engineering) Conference, Vol. 2, pp. 53-59, 2001.

Jo, Chul H., "Multi-Bundle Pipeline Installation Technology", The Society of Naval Architects of Korea, Korea Ocean Engineering 40th Work Shop, pp.92-102, December 1997.

Jo, Chul H., "Multi-Bundle Pipeline Installation Technology Applied to Yong-Jong Island", ISOPE(International Society of Offshore and Polar Engineering) Conference, Vol.II, pp.89-95, May 1999.

Jo, Chul H., "The First Offshore Gas Pipeline Project in Vietnam", ISOPE(International Society of Offshore and Polar Engineering) Conference, Vol.2, pp.1-10, Los Angeles, USA, May 1996.

Jo, Chul H., "Limitation and Comparison of S-Lay and J-Lay Methods", ISOPE(International Society of Offshore and Polar Engineering) Conference, Vol. II, pp.201-206, Singapore, 1993.

Kim, K.S., Jo, Chul H., Choi, S.B. and Kim, J.H., "Dynamic Fracture Analysis of a Ring-Stiffened Cylinder Subjected to a Strong Acoustic Wave", ISOPE(International Society of Offshore and Polar Engineering) Conference, Vol.II, pp.155-159, Stavanger, Norway, June 2001.

Langhelle, M., Pipelines for development at deep water fields, Master thesis, University of Stavanger, Norway, 2011.

Langner, C.G., The articulated stinger: A new tool for laying offshore pipelines, In: Proceedings of the Annual Offshore Technology Conference, OTC 1073, 1969.

Lee, Seungbae, Jo, Chul H., Jang, Sung-Wook and Hong, Sung-Geun, "Numerical Comparison of Stability and Flow Pattern Over Offshore Pipelines in Trench", ISOPE(Internaitonal Society of Offshore and Polar Engineering) Conference, Vol. 2, pp. 68-75, 2001.

Lenci, S., and M. Callegari., Simple analytical models for the J-lay problem, Acta Mechanica 178(1), pp 23-39, 2005.

Loutas, T., Kostopoulos, V., 2012. Utilising the Wavelet Transform in Condition-Based Maintenance: A Review with its Applications, Advances in Wavelet Theory and Their Applications in Engineering, Physics and Technology, 273-312

Mousselli, A. H., "Offshore Pipeline Design, Analysis, and Methods", Penn Ewll Books, 1981

Ngiam, P.C.A., Jo, Chul H., "Intrinsic Coordinate Elements for Large Deflections of Offshore Pipelines", JISOPE(Journal of International Society of Offshore and Polar Engineering), Vol. 10, No.1, pp.57-63, March 2000.

Nigiam, P.C. Andrew, Jo, Chul H., Uthaichalandond, S. and Yong, KK., "An Application of Bottom Pull Method to Bundled Submarine Pipelines", ISOPE(International Society of Offshore and Polar Engineering) Conference, Vol.II, pp. 53-59, Montreal, Canada, May 1998.

Offshore Pipeline Construction, volume I, ©Trevor Jee Associates, 2004.

Palmer, A.C., and King, R.A., Subsea Pipeline Engineering 2ndEdition, PennWell Books, 2004.

Shin, H. and Kim, J.B., Jo, Chul H., "Stability of Pipeline in Curved Route During Offshore Pipeline Installation", ISOPE(International Society of Offshore and Polar Engineering) Conference, Vol.II, pp.243-248, Honolulu, USA, May 1997.

Westerhorstmann, J. and Machemehl, J.L., Jo, Chul H., "Effect of Pipe Spacing on Marine Pipeline Scour", ISOPE(International Society of Offshore and Polar Engineering) Conference, Vol.1, pp.101-109, San Francisco, June 1992.

Allseas 홈페이지(https://allseas.com/)

ASME 홈페이지(https://www.asme.org/)

Bredero shaw 홈페이지
(http://www.brederoshaw.com/solutions/offshore/thermotite.html)

Dreamwork 홈페이지(http://dreamworkengineering.com/)

Jan De Nul 홈페이지(http://www.jandenul.com/en)

Marineinsight 홈페이지(http://www.marineinsight.com/)

Oil&gas journal 홈페이지(http://www.ogj.com/index.html)

Seatrade Maritime News 홈페이지(http://www.seatrade-maritime.com/)

Westfield subsea 홈페이지(http://westfieldsubsea.com/)

세명ENG 홈페이지(http://www.grabcore.co.kr/)

현대중공업 홈페이지(http://www.hhi.co.kr/)

https://anthropologyinthewind.files.wordpress.com

https://boskalis.com/about-us/fleet-and-equipment/dredgers/trailing-suction-hopper-
        dredgers.html

http://blog.schneider-electric.com/industrial-software/2017/05/09/reducing-pipeline
        -unscheduled-downtime/

http://canamservices.com/wp-content/uploads/2016/04/urethane-tornado-ii-2-4.pdf

http://chinadredgers.com/index.php/index?pageId=72583

http://community.asdlib.org/imageandvideoexchangeforum/page/18/

http://drifterdata.eri.ucsb.edu/pictures/index.php?PX=3

http://dsmeu.en.ec21.com/Side_Scan_Sonar_System—618904_2464231.html

https://dwinirestu.wordpress.com/page/2/

http://en-us.fluke.com/community/fluke-news-plus/vibration/understanding-the-ben
        efits-of-vibration-monitoring-and-analysis.html

http://ennsub.com/index.html

http://flowergarden.noaa.gov/science/mohawkrov.html

http://gpscharts.com/side-scan/

http://koins21.co.kr/english/sub5/sub3.asp?bseq=7&mode=view&cat=-1&aseq=18
        &page=1&sk=&sv=

http://mdl.dongascience.com/magazine/view/C201109N001

http://ocean-eng.com/en/publics/index/59/

http://oceanexplorer.noaa.gov/gallery/technology/technology.html

https://plasticpipe.org/pdf/chapter12.pdf

http://products.damen.com/en/ranges/cutter-suction-dredger/csd350

http://ppsa-online.com/about-pigs.php

http://rizkypitajeng.blogspot.kr/2016/02/pig-launcher.html

http://shop.videoray.com/shop-front?_escaped_fragment_=/~/product/category=102
90101%26id=39381588#!/~/product/id=39381588

http://subseaworldnews.com/2013/03/28/the-netherlands-boskalis-offshore-expands
-capabilities-with-new-trenchformer/

http://subseaworldnews.com/2016/10/05/oceaneering-extends-auv-operations-to-we
st-africa/

https://texashistory.unt.edu/ark:/67531/metapth37515/

https://youshouldknowoceanengineering.wordpress.com/2016/02/06/above-water-ti
e-in/

http://www.assetinsights.net/Concepts/Peeps_Four_Maintenance_Philosophies.JPG

http://www.bluewater.com/fleet-operations/what-is-an-fpso/

http://www.byind.com/home/main.php?content=cwc

http://www.cathodicprotection-anodes.com/products.html

http://www.cathodicprotection-anodes.com/sale-7549384-pipelines-zinc-bracelet-an
odes-with-underground-under-mud-under-seawater.html

http://www.drillingformulas.com/pipeline-towing-method-for-pipeline-installation/

http://www.edesign.co.uk/product/wavegauges/

https://www.edgetech.com/products/sub-bottom-profiling/

https://www.edgetech.com/products/sub-bottom-profiling/3100-portable-sub-botto
m-profiler/

http://www.engineerlive.com/content/18338

http://www.epd.gov.hk/eia/register/report/eiareport/eia_1782009/HTML/EIA%20R
eport/S12_Annex%2012A.htm

http://www.eurofleets.eu/np4/175.html

https://www.flexifloat.com/ReferenceLibrary/ProjectPhotos?Project=PG_DrillingC
ong

https://www.flickr.com/photos/dirk_jan/7350682844

https://www.fws.gov/midwest/endangered/permits/hcp/nisource/2013NOA/pdf/NiSourceHCPfinalAppndxJ_HDD.pdf

http://www.geometrics.com/geometrics-products/geometrics-magnetometers/g-882-marine-magnetometer/

http://www.geophile.net/Lessons/sediments/sediments_07.html

http://www.getdomainvids.com/keyword/single%20beam%20echosounder/

http://www.genscape.com/blog/tracking-final-voyage-castoro-7-41-year-old-pipe-laying-vessel

http://www.girardind.com/products.cfm?cat=8

http://www.google.ch/patents/US6685394

http://www.hdrinc.com/portfolio/helix-energy-spool-base

http://www.hesselberg-hydro.com/material-sarmac.html

http://www.hydratight.com/sites/default/files/downloads/media/100361mechanical-connector-8ppusht-mc-us-11-12.pdf

http://www.hydrocarbons-technology.com/contractors/pipeline/petrosystem/petrosystem2.html

http://www.idssw.co.kr/kor/business/offshore-product.php

http://www.insp.co.kr/mobile/business/business01.asp

http://www.inpipeproducts.com/product/bi-directional-pigs/

https://www.km.kongsberg.com/ks/web/nokbg0238.nsf/AllWeb/6EC70816FC51D35AC1257B43003851ED?OpenDocument

https://www.km.kongsberg.com/ks/web/nokbg0240.nsf/AllWeb/620F423FA7B503A7C1256BCD0023C0E5?OpenDocument

http://www.kma.go.kr/kma15/2003/contents/200310_05.htm

https://www.linkedin.com/pulse/last-underwater-welding-course-2015-abj-underwater-welding

https://www.libertysales.net/product/girard-steel-mandrel-pigs

http://www.lrt.lv/~diag/images/l61.jpg

https://www.macartney.com/what-we-offer/systems-and-products/represented-products/edgetech/sub-bottom-profilers

http://www.maloneytech.com/spheres/

http://www.marinelog.com/index.php?option=com_k2&view=item&id=1260:innovative-underwater-vehicle-developed-for-subsea-cable-burial&Itemid=230

http://www.maritimejournal.com/news101/tugs,-towing-and-salvage/dredging-adaptation-for-damen-tugs

https://www.nap.edu/read/10323/chapter/13

https://www.neil-brown.com/subsea-structures-integrated-design-approach/

http://www.oceaneering.com/nbl/videoray-training/

http://www.odomhydrographic.com/product/echotrac-mkiii/

http://www.offshore-technology.com/projects/gullfaks/gullfaks4.html

http://www.ogj.com/articles/print/volume-111/issue-5/special-report-offshore-petroleum/incremental-steps-advance-subsea.html

http://www.osil.co.uk/Products/OtherMarineInstruments/tabid/56/agentType/View/PropertyID/399/Default.aspx

http://www.osil.co.uk/Products/OtherMarineInstruments/tabid/56/agentType/View/PropertyID/63/Default.aspx

https://www.quora.com/What-is-the-science-behind-underwater-welding

https://www.royalihc.com/en/products/offshore/subsea-equipment/subsea-cable-ploughs

https://www.royalihc.com/-/media/royalihc/image-carousel/products/product-images/offshore/pipelay-and-cable-lay/vessels/reel-lay-vessels/royal_ihc_pipelaying-brochure.pdf

https://www.royalihc.com/en/products/dredging/cutter-dredging/ihc-beaver-cutter-suction-dredger

https://www.royalihc.com/en/products/dredging/hopper-dredging/custom-built-trailing-suction-hopper-dredgers

http://www.rigzone.com/training/insight.asp?insight_id=311&c_id=19

http://www.shi-india.com/index.php?page=ssd-rig

http://www.sunb-maccaferri.co.kr/default/1004web/bb/b15.php

http://www.submarwestafrica.com/interested/OffshoreMats.aspx

http://www.shipspotting.com/gallery/photo.php?lid=1051974

http://www.scivita.com/pipelay%20S-lay%20stinger%20package.html

https://www.slideshare.net/lcs13262/mod-subaqueous-flowtite

http://www.starpig.com/Pigging_Overview.html

https://www.slideshare.net/TD_Williamson/tdw-guide-to-pigging

http://www.tdwilliamson.com/content/images/solutions/116_1649%202006_rv%20
  2-G1.jpg

http://www.technip.com/en/our-business/subsea/flexible-pipe

http://www.tomarine.com/images/Reel-Lay-01.png

http://www.tntpipelineservices.com/gauging-tools.htm

http://www.trecoil.it/inspection/caliperpig/

http://www.vatek.kr/company/index.htm

http://www.valeport.co.uk/Portals/0/Docs/Datasheets/Valeport-Model-106.pdf

http://www.whoi.edu/instruments/gallery.do?mainid=17288&iid=8087

http://www.windpowerengineering.com/featured/business-news-projects/adaptable-
  cable-trencher-digs-in-soft-and-hard-seabed-soils/

http://www.xylem-analytics.com.au/productsdetail.php?SonTek-ADVOcean-Hydra
  -70

http://www.zee-eng.com/wp-content/uploads/2014/02/4-Gas-Pipeline-Conference-
  Rentis-Method-of-Pipeline-Engineering.pdf

┃ 주저자가 참여한 해저파이프라인/해저케이블 설계 프로젝트

　　주저자인 조철희교수는 인하대학교에서 학사를 마친 후 1985년 미국 Stevens Institute of Technology 대학에서 해양공학 석사학위 취득 후 귀국하여 예사 5기 육군 장교로 군복무를 마친 후, 1991년 미국 Texas A&M University에서 해양공학 박사학위를 취득하였다. 1991년부터 미국 휴스턴의 INTEC Engineering사 및 현대중공업 해양사업본부에서 약 7년을 근무하면서 다양한 해양구조물(해저파이프라인, FPSO 라이저, 해양 platform, 해저파이프라인, 극지대구조물, 무어링시스템 등)의 설계 및 시공에 참여하였다. 1997년부터 인하대학교 공과대학 교수로 재직하면서 많은 해저파이프라인, 해저케이블 및 해양·항만공사 설계와 자문을 수행하였다.

- **참여한 프로젝트**
  - SK#2 해저파이프라인 안전대책 수립 및 보강설계
  - 진도-제주 해저케이블 앵커 관입깊이 설계
  - 진도-제주 해저케이블 적성매설심도 및 보호공법 분석
  - Hengam subsea pipeline engineering 수행
  - 통영 LNG 가스기지 하역시설의 위험 요소에 대한 안정성 평가
  - 울산항 SK 파이프라인의 최적화 설계
  - 해양부유식 해상마리나 설계 및 시공기술개발
  - 거가대교 교각, 케이슨, 상부구조물 설치설계
  - 온산항 SK#2 해양부이 및 해저파이프라인 설치공사
  - 녹산 공단 해양 방류관 설계
  - 울산 SK#2 해양부이 및 해저파이프라인 설계
  - DGPS를 이용한 선박 및 해양작업선의 위치제어 장치개발
  - 이르쿠츠크 PNG 사업 해저파이프라인 타당성조사
  - 인천국제공항 복합해저파이프라인 설치 설계
  - 평택 번들 해저가스관 공사 해저파이프라인 설치 설계
  - 수도권 광역 환상 가스관 해저파이프라인 설계 검토
  - 마산만 가배관 해저파이프라인 설계 및 설치 설계
  - 인도 IOCL 해저파이프라인, SPM, PLEM 설계
  - 브르네이 AMDP-30 해저파이프라인 및 구조물 설계
  - 인도 HX/HY 해저파이프라인 및 플랫폼 설계
  - 태국 Petchburi 해저파이프라인 및 해상터미널 설계
  - 인도 B-121 해저파이프라인 및 해양구조물 설계
  - 인도 RAVVA 해저파이프라인, SPM, 해양구조물 설계
  - 중국 ARCO Yacheng 해양구조물 설계
  - 베트남 White Tiger 해저파이프라인 및 구조물 설계
  - 인도 ONGC-NQP, NPC, LII 해저파이프라인 및 플랫폼 설계
  - Amoco 중국 Lihua FPSO Flexible Riser 설계
  - Exxon Mobil Bay 프로젝트 해저파이프라인 설계
  - Trans-mountain Low Point 프로젝트 해저파이프라인 설계
  - Texaco & Conoco 러시아 Timan Pechora 프로젝트 극지대해양구조물 설계
  - ABB Lumus Crest 아프리카 Angola Takura 프로젝트 해저파이프라인 설계

해저파이프라인

2017년 08월 20일 제1판 1쇄 펴냄
지은이 조철희 · 정준모 · 구원철 | 펴낸이 류원식 | 펴낸곳 **청문각출판**

편집부장 김경수 | 본문편집 OPS design | 표지디자인 유선영
제작 김선형 | 홍보 김은주 | 영업 함승형 · 박현수 · 이훈섭
주소 (10881) 경기도 파주시 문발로 116(문발동 536-2) | 전화 1644-0965(대표)
팩스 070-8650-0965 | 등록 2015. 01. 08. 제406-2015-000005호
홈페이지 www.cmgpg.co.kr | E-mail cmg@cmgpg.co.kr
ISBN 978-89-6364-335-9 (93430) | 값 24,300원

"이 저서는 인하대학교의 지원에 의해 연구되었음"